全国水利水电高职教研会规划教材

建筑构造与识图

主　编　吴伟民
主　审　王付全

中国水利水电出版社
www.waterpub.com.cn

内 容 提 要

本书是全国水利水电高职教研会规划教材,是根据全国水利水电高职教研会制定的《建筑构造与识图》教学大纲,并结合高等职业教育的教学特点和专业需要进行设计和编写的。全书由两篇共 11 章组成,第一篇为建筑构造,包括建筑构造概述,基础与地下室,墙体与门窗,屋面、楼板与地面,楼梯与电梯,建筑装修构造,工业建筑构造共7 章;第二篇为建筑识图,包括建筑施工图,结构施工图,设备施工图,建筑工程施工图实例共 4 章。

本书主要作为高等职业教育建筑类专业的教学用书,也可作为岗位培训教材或供土建工程技术人员学习参考。

图书在版编目(CIP)数据

建筑构造与识图 / 吴伟民主编. -- 北京 : 中国水
利水电出版社, 2014.2(2019.1重印)
全国水利水电高职教研会规划教材
ISBN 978-7-5170-1611-3

Ⅰ. ①建… Ⅱ. ①吴… Ⅲ. ①建筑构造—高等职业教
育—教材②建筑制图—识别—高等职业教育—教材 Ⅳ.
①TU22②TU204

中国版本图书馆CIP数据核字(2013)第319663号

书　　名	全国水利水电高职教研会规划教材 **建筑构造与识图**
作　　者	主编 吴伟民　主审 王付全
出版发行	中国水利水电出版社 (北京市海淀区玉渊潭南路1号D座　100038) 网址:www.waterpub.com.cn E-mail:sales@waterpub.com.cn 电话:(010)68367658(营销中心)
经　　售	北京科水图书销售中心(零售) 电话:(010)88383994、63202643、68545874 全国各地新华书店和相关出版物销售网点
排　　版	中国水利水电出版社微机排版中心
印　　刷	北京印匠彩色印刷有限公司
规　　格	184mm×260mm　16开本　18.5印张　439千字
版　　次	2014年2月第1版　2019年1月第2次印刷
印　　数	3001—5500册
定　　价	**49.00元**

凡购买我社图书,如有缺页、倒页、脱页的,本社营销中心负责调换

前言

qianyan

"建筑构造与识图"是高等职业教育建筑类专业的一门必修课程。其主要任务在于阐述工业与民用建筑中房屋各组成部分的构造原理、构造方法以及建筑识图的基本知识和一般方法，同时理解和掌握现行行业规范、标准。

本书是以 2012 年 7 月在四川成都召开的"全国水利水电高职教研会建筑工程类专业组会议"上制定的"全国水利水电高职建筑工程类专业教育标准和培养方案"为依据编写的，教材介绍了建筑构造的基本知识和全套建筑施工图的识读方法，对当前工业与民用建筑中房屋的构造组成、构造原理和构造方法进行了全面系统的阐述。本书在编写中，注意与相关学科基本理论和知识的联系，注意反映新技术、新材料、新工艺在生产中的运用，注意突出对解决工程实践问题的能力培养，力求做到层次分明、条理清晰、结构合理。

本书由福建水利电力职业技术学院吴伟民任主编，全书由两篇 11 章组成，第 1 章、第 2 章、第 3 章由黄河水利职业技术学院柴红编写，第 4 章由山西水利职业技术学院刘建邦编写，第 5 章、第 7 章由广西水利电力职业技术学院吴美琼编写，第 6 章由安徽水利水电职业技术学院李永祥编写，第 8 章、第 9 章、第 10 章由杨凌职业技术学院刘彩玲编写，第 11 章由福建水利电力职业技术学院吴伟民编写。吴伟民还承担了全书的统稿和校订工作。

本书在编写中引用了大量的规范、专业文献和资料，恕未在书中一一注明。在此，对有关作者表示诚挚的谢意。

对书中存在的缺点和疏漏，恳请广大读者批评指正。

编　者
2013 年 9 月

目　　录

第 一 篇

建 筑 构 造

第1章 建筑构造概述

学习提纲

了解建筑的概念、构成要素，掌握建筑的分类和等级划分方法。掌握建筑的构造组成及作用，了解建筑构造的影响因素和设计原则。了解建筑标准化的含义，掌握建筑模数的分类和应用，掌握建筑轴线的定位方法。了解常用的建筑名词。了解变形缝含义、类型，掌握各类变形缝的设置原则和构造方法。

1.1 概 述

1.1.1 建筑

有人类历史便有建筑，建筑总是伴随着人类共存。从建筑的起源发展到建筑文化，经历了千万年的变迁。

建筑是人工创造的空间环境，通常认为是建筑物和构筑物的总称。

建筑物是直接供人们使用的建筑，如住宅、学校、办公楼、影剧院、体育馆等。

构筑物是间接供人们使用的建筑，如水塔、蓄水池、烟囱、贮油罐等。

1.1.2 建筑的构成要素

构成建筑的基本要素是指在不同历史条件下的建筑功能、建筑技术和建筑形象。

1. 建筑功能

（1）满足人体尺度和人体活动所需的空间尺度。

（2）满足人的生理要求。要求建筑应具有良好的朝向，以及保温、隔声、防潮、防水、采光及通风的性能，这也是人们进行生产和生活活动所必需的条件。

（3）满足不同性质建筑不同使用要求。不同性质的建筑物在使用上有不同的特点，例如火车站要求人流、货流畅通；影剧院要求听得清、看得见和疏散快；工业厂房要求符合产品的生产工艺流程；满足某些实验室对温度、湿度的要求等。这些都直接影响着建筑物的使用功能。

满足功能要求也是建筑的主要目的，在构成的要素中起主导作用。

2. 建筑技术

建筑技术是指建造房屋的手段，包括建筑材料及制品技术、结构技术、施工技术和设备技术等，所以建筑是多门技术科学的综合产物，是建筑发展的重要因素。

3. 建筑形象

建筑形象是功能和技术的综合反映。建筑形象包括建筑的体型、立面形式、细部与重点的处理、材料的色彩和质感、光影和装饰处理等。建筑形象处理得当，就能产生良好的艺术效果,给人以美的享受。有些建筑使人感受到庄严雄伟、朴素大方、简洁明朗等,这就是建筑艺术形象的魅力。

不同社会和时代、不同地域和民族的建筑都有不同的建筑形象,它反映了时代的生产水平、文化传统、民族风格等特点。

建筑三要素是相互联系、约束,又不可分割的。在一定功能和技术条件下,充分发挥设计者的主观作用,可以使建筑形象更加美观。历史上优秀的建筑作品,这三要素都是辩证统一的。

1.1.3　建筑的分类

1. 按使用功能分类

(1) 民用建筑。指供人们居住和进行公共活动的建筑物。

1) 居住建筑:如住宅、宿舍、公寓等。

2) 公共建筑:按性质不同又可分为 15 类之多。如文教建筑、托幼建筑、医疗卫生建筑、观演性建筑、体育建筑、展览建筑等。

(2) 工业建筑。指为工业生产服务的生产车间及为生产服务的辅助车间、动力用房、仓储用房等。

(3) 农业建筑。指供农(牧)业生产和加工用的建筑,如种子库、温室、畜禽饲养场、农副产品加工厂、农机修理厂(站)等。

2. 按建筑规模和数量分类

(1) 大量性建筑。指建筑规模不大,但修建数量多,与人们生活密切相关的分布面广的建筑,如住宅、中小学教学楼、医院、中小型影剧院、中小型工厂等。

(2) 大型性建筑。指规模大、耗资多的建筑,如大型体育馆、大型剧院、航空港(站)、博览馆、大型工厂等。与大量性建筑相比,其修建数量是很有限的,这类建筑在一个国家或一个地区具有代表性,对城市面貌的影响也较大。

3. 按建筑层数分类

住宅建筑按层数划分为:低层(1～3 层)、多层(4～6 层)、中高层(7～9 层)、高层(10 层以上)。

公共建筑及综合性建筑总高度超过 24m 者为高层(不包括总高度超过 24m 的单层主体建筑)。建筑物高度超过 100m 时,不论住宅或公共建筑均为超高层建筑。

4. 按承重结构的材料分类

(1) 木结构建筑。指以木材做房屋承重骨架的建筑。

(2) 砖(或石)结构建筑。指以砖或石材为承重墙(柱)和楼板的建筑。这种结构便于就地取材,能节约钢材、水泥和降低造价,但抗害性能差,自重大。

(3) 钢筋混凝土结构建筑。指以钢筋混凝土作承重结构的建筑,如框架结构、剪力墙结构、框剪结构、筒体结构等。这种结构具有坚固耐久、防火和可塑性强等优点,故应用较为广泛。

(4) 钢结构建筑。指以型钢等钢材作为房屋承重骨架的建筑。钢结构力学性能好,便于制作和安装,工期短、结构自重轻,适宜超高层和大跨度建筑中采用。随着我国高层、大跨度建筑的发展，采用钢结构的趋势正在增长。

（5）混合结构建筑。指采用两种或两种以上材料作承重结构的建筑，如由砖墙、钢筋混凝土楼板构成的砖混结构建筑，由钢屋架和混凝土柱构成的钢混结构建筑。其中砖混结构在大量民用建筑中应用最广泛。

5. 按结构型式分类

（1）砌体结构。砌体结构是指在建筑中以砌体为主制作的结构，砌体是块材和砂浆砌筑而成的墙（柱）作为建筑物主要受力构件，它包括砖结构、石结构和其他材料的砌块结构。

（2）框架结构。框架结构是由梁和柱组成承重体系的结构。框架结构的最大特点是承重构件与围护构件有明确分工，建筑的内外墙处理十分灵活，应用范围很广。

（3）剪力墙结构。剪力墙结构是利用建筑的内墙或外墙做成剪力墙以承受垂直和水平荷载的结构。剪力墙一般为钢筋混凝土墙，高度和宽度可与整栋建筑相同。

（4）框架—剪力墙结构。简称框—剪结构。它是指由若干个框架和剪力墙共同作为竖向承重结构的建筑结构体系。在这种结构中，框架和剪力墙是协同工作的，框架主要承受垂直荷载，剪力墙主要承受水平荷载。

（5）筒体结构。指由一个或数个筒体作为主要抗侧力构件而形成的结构称为筒体结构。筒体结构适用于平面或竖向布置繁杂、水平荷载大的高层建筑。筒体结构分筒体—框架、框筒、筒中筒、束筒四种结构。

（6）其他结构形式。其他结构形式也很多。如大跨度建筑的结构形式有：网架结构、网壳结构、悬索结构、薄膜结构、薄壳结构和充气结构等。

1.1.4　建筑的分级

建筑物的等级一般按耐久性和耐火性进行划分。

1. 按耐久性能分等级

建筑物的耐久等级主要根据设计使用年限分类。设计使用年限是依据建筑物的重要性和规模大小划分的，作为基建投资和建筑设计的重要依据。《民用建筑设计通则》（GB 50352—2005）中规定见表 1.1。

表 1.1　　　　　　　　　　　　　民用建筑的设计使用年限分类

类别	设计使用年限（年）	示　　例
1	5	临时性建筑
2	25	易于替换结构构件的建筑
3	50	普通的建筑物和构筑物
4	100	纪念性建筑和特别重要的建筑

2. 按耐火性能分等级

耐火等级是衡量建筑物耐火程度的标准，它是由组成建筑物的构件的燃烧性能和耐火极限所决定的。划分建筑物耐火等级的目的在于根据建筑物的用途不同提出不同的耐火等级要求，做到既有利于安全，又有利于节约基本建设投资。现行《建筑设计防火规范》

（GB 50016—2006）将建筑物的耐火等级划分为四级，见表1.2。

表 1.2 建筑物构件的燃烧性能和耐火极限 单位：h

名 称		耐 火 等 级			
构 件		一级	二级	三级	四级
墙	防火墙	不燃烧体 3.00	不燃烧体 3.00	不燃烧体 3.00	不燃烧体 3.00
	承重墙	不燃烧体 3.00	不燃烧体 2.50	不燃烧体 2.00	难燃烧体 0.50
	非承重外墙	不燃烧体 1.00	不燃烧体 1.00	不燃烧体 0.50	燃烧体
	楼梯间的墙电梯井的墙住宅单元之间的墙住宅分户墙	不燃烧体 2.00	不燃烧体 2.00	不燃烧体 1.50	难燃烧体 0.50
	疏散走道两侧的隔墙	不燃烧体 1.00	不燃烧体 1.00	不燃烧体 0.50	难燃烧体 0.25
	房间隔墙	不燃烧体 0.75	不燃烧体 0.50	难燃烧体 0.50	难燃烧体 0.25
柱		不燃烧体 3.00	不燃烧体 2.50	不燃烧体 2.00	难燃烧体 0.50
梁		不燃烧体 2.00	不燃烧体 1.50	不燃烧体 1.00	难燃烧体 0.50
楼板		不燃烧体 1.50	不燃烧体 1.00	不燃烧体 0.50	燃烧体
屋顶承重构件		不燃烧体 1.50	不燃烧体 1.00	燃烧体	燃烧体
疏散楼梯		不燃烧体 1.50	不燃烧体 1.00	不燃烧体 0.50	燃烧体
吊顶（包括吊顶搁栅）		不燃烧体 0.25	难燃烧体 0.25	难燃烧体 0.15	燃烧体

注 1. 除本规范另有规定者外，以木柱承重且以不燃烧材料作为墙体的建筑物，其耐火等级应按4级确定。

2. 二级耐火等级建筑的吊顶采用不燃烧体时，其耐火极限不限。

3. 在二级耐火等级的建筑中，面积不超过100m² 的房间隔墙，如执行本表的规定确有困难时，可采用耐火极限不低于 0.3h 的不燃烧体。

4. 一级、二级耐火等级建筑疏散走道两侧的隔墙，按本表规定执行确有困难时，可采用0.75h不燃烧体。

建筑构件的耐火极限是指任一建筑构件在规定的耐火试验条件下，从受到火的作用时起，到失去支持能力或完整性被破坏或失去隔火作用时为止的这段时间，用小时表示。只要以下三个条件中任一个条件出现，就可以确定达到其耐火极限。

（1）失去支持能力。指构件在受到火焰或高温作用下，由于构件材质性能的变化，使承载能力和刚度降低，承受不了原设计的荷载而破坏。例如受火作用后的钢筋混凝土梁失去支承能力；钢柱失稳破坏；非承重构件自身解体或垮塌等；均属失去支持能力。

（2）完整性被破坏。指薄壁分隔构件在高温火作用下，发生爆裂或局部塌落，形成穿透裂缝或孔洞，火焰穿过构件，使其背面可燃物燃烧起火。例如受火作用后的板条抹灰墙，内部可燃板条先行自燃，一定时间后，背火面的抹灰层龟裂脱落，引起燃烧起火；预应力钢筋混凝土楼板使钢筋失去预应力，发生炸裂，出现孔洞，使火苗窜到上层房间。在实际中这类火灾相当多。

（3）失去隔火作用。指具有分隔作用的构件，背火面任一点的温度达到220℃时，构件失去隔火作用。例如一些燃点较低的可燃物（纤维系列的棉花、纸张、化纤品等）烤焦后以致起火。

1.2 建筑的构造组成及其作用

1.2.1 建筑的构造组成及其作用

一幢建筑，一般是由基础、墙（或柱）、楼地层和地坪、楼梯、屋顶和门窗等六大部分所组成，见图 1.1。

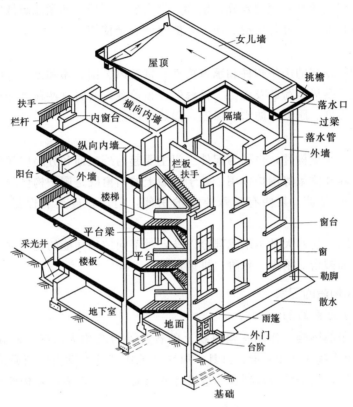

图 1.1 民用建筑的组成

1. 基础

基础是建筑物最下部的承重构件，其作用是承受建筑物的全部荷载，并将这些荷载有效地传给地基。因此，基础必须具有足够的强度、刚度，并能抵御地下各种有害因素的侵蚀。

2. 墙（或柱）

墙（或柱）是建筑物的承重构件或围护构件。作为承重构件的外墙，其作用是抵御自然界各种因素对室内的侵袭；内墙主要起分隔空间及保证舒适环境的作用。框架结构或排架结构的建筑物中，柱起承重作用，墙仅起围护作用。因此，要求墙体具有足够的强度、稳定性，并具有保温、隔热、防水、防火、耐久及经济等性能。

3. 楼板层和地坪

楼板层是水平方向的承重构件，按房间层高将整幢建筑物沿水平方向分为若干层。楼

7

板层承受家具、设备和人体荷载以及本身的自重，并将这些荷载传给墙或梁；同时对墙体起着水平支撑的作用。因此要求楼板层应具有足够的抗弯强度、刚度和隔声、防潮、防水的性能。

地坪是底层房间与地基土层相接的构件，起承受底层房间荷载的作用。要求地坪具有耐磨防潮、防水、防尘和保温的性能。

4. 楼梯

楼梯是楼房建筑的垂直交通设施。楼梯可供人们上下楼层和紧急疏散之用，故要求楼梯具有足够的通行能力，并且防滑、防火，能保证安全使用。

5. 屋顶

屋顶是建筑物顶部的围护构件和承重构件。抵抗风、雨、霜和冰雹等的侵袭和太阳辐射热的影响；又承受风雪荷载及施工、检修等屋顶荷载，并将这些荷载传给墙或梁，故屋顶应具有足够的强度、刚度及防水、保温、隔热等性能。

6. 门与窗

门与窗均属非承重构件，也称为配件。门主要起内外交通和分隔房间作用。窗主要起通风、采光、分隔和眺望等围护作用。处于外墙上的门窗既是围护构件的一部分，又是建筑外部造型的重要因素。某些有特殊要求的房间，门、窗应具有保温、隔声、防火的能力。

一座建筑物除上述六大基本组成部分以外，对不同使用功能的建筑物，还有许多特有的构件和配件，如阳台、雨篷、台阶、排烟道等。

1.2.2 影响建筑构造的因素

1. 外界环境因素的影响

（1）外力作用的影响。作用在建筑物上的各种外力统称为荷载。荷载可分为恒荷载（如结构自重）和活荷载（如人群、家具、风雪及地震荷载）两类。荷载的大小是建筑结构设计的主要依据，也是结构选型及构造设计的重要基础，起着决定构件尺度大小、用料多少的重要作用。

（2）气候条件的影响。我国各地区地理位置及环境不同，气候条件有许多差异。太阳的辐射热，自然界的风、雨、雪、霜、地下水等构成了影响建筑物的多种因素。因此，在进行构造设计时，应该针对建筑物所受影响的性质与程度，对各有关构、配件及部位采取必要的防护措施，如防潮、防水、保温、隔热等，以防患于未然。

（3）各种人为因素的影响。人们在生产和生活活动中，往往受火灾、爆炸、机械振动、化学腐蚀、噪声等人为因素的影响，故在进行建筑构造设计时，必须针对这些影响因素，采取相应的防火、防爆、防振、防腐、隔声等构造措施，以防止建筑物遭受不应有的损失。

2. 建筑技术条件的影响

由于建筑材料技术的日新月异，建筑结构技术的不断发展，建筑施工技术的不断进步，建筑构造技术也不断翻新、丰富多彩。例如悬索、薄壳、网架等空间结构建筑，点式玻璃幕墙，彩色铝合金等新材料的吊顶，采光天窗中庭等现代建筑设施的大量涌现，可以看出，建筑构造没有一成不变的固定模式。因而在构造设计中要以构造原理为基础，在利用原有的、标准的、典型的建筑构造的同时，不断发展或创造新的构造方案。

3. 经济条件的影响

随着建筑技术的不断发展和人们生活水平的日益提高，人们对建筑的使用要求也越来越高。建筑标准的变化带来建筑的质量标准、建筑造价等也出现较大差别。对建筑构造的要求也将随着经济条件的改变而发生变化。

1.2.3　建筑构造的设计原则

在满足建筑物各项功能要求的前提下，必须综合运用有关技术知识，并遵循以下设计原则。

1. 结构坚固耐久

除按荷载大小及结构要求确定构件的基本断面尺寸外，对阳台、楼梯栏杆、顶棚、门窗与墙体的连结等构造设计，都必须保证建筑物构、配件在使用时的安全。

2. 技术先进

在进行建筑构造设计时，应大力改进传统的建筑方式，从材料、结构、施工等方面引入先进技术，并注意因地制宜。

3. 合理降低造价

各种构造设计，均要注重整体建筑物的经济效益、社会效益和环境效益三个效益，即综合效益。在经济上注意节约建筑造价，降低材料的能源消耗，还要必须保证工程质量，不能单纯追求效益而偷工减料，降低质量标准，应做到合理降低造价。

4. 美观大方

建筑物的形象除了取决于建筑设计中的体型组合和立面处理外，一些建筑细部的构造设计对整体美观也有很大影响。

1.3　建　筑　标　准　化

1.3.1　建筑模数

为了实现工业化大规模生产，使不同材料、不同形式和不同制造方法的建筑构配件、组合件具有一定的通用性和互换性，在建筑业中必须共同遵守《建筑模数协调统一标准》（GBJ 2—86）。

建筑模数是指选定的尺寸单位，作为尺度协调中的增值单位，也是建筑设计、建筑施工、建筑材料与制品、建筑设备、建筑组合件等各部门进行尺度协调的基础，其目的是使构配件安装吻合，并有互换性。

1. 基本模数

基本模数的数值规定为100mm，表示符号为M，即1M等于100mm。整个建筑物或其中一部分以及建筑组合件的模数化尺寸，均应是基本模数的倍数。

2. 扩大模数

扩大模数是基本模数的整倍数。扩大模数的基数应符合下列规定：

（1）水平扩大模数为 3M、6M、12M、15M、30M、60M 共 6 个，其相应的尺寸分别为 300mm、600mm、1200mm、1500mm、3000mm、6000mm。

（2）竖向扩大模数的基数为 3M、6M 共 2 个，其相应的尺寸为 300mm、600mm。

3. 分模数

分模数时整数除基本模数的数值。分模数的基数为 M/10、M/5、M/2 共 3 个，其相应的尺寸为 10mm、20mm、50mm。

4. 模数数列

模数数列指由基本模数、扩大模数、分模数为基础扩展成的一系列尺寸。模数数列的幅度及适用范围见表 1.3。

表 1.3　　　　　　　　　　模　数　数　列　　　　　　　　　单位：mm

基本模数	扩　大　模　数						分　模　数		
1M	3M	6M	12M	15M	30M	60M	$\frac{1}{10}$M	$\frac{1}{5}$M	$\frac{1}{2}$M
100	300	600	1200	1500	3000	6000	10	20	50
100	300						10		
200	600	600					20	20	
300	900						30		
400	1200	1200	1200				40	40	
500	1500			1500			50		50
600	1800	1800					60	60	
700	2100						70		
800	2400	2400	2400				80	80	
900	2700						90		
1000	3000	3000		3000	3000		100	100	100
1100	3300						110		
1200	3600	3600	3600				120	120	
1300	3900						130		
1400	4200	4200					140	140	
1500	4500			4500			150		150
1600	4800	4800	4800				160	160	
1700	5100						170		
1800	5400	5400					180	180	
1900	5700						190		
2000	6000	6000	6000	6000	6000	6000	200	200	200
2100	6300							220	
2200	6600	6600						240	
2300	6900								250

续表

基本模数	扩 大 模 数						分 模 数	
2400	7200	7200	7200				260	
2500	7500			7500			280	
2600		7800					300	300
2700		8400	8400				320	
2800		9000		9000	9000		340	
2900		9600	9600					350
3000				10500			360	
3100			10800				380	
3200			12000	12000	12000	12000	400	400

1.3.2 建筑定位轴线

建筑定位轴线是用来确定主要承重构件（墙、柱、梁）位置及尺寸标注的基准线。定位轴线应用细单点长划线绘制。定位轴线应编号，编号应注写在轴线端部的圆内。圆应用细实线绘制，直径为 8～10mm。定位轴线圆的圆心应在定位轴线的延长线或延长线的折线上。

一般平面上定位轴线的编号，宜标注在图样的下方或左侧，如图 1.2 所示。横向编号应用阿拉伯数字，从左至右顺序编写；竖向编号应用大写拉丁字母，从下至上顺序编写，拉丁字母作为轴线编号时，应全部采用大写字母，不应用同一个字母的大小写来区分轴线编号。拉丁字母的 I、O、Z 不得用做轴线编号。当字母数量不够使用，可增用双字母或单字母加数字注脚。

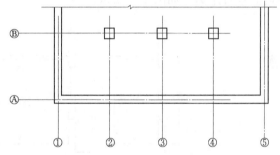

图 1.2 定位轴线的编号顺序

组合较复杂的平面图中定位轴线也可采用分区编号。编号的注写形式应为"分区号-该分区编号"。"分区号-该分区编号"采用阿拉伯数字或大写拉丁字母表示，见图 1.3。

附加定位轴线的编号，应以分数形式表示，分母表示前一轴线的编号，分子表示附加轴线的编号，编号宜用阿拉伯数字顺序编写。1 号轴线或 A 号轴线之前的附加轴线的分母应以 01 或 0A 表示。

1.3.3 常用的建筑术语

（1）进深。纵向定位轴线之间的距离。

（2）开间。横向定位轴线之间的距离。

（3）层高。建筑物各层之间以楼、地面面层（完成面）计算的垂直距离，屋顶层由该层楼面面层（完成面）至平屋面的结构面层或至坡顶的结构面层与外墙外皮延长线的交点

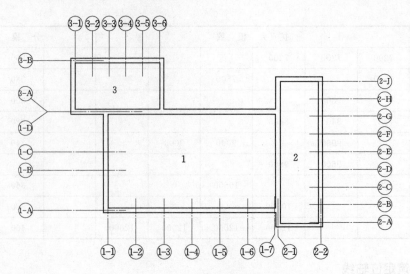

图 1.3　定位轴线的分区编号

计算的垂直距离，如图 1.4 所示。

（4）室内净高。从楼、地面面层（完成面）至吊顶或楼盖、屋盖底面之间的有效使用空间的垂直距离，如图 1.4 所示。

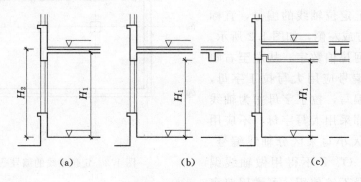

（a）　　　　　　　　（b）　　　　　　　　（c）

图 1.4　净高与层高

H_1—净高；H_2—层高

1.4　变　形　缝

变形缝是为防止建筑物在外界因素作用下，结构内部产生附加变形和应力，导致建筑物开裂、碰撞甚至破坏而预留的构造缝，包括伸缩缝、沉降缝和防震缝。

1.4.1　变形缝设置

1. 伸缩缝

伸缩缝又称温度缝，是指为防止建筑物因受温度变化影响产生热胀冷缩使建筑物出现裂缝或破坏，在沿建筑物长度方向相隔一定距离预留的缝隙。这种缝隙是因温度变化而设置的，而基础埋于地下，受温度影响较小，因此，伸缩缝要求把建筑物的墙体、楼板层、屋顶等地面以上部分全部断开。

伸缩缝的位置和间距与建筑物的材料、结构形式、使用情况、施工条件及当地温度变化情况有关。设计时应根据《民用建筑设计通则》（GB 50352—2005）的规定设置（表1.4、表1.5）。伸缩缝的宽度一般为20～30mm。

表1.4　　　　　　　　　　　砌体建筑伸缩缝的最大间距　　　　　　　　　　单位：m

砌体类别	屋顶或楼板层的类别		间距
各种砌体	整体式或装配整体式钢筋混凝土结构	有保温层或隔热层的屋顶、楼板层	50
		无保温层或隔热层的屋顶	40
	装配式无檩体系钢筋混凝土结构	有保温层或隔热层的屋顶	60
		无保温层或隔热层的屋顶	50
	装配式有檩体系钢筋混凝土结构	有保温层或隔热层的屋顶	75
		无保温层或隔热层的屋顶	60
普通黏土、空心砖砌体	黏土瓦和石棉水泥瓦木屋顶或楼板层砖石屋顶或楼板层		100
石砌体			80
硅酸盐砖、硅酸盐砌块、混凝土砌块砌体			75

注　1. 层高大于5m的混合结构单层建筑，其伸缩缝间距可按有中数值乘以1.3采用，但当墙体采用硅酸盐砖、硅酸盐砌块和混凝土砌块砌筑时，不得大于75m。

　　2. 温差较大且变化频繁地区和严寒地区不采暖的建筑及构筑物墙体的伸缩缝最大间距，应按表中数值予以适当减少后采用。

表1.5　　　　　　　　　　钢筋混凝土结构伸缩缝的最大间距　　　　　　　　单位：m

项次	结　构　类　型		室内或土中间距	露天间距
1	排架结构	装配式	100	70
2	框架结构	装配式	75	50
		现浇式	55	35
3	剪力墙结构	装配式	65	40
		现浇式	45	30
4	挡土墙及地下室墙壁等类结构	装配式	40	30
		现浇式	30	20

注　1. 如有充分依据或可靠措施，表中数值可以增减。

　　2. 当屋面板上部无保温或隔热措施时，对框架剪力墙结构的伸缩缝间距，可按表中露天栏的数值选用，对排架结构的伸缩缝间距，可按适当低于室内栏的数值适当减小。

　　3. 排架结构的柱顶面（从基础顶面算起）低于8m时，宜适当减少伸缩缝间距。

　　4. 外墙装配内墙现浇的剪力墙结构，其伸缩缝最大间距按现浇式一栏的数值选用。滑模施工的剪力墙结构，宜适当减小伸缩缝间距。现浇墙体在施工中应采取措施减少混凝土收缩应力。

2. 沉降缝

为防止建筑物各部分由于地基不均匀沉降引起房屋发生错动开裂，将建筑物划分为若干个可以独立自由沉降的单元，这种单元间的垂直缝称为沉降缝。

建筑物凡具备下列条件之一者应考虑设置沉降缝：

（1）建筑物建造在不同的地基土壤上。

（2）同一建筑物相邻部分高度相差在两层以上或部分高差超过 10m。

（3）建筑物部分的地基承载力有很大差别。

（4）原有建筑物加建扩展建筑物。

（5）相邻的基础宽度和埋置深度相差悬殊。

（6）建筑物平面形状较复杂。

设置沉降缝的目的是将建筑物划分为几个可自由沉降的单元，因此，沉降缝要求从建筑物基础至屋顶全部断开。沉降缝可兼起伸缩缝的作用，但伸缩缝不可代替沉降缝。

沉降缝的宽度同地基情况和建筑物高度有关，地基越软弱、建筑物高度越高，宽度越大，见表1.6。

表 1.6 沉 降 缝 的 宽 度

地 基 情 况	建 筑 物 高 度	沉降缝宽度（mm）
一般地基	$H<5m$	30
	$H=5\sim10m$	50
	$H=10\sim15m$	70
软弱地基	2～3 层	50～80
	4～5 层	80～120
	5 层以上	＞120
湿陷性黄土地基		≥30～70

3. 防震缝

在地震区，为防止建筑物的各部分在地震力作用下震动、摇摆引起变形裂缝，造成破坏，而将建筑物分成若干个体型简单、结构刚度均匀的独立单元，这种单元间的垂直缝称为防震缝。

在地震设防区，当建筑物属于下列情况之一时，应考虑设置防震缝：

（1）建筑物平面体型复杂，有较长的突出部位，如 L 形、U 形、T 形和山字形等。

（2）毗邻建筑物立面高差在 6m 以上。

（3）建筑物有错层且楼板高差较大。

（4）建筑物相邻部分的结构刚度和质量相差悬殊。

设置防震缝时基础一般可不断开，但在平面复杂的建筑中，当基础各相连部分的刚度差别很大时；或与沉降缝合并设置时，也需要将基础分开。

防震缝的宽度与地震设防烈度和建筑物高度有关。当建筑物高度不超过 15m 时，宽度为 70；当超过 15m 时，设防烈度分别为 7 度、8 度、9 度时，对应每增加 4m、3m、2m，宽度在 70mm 基础上增加 20mm。

建筑物设置变形缝的原则是：温度缝、沉降缝、防震缝应协调布置，做到一缝多用。当沉降缝兼做温度缝，或防震缝与沉降缝结合设置时，基础也应断开。

1.4.2 变形缝构造做法

变形缝应能将建筑物构件全部断开，保证缝两侧能自由变形，并应尽量隐蔽，且能防止风雨对室内的侵袭。

1. 墙体变形缝

变形缝的形式因墙厚、材料等不同可做成平缝、错口缝、企口缝（即凹凸缝）等，如图 1.5 所示。外墙变形缝应保证自由变形，并防止风雨影响室内，常用弹性材料填嵌缝隙，缝口可采用镀锌铁皮或铅板盖缝调节；内墙变形缝着重表面处理，可采用木条或铝合金盖缝，盖缝条仅一边固定在墙上，允许自由移动，如图 1.6 所示。

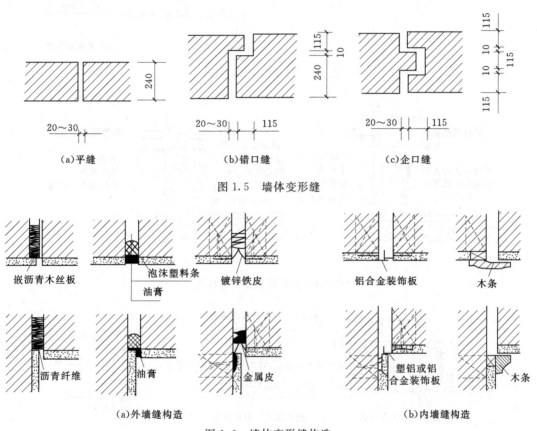

（a）平缝　　　　　　　　（b）错口缝　　　　　　　　（c）企口缝

图 1.5　墙体变形缝

嵌沥青木丝板　泡沫塑料条　镀锌铁皮　　铝合金装饰板　　木条
油膏

沥青纤维　　油膏　　金属皮　　塑铝或铝合金装饰板　　木条

（a）外墙缝构造　　　　　　　　　　　　　（b）内墙缝构造

图 1.6　墙体变形缝构造

2. 楼地层变形缝

楼地层变形缝的位置与缝宽大小应与墙体、屋顶变形缝一致，缝内应用可压缩性的材料（如沥青麻丝、油膏、橡胶、金属或塑料调节片等）做密封处理，上铺活动盖板或橡、塑地板等地面材料，以保证面层平整、光洁、防滑、防水及防尘等要求。顶棚的盖板条在构造上应保证顶棚美观，并应使缝两边的构件能自由变形，如图 1.7 所示。

3. 屋顶变形缝

屋顶变形缝有高低屋顶变形缝和等高屋顶变形缝，如图 1.8、图 1.9 所示。处理原则为既不能影响屋面的变形，又要防止雨水从变形缝渗入室内。

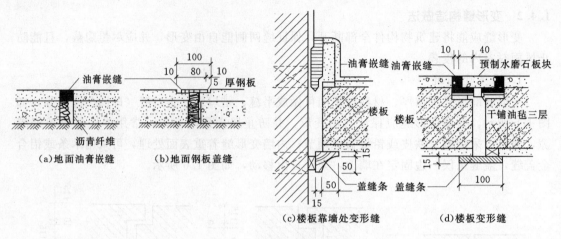

图 1.7　楼地层变形缝构造

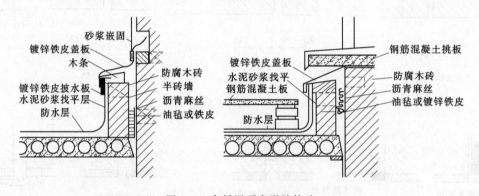

图 1.8　高低屋顶变形缝构造

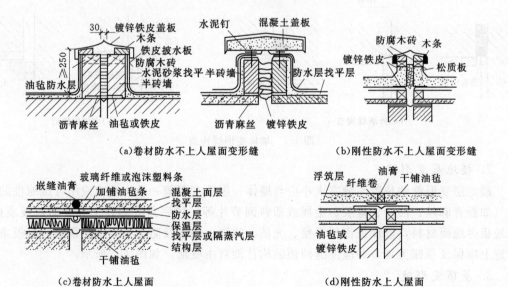

（a）卷材防水不上人屋面变形缝　　　　　　（b）刚性防水不上人屋面变形缝

（c）卷材防水上人屋面　　　　　　（d）刚性防水上人屋面

图 1.9　等高屋顶变形缝构造

对于不上人屋面，一般在伸缩缝处加砌矮墙，并做好屋面防水和泛水处理；上人屋面，则用油膏嵌缝处理，如图 1.9 所示。

4. 基础变形缝

因对基础构造影响较大的是沉降缝，故基础变形缝构造处理就是沉降缝的构造处理。

（1）基础变形缝。基础变形缝应断开并应避免因不均匀沉降造成的相互干扰。常见砖墙条形基础处理方法有双墙偏心基础、挑梁基础和交叉式基础三种，如图 1.10 所示。

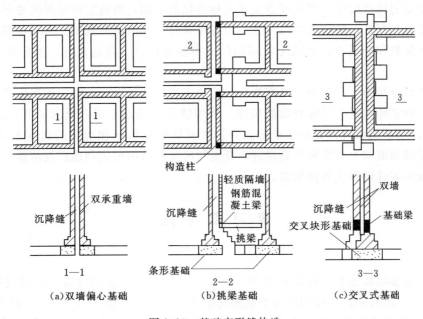

图 1.10　基础变形缝构造

双墙偏心基础整体刚度大，但偏心受力，并在沉降时产生一定的挤压力；采用双墙交叉式基础，基础受力有所改善；挑梁基础能使两侧基础分开较大距离，相互影响较少，常用于沉降缝两侧基础埋深相差较大或新建筑与原有建筑毗连的情况。

（2）地下室变形缝防水。当地下室出现变形缝时，必须做好地下室墙身及地板层的防水构造，以使变形缝处能保持良好的防水性。其构造措施使在结构施工时，在变形缝处预埋止水带。止水带有橡胶止水带、塑料止水带及金属止水带等，其构造做法有内埋式和可卸式两种，注意止水带中间空心圆或弯曲部分须对准变形缝，以适应变形需要。

本 章 小 结

（1）建筑构造主要是研究房屋的构造组成、构造形式、构造方法及各个组成部分的细部构造做法。民用建筑通常由基础、墙（或柱）、楼地层和地坪、楼梯、屋顶和门与窗六大部分组成。

（2）房屋构造通常要受到外力、自然条件、技术条件、经济条件和人为因素的影响，因此，房屋构造应满足坚固、实用、经济、美观及工业化等方面的要求。

（3）建筑按使用功能分为民用建筑、工业建筑和农业建筑；按建筑规模和数量分为大量性建筑和大型建筑；按建筑层数分为底层建筑、多层建筑、高层建筑、超高层建筑；按承重结构所用材料分为木结构建筑、砖（石）结构建筑、钢筋混凝土结构建筑、钢结构建筑、混合结构建筑；按结构类型分为砌体结构、框架结构、剪力墙结构、框架-剪力墙结构、筒体结构和其他结构。

（4）房屋按耐久年限分 4 级，按燃烧性能和耐火极限分四级。

（5）建筑标准化是建筑工业化的前提，它包括两方面：一方面是建筑设计的标准；另一方面是建筑的标准设计。建筑模数是建筑标准化的基础，所选定的标准尺寸单位，作为建筑物、建筑构配件、建筑制品以及建筑设备尺寸间相互协调的基础。建筑模数包括基本模数、扩大模数和分模数。建筑上常用的尺寸指标志尺寸、构造尺寸、实际尺寸和技术尺寸。

（6）变形缝是为了避免由于气温变化、地基不均匀沉降以及地震而使房屋开裂所预先设置的缝，包括伸缩缝、沉降缝和防震缝。伸缩缝从基础以上部分全部断开，缝宽 20～40mm；沉降缝从基础开始到屋顶全部断开，缝宽依地基情况和房屋的高度不同而确定；防震缝从基础顶面向上沿房屋全高设置，缝宽与房屋的结构形式和地震设防烈度有关。通常沉降缝或防震缝可以代替伸缩缝。

复 习 思 考 题

1. 填空题

（1）建筑按层数分类，低层建筑为（　　　　　　　）层的建筑；多层建筑一般指（　　　　　）层的建筑；高层建筑指我国规定（　　　　　）和（　　　　　）以上的建筑，（包括首层设置商业服务网点的住宅），以及建筑高度超过（　　　　　）的除单层外的公共建筑；超高层建筑指高度大于（　　　　　）的建筑。

（2）建筑物按其使用功能不同，一般分为（　　　　　　　　）、（　　　　　　　　）和（　　　　　）等。

（3）《建筑模数协调统一标准》中规定，基本模数以（　　　　　　　）表示，数值为（　　　　　）。

（4）纵向定位轴线应（　　　　　）顺序注写，并用（　　　　　）标注；横向定位轴线应用（　　　　　）顺序注写，并用（　　　　　）标注。

（5）只要（　　　　　）、（　　　　　）和（　　　　　）三个条件中任一个条件出现，就可以确定达到其耐火极限。

（6）建筑构造设计应遵循的原则（　　　　　）、（　　　　　）、（　　　　　）和（　　　　　）。

（7）墙体变形缝的形式因墙厚、材料等不同可做成（　　　　　）、（　　　　　）、（　　　　　）。

（8）屋顶变形缝有（　　　　　）、（　　　　　）两种。

2. 选择题

（1）普通建筑物和构筑物的设计使用年限为（　　　）年。

A. 5　　　　　　　B. 25　　　　　　C. 50　　　　　　D. 100

（2）现行《建筑设计防火规范》（GB 50016—2006）将建筑物的耐火等级划分为（　　）。

A. 一级　　　　　B. 二级　　　　　C. 三级　　　　　D. 四级

（3）横向定位轴线之间的距离称为（　　）。

A. 开间　　　　　B. 进深　　　　　C. 层高　　　　　D. 室内净高

（4）楼地层变形缝的位置与缝宽大小应与（　　）变形缝一致。

A. 基础　　　　　B. 墙体　　　　　C. 屋顶　　　　　D. 框架柱

（5）不属于常见砖墙条形基础变形缝处理方法的是（　　）。

A. 双墙偏心基础　B. 满堂基础　　　C. 挑梁基础　　　D. 交叉式基础

3. 简答题

（1）建筑的构造组成如何？各组成部分的主要作用是什么？

（2）影响建筑构造的主要因素是什么？

（3）简述伸缩缝、沉降缝和防震缝的概念及其设置原则。

第2章 基础与地下室

学习提纲

　　掌握地基与基础的概念，了解地基的分类。掌握基础埋置深度的概念和确定方法，掌握基础的分类和构造方法。了解地下室的分类和构造方法。

2.1 地基与基础

2.1.1 基础与地基的关系

　　基础是房屋建筑的最底部的承重构件，它承受建筑物上部结构传来的全部荷载，并将这些荷载连同基础的自重一起传给地基。地基是基础下面直接承受荷载的土层或者岩体。

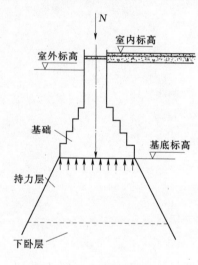

图 2.1　地基与基础

地基承受建筑物的荷载而产生的应力和应变随着土层深度的增加而减小，在达到一定深度后就可以忽略不计。直接承受荷载的土层称为持力层，持力层以下的土层称为下卧层，如图 2.1 所示。

2.1.2 地基的分类

　　地基分为天然地基和人工地基两大类。

　　1. 天然地基

　　凡是天然土层具有足够的承载能力，不需经人工改善或加固便可作为建筑物地基者称为天然地基。一般呈连续整体状的岩层或由岩石风化破碎成的松散颗粒状土层可作为天然地基。

　　2. 人工地基

　　当建筑物上部的荷载较大或地基的承载力较弱（如淤泥、充填土、杂填土或其他高压缩性土层）时，须预先对土壤进行人工加固处理后才能承受建筑物的荷载，这种经过人工处理的土层称为人工地基。人工加固地基常用的方法有压实法、换土法、打桩法等。

　　按《建筑地基基础设计规范》（GB 50007—2011）的规定：建筑地基土（岩）可分为岩石、碎石土、砂土、粉土、黏性土和人工填土六大类。

2.1.3 对地基和基础的要求

　　（1）具有足够的强度、刚度和稳定性。基础在建筑物的底部，对建筑物的安全起着决定性的作用。因此基础需具有足够的强度来承担和传递整个建筑物上部及其自身荷载；还应保证基础和上部结构有足够的刚度，以保证建筑物的正常工作。

地基承担了建筑物的全部荷载，地基除必须具有足够的承载力外，还应具有良好的稳定性，以保证建筑物的均匀沉降，从而保证建筑物的正常工作。

（2）具有良好的耐久性能。基础是隐蔽工程，建成后的维修和加固比较困难。在选择基础的构造与材料时，要充分考虑建筑物的耐久年限，防止基础提前破坏，影响整个建筑物的使用与安全。

（3）具有较高的经济合理性。基础工程的工程量、造价和工期等在整个建筑物中占有相当的比例，通常基础的造价可占工程造价的 10%～40%。应选择良好的地基场地、合理的构造方案、价廉质优的建筑材料，以减少基础工程的投资、降低工程总造价。

2.2 基础的类型与构造

2.2.1 基础的埋置深度

基础的埋置深度是指室外设计地坪到基础底面的垂直距离，简称埋深，如图 2.2 所示。根据基础埋深的不同有深基础和浅基础之分。一般情况下，将埋深大于 5m 的基础称为深基础，将埋深不大于 5m 的基础称为浅基础。从基础的经济效果看，其埋置深度愈小，工程造价愈低，但基础埋深过小，没有足够的土层包围，基础底面的土层受到压力后会把基础四周的土挤出，基础会产生滑移而失去稳定；同时基础埋深过浅，易受外界的影响而损坏。所以基础的埋深一般不应小于 500mm。

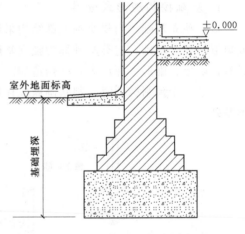

图 2.2 基础的埋置深度

2.2.2 影响基础埋深的因素

1. 建筑物上部荷载的大小和性质

荷载有恒荷载和活荷载之分，其中恒荷载引起的沉降量最大，而活荷载引起的沉降量相对较小，因此当恒荷载较大时，基础埋置深度应大一些。建筑物有无地下室、设备基础和地下设施以及基础的形式和构造等，对基础的埋深影响很大。

2. 工程地质条件

一般情况下，基础底面应尽量选在常年未经扰动而且坚实平坦的土层或岩石上，俗称"老土层"。当表面软弱土层很厚，加深基础不经济时，可采用人工地基或采取其他结构措施。

3. 水文地质条件

应根据当地地下水的常年最高水位和最低水位选择基础的埋深。一般宜将基础落在地下常年最高水位之上，以减少特殊的防水措施，有利于施工。如必须设在地下水位以下时，应使基础底面低于最低地下水位 200mm 以下。

4. 地基土壤冻胀深度

应根据当地的气候条件了解土层的冻结深度，一般将基础地面做在当地冰冻线以下至少 200mm 处，否则，冬天土层的冻胀力会把房屋拱起，产生变形；天气转暖，冻土解冻时又会产生陷落。但岩石及砂砾、粗砂、中砂类的土质对冰冻的影响不大。

5. 相邻建筑物对基础的影响

新建建筑物的基础埋深不宜深于相邻的原有建筑物的基础；但当新建基础深于原有基础时，两基础间应保持一定净距，一般取相邻两基础底面高差的 1～2 倍。如上述要求不能满足时，应采取临时加固支撑、打板桩或加固原有建筑物地基等措施，以保证原有建筑的安全和正常使用。

2.2.3 基础的分类

由于建筑物的结构类型、荷载大小、高度、体量以及地质水文、建筑材料等原因，建筑物的基础有多种形式，划分方法也较多。按基础埋置深度，可分为浅基础、深基础；按构造形式，可分为独立基础、条形基础、井格式基础、片筏基础、箱形基础和桩基础等；按基础材料及受力特点，可分为刚性基础和柔性基础。

1. 基础按构造形式分类

（1）独立基础。当建筑物上部结构采用框架或单层排架结构承重时，基础常采用方形或矩形的独立基础，这类基础称为独立基础或柱式基础。独立基础一般呈独立的块状，形式有台阶形、锥形、杯形等，其构造如图 2.3 所示。独立基础是柱下基础的基本形式。

当柱采用预制构件时，则基础做成杯口形，然后将柱子插入并嵌固在杯口内，故称杯形基础。

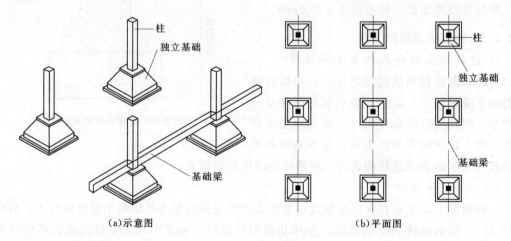

(a)示意图　　　　　　　　　　　　　　　(b)平面图

图 2.3　独立基础

（2）条形基础。条形基础呈连续的带状，也称带形基础，有墙下条形基础和柱下条形基础两种。

1）墙下条形基础。当房屋为墙承重结构时，基础沿墙身设置呈长条形。中小型建筑常采用条形基础，条形基础一般由垫层、大放脚和基础墙三部分组成，如图 2.4 所示。当荷载较大、地基软弱或上部结构有需要时，通常采用钢筋混凝土条形基础。

(a)墙下条形基础施工现场

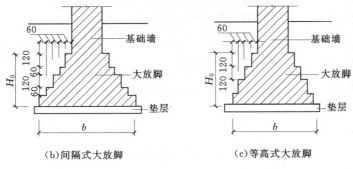

(b)间隔式大放脚　　　　　　　(c)等高式大放脚

图 2.4　墙下条形基础构造

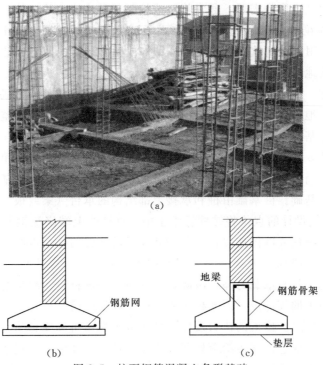

(a)

(b)　　　　　　　　　　　　(c)

图 2.5　柱下钢筋混凝土条形基础

2）柱下条形基础。当房屋为框架结构或部分框架结构，并且荷载较大或荷载分布不均匀、地基较弱时，常将柱下单独基础连接起来形成柱下钢筋混凝土条形基础。柱下条形基础不仅可以增加基础底面积，还具有良好的整体性，可以有效地防止不均匀沉降。柱下钢筋混凝土条形基础构造如图 2.5 所示，剖面形式多为扁锥形。为了保证基础底面平整，便于布置钢筋，防止钢筋锈蚀，钢筋混凝土基础通常需设垫层。

（3）井格基础。当地基条件较差，为了提高建筑物的整体性，防止柱子之间产生不均匀沉降，常将柱下基础沿纵横两个方向扩展连接起来，做成十字交叉的井格基础，也称十字交叉带形基础。其构造如图 2.6 所示。

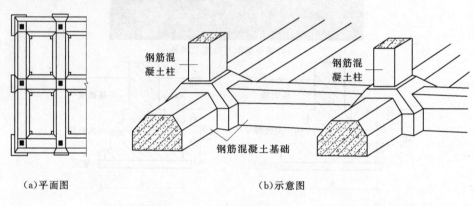

钢筋混凝土柱

钢筋混凝土柱

钢筋混凝土基础

（a）平面图　　　　　　　　　　　　　（b）示意图

图 2.6　井格基础

（4）筏形基础。建筑物上部荷载大，而地基又较弱，这时采用简单的条形基础或井格基础已不能适应地基变形的需要，通常将墙或柱下基础连成一片，使建筑物的荷载施加在一块整板上，成为筏形基础。筏形基础有平板式和梁板式两种，其构造如图 2.7（b）、（c）所示。广泛应用于地基软弱的多层砌体结构或框架结构、剪力墙结构以及上部结构荷载较大且不均匀或地基承载力较低的建筑物基础。

（5）箱形基础。是由钢筋混凝土底板、顶板和若干纵、横隔墙组成的整体结构，基础的中空部分可用作地下室（单层或多层的）或地下停车库。箱形基础整体空间刚度大，整体性强，能抵抗地基的不均匀沉降，较适用于高层建筑或在软弱地基上建造的重型建筑物，其构造如图 2.8 所示。当筏形基础做得很深时，常将基础改做成箱形基础。

（6）桩基础。当上部结构荷载较大，而且地基软弱土层较深，地基承载力不能满足要求时，则可采用桩基础。桩基础由桩和承接上部结构的承台（梁或板）组成，其构造如图 2.9 所示。桩基是按设计的点位将桩柱置于土中，桩柱的上端浇注钢筋混凝土承台板或承台梁，承台与建筑物柱或墙体连接，上部荷载通过承台传给桩，再经过桩传给土层。在寒冷地区，承台梁下一般铺设 100～200mm 厚的粗砂或焦渣，以防止土壤冻胀引起承台梁的反拱破坏。桩基础具有承载力高、沉降量小、节约基础材料、减少挖填土方工程量、改善施工条件和缩短工期等优点，因此桩基础的应用较为广泛。

桩基础的种类较多。按桩的传力及作用性质分为端承桩和摩擦桩（图 2.10），端承桩是指把建筑物的荷载通过桩端传给深处坚硬土层的桩；摩擦桩是指把建筑物的荷载主要通过桩侧表面与周围土的摩擦力传给地基的桩。按材料分为混凝土、钢筋混凝土和钢桩等。

(a)筏形基础施工现场

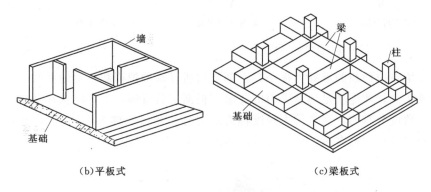

(b)平板式   (c)梁板式

图 2.7　筏形基础

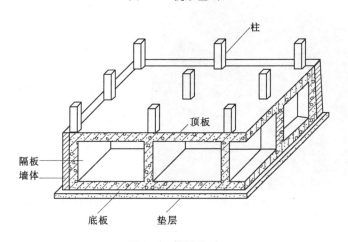

图 2.8　箱形基础

按桩的制作方法分为预制桩和灌注桩，灌注桩包括振动灌注桩、钻孔灌注桩、挖孔灌注桩和爆扩灌注桩等。我国目前常用的桩基础有钢筋混凝土桩或混凝土桩等。

2. 基础按材料及受力特点分类

（1）刚性基础。指由刚性材料制作，受刚性角限制的基础称为刚性基础。一般地，抗压强度高，而抗拉、抗剪强度较低的材料称为刚性材料。常用的有砖基础、毛石基础、混凝土基础、灰土基础等。

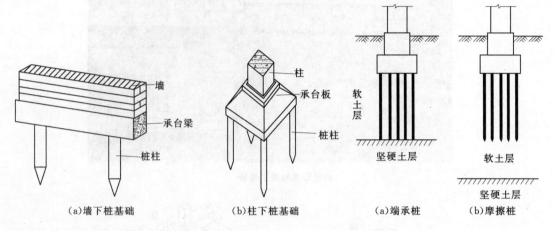

图 2.9　桩基的组成　　　　　　　　　　　图 2.10　桩基

　　由于土壤单位面积的承载力很小，上部结构通过基础把荷载传给地基时，只有将基础底面积不断扩大，才能满足地基受力的要求。根据实验得知，上部结构在基础中压力的传递是沿一定角度分布的，这个传力角度称为压力分布角（或称为刚性角），即应力的扩散线与墙体垂直线之间的夹角，以 α 表示，如图 2.11（a）所示。

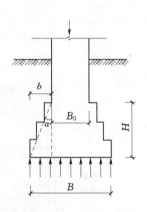

（a）刚性基础示意图　　　　　　　（b）基础的 b/H 在允许范围

图 2.11　刚性基础受力特点

　　由于刚性材料抗压强度高，抗拉强度低，因此压力分布角只能控制在材料的抗压范围内。如果基础底面宽度超过控制范围，这时基础底面宽度的增大要受刚性角的限制。刚性角一般用基础的级宽与级高的比值表示，不同材料和不同基底压力应选用不同的宽高比。如砖石基础的刚性角一般控制在 1/1.25～1/1.50 以内，混凝土刚性基础的刚性角控制在1∶1 以内。

刚性基础常用于地基承载力较好、压缩性较小的中小型民用建筑。

（2）柔性基础。当建筑物的荷载较大而地基承载能力较小时，基础底面必须加宽，如果仍采用混凝土材料做基础，势必加大基础的深度，这样很不经济。如果在混凝土基础的底部配以钢筋，利用钢筋来承受拉应力，那么，基础底部能够承受较大的弯矩，基础宽度不受刚性角的限制，故称钢筋混凝土基础为非刚性基础或柔性基础，如图 2.12 所示。柔性基础适用于荷载较大的多层、高层建筑。

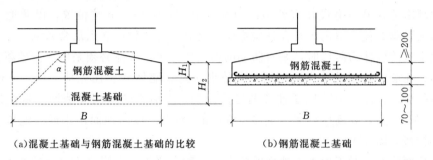

（a）混凝土基础与钢筋混凝土基础的比较　　　（b）钢筋混凝土基础

图 2.12　柔性基础

钢筋混凝土基础相当于一个受均布荷载作用的悬臂梁，它的截面可做成梯形或阶梯形。若为梯形，截面最薄处不应小于 200mm 厚；若为阶梯形，每步高度为 300～500mm。基础中受力钢筋的直径不宜小于 8mm，数量应通过计算确定；混凝土的强度等级不宜低于 C15。

2.3 地 下 室 的 构 造

2.3.1　地下室的组成

建筑物下部的地下使用空间称为地下室，一般由墙身、底板、顶板、门和窗、楼梯等部分组成，地下室能够使建筑物在有效的占地面积内增加使用空间，提高建设用地的利用率。

2.3.2　地下室类型

（1）按埋入地下的深度分为全地下室和半地下室。全地下室是指地下室地坪面低于室外地坪面的高度超过该房间净空的 1/2 者；半地下室指地下室地坪面低于室外地坪的高度为该房间净高的 1/3～1/2。

（2）按使用性质分为普通地下室和人防地下室。普通地下室指普通地下空间；人防地下室指有防空要求的地下空间。

（3）按结构材料分有砖墙地下室和混凝土地下室。

2.3.3　地下室防水与防潮构造

由于地下室的墙身与底板设置在地面以下，长期受到地潮或地下水的侵蚀，轻则引起室内墙面抹灰脱落、墙身生霉，影响环境卫生和人体健康；重则进水，使得地下室不能使用或影响建筑物的使用寿命。因此，如何保证地下室在使用时不受潮、不渗漏，是地下室构造设计的主要内容。设计者应根据地下水的情况和建筑物的使用要求，采取相应的防潮、防水措施。

1. 地下室防潮

当地下水的常年水位和最高水位都在地下室底板标高以下时，地下室仅受土层地潮的影响，这种情况只需做防潮处理。

（1）墙体防潮。防潮构造要求地下室的所有墙体都必须设两道水平防潮层。一道设在地下室地坪附近，另一道设在室外地面散水以上 150～200mm 的位置，以防地下潮气沿地下墙身或勒脚处侵入室内。凡在外墙穿管、接缝等处，均应嵌入油膏防潮。

当地下室的墙体为砖墙时，垂直防潮的构造要点是：墙体必须采用水泥砂浆砌筑，灰缝要饱满；在墙体外侧设垂直防潮层。具体做法是在墙体外表面先抹一层 20mm 厚的水泥砂浆找平层，再涂一道冷底子油和两道热沥青，然后在防潮层外侧回填低渗透性土壤（如黏土、灰土等），并逐层夯实。土层宽 500mm 左右，以防地面雨水或其他地表水的影响。具体构造见图 2.13（a）。

（2）地面防潮。对于地下室地面的防潮，一般主要借助于混凝土材料的憎水性能，但当地下室的防潮要求较高时，其地层也应做防潮处理。防潮层一般设在垫层与地层面层之间，且与墙身水平防潮层在同一水平面上。具体构造见图 2.13（b）。

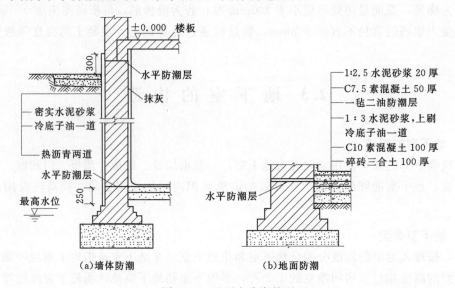

图 2.13　地下室防潮处理

2. 地下室防水

当最高设计水位高于地下室底板时，地下室的底板和部分外墙都将浸在水中。这时在水的作用下，地下室的外墙受到地下水的侧压力，地坪则受到水的浮力作用。侧压力和浮力越大，渗水也越严重。因此，地下室外墙与地坪应做好防水处理。

目前较常用的防水措施有柔性防水和刚性防水两类，柔性防水多采用卷材防水。卷材防水按防水层的铺贴位置分外包防水和内包防水。

（1）外包防水构造［图 2.14（a）］。外包防水是将防水材料贴在迎水面，即地下室外墙的外表面，防水效果好，采用较多；但维修困难，漏水处难于查找。

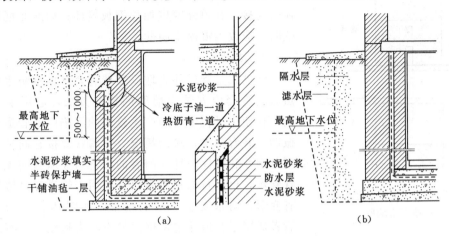

图 2.14　地下室卷材防水构造

外包防水的构造要点是，先在地下室外墙的外侧抹 20mm 厚的水泥砂浆找平层，并刷一道冷底子油，再根据地下水的水头选定防水卷材的层数，按一层沥青胶、一层卷材的顺序粘贴。卷材从地坪处包过来，再沿墙身由下而上连续密封粘贴。按工程要求，防水层应高出地下水位 500～1000mm 为宜。卷材防水层以上的地下室侧墙应抹水泥砂浆，再涂两道热沥青，直至室外散水处。垂直防水层外侧砌一道 1/2 砖厚的保护墙。保护墙与防水层之间用水泥砂浆填实，保护墙下应干铺一层卷材，再沿保护墙的长度方向上每隔 5～8m 设一道通高的垂直缝，以使得保护墙在土压和水压的作用下，紧紧压向防水层。

（2）内包防水构造 ［图 2.14（b）］。内包防水是将防水材料贴于地下室外墙的内表面。内包防水便于施工，便于维修；但防水效果较差，较少使用，一般多用于修缮工程。

（3）地下室地坪的防水构造。在土层上先浇厚度约 100mm 的混凝土垫层，再以选定的卷材层数在地坪的垫层上做防水层，并在防水层上抹 20～30mm 厚的水泥砂浆保护层，这些做法的目的是便于浇筑钢筋混凝土。为了保证水平防水层包向垂直墙面，地坪防水层应留出足够的长度来与垂直防水层搭接，同时还应做好转折处卷材的保护工作，防止因转折交接处的卷材断裂而影响地下室的防水。

为满足结构和防水的需要，地下室的地坪与墙体一般多采用防水钢筋混凝土结构。另外，随着新型防水材料的不断涌现，地下室的防水构造也处在不断地更新之中。

2.3.4　管道穿过基础或地下室墙时的构造

在民用建筑中，常有通风管道、给水排水管道、电气管道等多种管道，引入这些管道时必须穿过建筑物的基础或地下室墙。因此，应采取一定的构造措施配合水、电、气工程，预埋好各种管道、管件或预留孔、槽等，保证管道及其穿过建筑组成部分正常工作。

地下室管道穿墙应做好防水防潮处理。管道穿墙形式有固定式和活动式两种。

1. 固定式

固定式是刚性穿墙管道直接埋设于墙壁中，管道和墙体固结在一起的构造方法，适用于无变形、无压力的防潮墙身及穿墙管在使用中振动轻微时的情况。进水管穿地下室墙壁

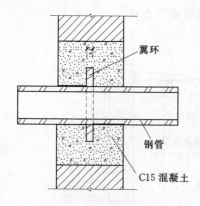

图 2.15　固定式（进水管
穿地下室墙壁）

采用固定式穿墙形式如图 2.15 所示。为加强管道与墙体的连接，管道外壁应加焊钢板翼环；如遇非混凝土墙壁时，应改为混凝土墙壁。

2. 活动式

活动式是管道外先埋设穿墙管套（也称防水管套），然后在管套内安装穿墙管的构造方法，适用于墙壁较大，在使用过程中可能产生较大的沉陷以及管道有较大振动，并有防水要求的情况。穿墙管套按管套间填充情况可分刚性和柔性两种，前者的套管与穿墙管间先填入沥青麻丝，再用石棉水泥封堵，适用于管道穿过墙壁之处有变形、防水要求一般的情形，如图 2.16（a）所示；后者适用于管道穿过墙壁之处有较大振动、或有严密防水要求、或有较大变形的情形，如图 2.16（b）所示。管套应一次浇固于墙内，套管遇墙处之墙壁如遇非混凝土时，应改用混凝土墙壁，且混凝土浇筑范围应比翼环直径大 200～300mm；套管处混凝土墙厚对于刚性套管不小于 200mm，对于柔性套管不小于 300mm，否则应使墙壁一侧或两侧加厚，加厚部分的直径应比翼环直径大 200mm。

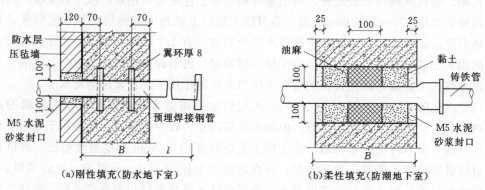

（a）刚性填充（防水地下室）　　　（b）柔性填充（防潮地下室）

图 2.16　活动式（进水管穿地下室墙壁）

本 章 小 结

1. 基础部分

（1）地基与基础的区别与联系。基础是房屋建筑的重要组成部分，它承受建筑物上部结构传来的全部荷载，并将这些荷载连同基础的自重一起传给地基。地基是基础下面直接承受荷载的土层。

（2）在保证地基承载力要求的前提下，确定合理的基础埋置深度。

（3）基础按材料和受力特点分为刚性基础和非刚性基础，要掌握刚性基础的概念和常用类型；按构造形式分为独立基础、条形基础、井格基础、筏形基础、箱形基础及桩基础等，应了解不同类型基础的使用特点。

2. 地下室部分

(1) 了解地下室的组成和类型。

(2) 掌握地下室防水与防潮构造方法。

(3) 理解管道穿过基础或地下室墙时的构造处理方法。

复 习 思 考 题

1. 填空题

(1) 地基分为（　　　）和（　　　）两大类。

(2) 基础的埋置深度是指（　　　）至（　　　）的垂直距离。

(3) 地下室按埋入地下深度的不同，可分为全地下室和半地下室。全地下室是指地下室地面低于室外地坪的高度超过该房间净高的（　　　）；半地下室是指地下室地面低于室外地坪的高度为该房间净高的（　　　）。

(4) 地下室当地下水的常年水位和最高水位均在地下室底板（　　　）时，做防潮处理。

(5) 地下室当设计最高水位（　　　）地下室底板时，地下室的外墙和底板都浸泡在水中，应考虑进行防水处理。

(6) 砖石基础的刚性角一般控制在（　　　）以内，混凝土刚性基础的刚性角控制在（　　　）以内。

(7) 管道穿墙形式有（　　　）和（　　　）两种。

2. 选择题

(1) 一般情况下，将埋深（　　　）的基础称为深基础。

A. 大于 5m　　　　B. 不小于 5m　　　　C. 大于 10m　　　　D. 不小于 10m

(2) 建筑物的荷载主要通过桩侧表面与周围土的摩擦力传给地基的桩称为（　　　）。

A. 端承桩　　　　B. 摩擦桩　　　　C. 振动灌注桩　　　　D. 钻孔灌注桩

(3) 钢筋混凝土基础截面最薄处不应小于（　　　）。

A. 200mm　　　　B. 300mm　　　　C. 400mm　　　　D. 500mm

3. 简答题

(1) 什么是地基与基础？两者有何区别？

(2) 什么是基础的埋深？其影响因素有哪些？

(3) 什么是刚性基础和柔性基础？各有何特点？

(4) 基础构造形式分为哪几类？一般适用于什么情况？

(5) 地下室由哪几部分组成？地下室的防水和防潮构造各有何特点？

第3章 墙体与门窗

学习提纲

了解墙体的作用、分类和设计要求，门窗的组成。掌握墙体的类型，墙身细部的作用及其构造；了解隔墙和复合墙体的构造特点和设计要求。了解遮阳的作用和做法。

3.1 墙 体 概 述

3.1.1 墙体的作用

墙体在建筑物中的作用主要体现在以下几个方面。

（1）承重。墙体承受屋顶、楼板传给它的荷载及本身的自重和风荷载。

（2）维护。墙体抵抗自然界的风、雨、雪等的侵袭，防止太阳辐射、噪音的干扰及室内热的散失等，起到保温、隔热、隔声和防水的作用。

（3）分隔。墙体将建筑物内部空间划分为若干个房间或使用空间。

（4）装饰。墙体是建筑装饰的重要部分，通过墙面装饰可以提高整个建筑物的装饰效果。

3.1.2 墙体的类型

墙因其位置、所用材料、受力情况、施工方法不同而具有不同的形式。

1. 按墙体所在位置分类

按平面上所处位置不同，可分为：

（1）外墙和内墙。外墙指位于建筑物四周与室外接触的墙，内墙指位于建筑物内部的墙。

（2）纵墙和横墙。纵墙是沿建筑物长轴方向布置的墙，横墙是沿建筑物短轴方向布置的墙。外横墙又称山墙。对于一片墙来说，窗与窗之间和窗与门之间的称为窗间墙，窗台下面的墙称为窗下墙，屋顶上部的墙称为女儿墙，如图3.1所示。

2. 按墙体按受力性质分类

按受力性质分为承重墙和非承重墙。承重墙是直接承受楼板、屋顶、梁等传来荷载的墙；非承重墙不承受外来荷载的墙，可分为自承重墙、隔墙、填充墙和幕墙等。

3. 其他分类方式

按所用材料不同，墙体可分为砖墙、石墙、混凝土墙及利用工业废料制作的各种砌块墙等；按墙体构造方式不同，墙体可分为实体墙、空体墙、组合墙等；按墙体施工方法不同，墙体可分为块材墙、板筑墙、板材墙等。

3.1.3 墙的设计要求

1. 墙体的结构布置

对以墙体承重为主结构，常要求各层的承重墙上、下必须对齐；各层的门、窗洞孔也

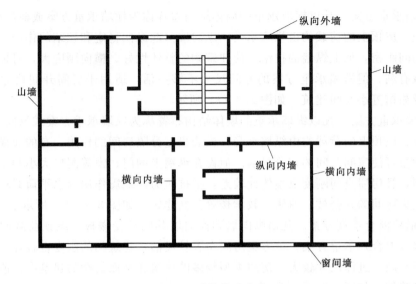

图 3.1 墙体位置名称

以上、下对齐为佳。此外，还需考虑以下两方面的要求。

（1）合理选择墙体结构布置方案。墙体在结构布置上有横墙承重、纵墙承重、纵横墙混合承重和内框架承重等几种方案，如图 3.2 所示。

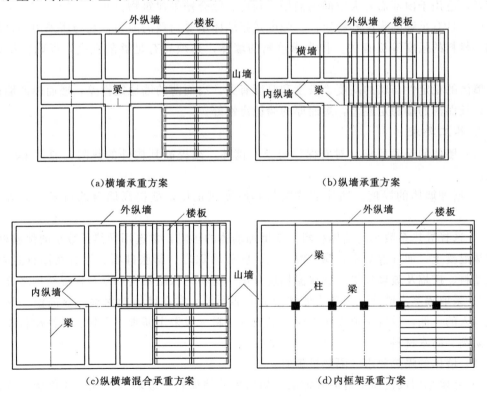

图 3.2 墙体承重方案

1）横墙承重方案。凡以横墙承重的墙体结构布置称为横墙承重方案或横向结构系统。这时，楼板、屋顶上的荷载均由横墙承受，纵向墙只起纵向稳定和拉结的作用。它的主要特点是横墙间距密，加上纵墙的拉结，使建筑物的整体性好、横向刚度大，对抵抗地震力等水平荷载有利。但横墙承重方案的开间尺寸不够灵活，适用于房间开间尺寸不大的宿舍、住宅及旅馆等小开间建筑，如图 3.2（a）所示。

　　2）纵墙承重方案。凡以纵墙承重的墙体结构布置称为纵墙承重方案或纵向结构系统。这时，楼板、屋顶上的荷载均由纵墙承受，横墙只起分隔房间的作用，有的起横向稳定作用。纵墙承重可使房间开间的划分灵活。但设在纵墙上的门、窗等洞口大小和位置将受到一定的限制，且房屋空间刚度及整体性较差，抵抗风力、地震作用等水平荷载较差。多适用于需要较大房间的办公楼、商店、教学楼等公共建筑，如图 3.2（b）所示。

　　3）纵横墙混合承重方案。凡由纵向墙和横向墙共同承受楼板、屋顶荷载的结构布置称为纵横墙（混合）承重方案。该方案房间布置较灵活，建筑物的刚度也较好。混合承重方案多用于开间、进深尺寸较大且房间类型较多的建筑和平面复杂的建筑中，前者如教学楼、住宅等建筑，如图 3.2（c）所示。

　　4）内框架承重方案。指建筑物内部采用由钢筋混凝土梁、柱组成的框架承重，四周采用墙体承重的结构布置。这时，梁的一端支承在柱上，而另一端则搁置在墙上，这种结构布置称为部分框架结构方案或内部框架承重方案。内框架承重方案空间划分灵活、空间刚度好，适用于内部需要大空间的商场、仓库、综合楼等建筑物。

　　（2）具有足够的强度和稳定性。强度是指墙体承受荷载的能力，它与所采用的材料以及同一材料的强度等级有关。作为承重墙的墙体，必须具有足够的强度，以确保结构的安全。

　　墙体的稳定性与墙的高度、长度和厚度有关。高而薄的墙稳定性差，矮而厚的墙稳定性好；长而薄的墙稳定性差，短而厚的墙稳定性好。

　　2. 热工要求

　　（1）墙体的保温要求。对有保温要求的墙体，须提高其构件的热阻，通常采取以下措施。

　　1）增加墙体的厚度。墙体的热阻与其厚度成正比，欲提高墙身的热阻，可增加其厚度。

　　2）选择导热系数小的墙体材料。要增加墙体的热阻，常选用导热系数小的保温材料，如泡沫混凝土、加气混凝土、陶粒混凝土、膨胀珍珠岩、膨胀硅石、浮石及浮石混凝土、泡沫塑料、矿棉及玻璃棉等。其保温构造有单一材料的保温结构和复合保温结构之分。

　　3）采取隔蒸汽措施。为防止墙体产生内部凝结，常在墙体的保温层靠高温一侧，即蒸汽渗入的一侧，设置一道隔蒸汽层。隔蒸汽材料一般采用沥青、卷材、隔汽涂料以及铝箔等防潮、防水材料。

　　（2）墙体的隔热要求。隔热措施有：

　　1）外墙采用浅色而平滑的外饰面，如白色外墙涂料、玻璃马赛克、浅色墙地砖、金属外墙板等，以反射太阳光，减少墙体对太阳辐射的吸收。

　　2）在外墙内部设通风间层，利用空气的流动带走热量，降低外墙内表面温度。

3) 在窗口外侧设置遮阳设施，以遮挡太阳光，避免直射室内。

4) 在外墙外表面种植攀援植物使之遮盖整个外墙，吸收太阳辐射热，从而起到隔热作用。

3. 建筑节能要求

为贯彻国家的节能政策，改善严寒和寒冷地区居住建筑采暖能耗大、热工效率差的状况，必须通过建筑设计和构造措施来节约能耗。

4. 隔声要求

墙体主要隔离由空气直接传播的噪声。一般采取以下措施：

(1) 加强墙体缝隙的填密处理。

(2) 增加墙厚和墙体的密实性。

(3) 采用有空气间层式多孔性材料的夹层墙。

(4) 尽量利用垂直绿化降噪声。

3.2　墙体的构造

3.2.1　砖墙的尺寸和组砌方式

砖墙是用砂浆将一块块砖按一定技术要求砌筑而成的砌体，其材料是砖和砂浆。

1. 砖墙材料

(1) 砖。砖按材料不同，有黏土砖、页岩砖、粉煤灰砖、灰砂砖、炉渣砖等；按形状分有实心砖、多孔砖和空心砖等。其中常用的是普通黏土砖。

1) 实心黏土砖。普通黏土砖以黏土为主要原料，经成型、干燥焙烧而成。有红砖和青砖之分。青砖比红砖强度高，耐久性好。

我国标准砖的规格为 240mm×115mm×53mm，如图 3.3 所示。砖的强度以强度等级表示，分别为 MU30、MU25、MU20、MU15、MU10、MU7.5 六个级别。如 MU30 表示砖的极限抗压强度平均值为 30MPa(N/mm²)。

2) 黏土多孔砖。黏土多孔砖墙有良好的热工性能，相比较实心黏土砖能减少对耕地的消耗。常用的尺寸为 240mm×115mm×90mm，如图 3.4 所示。

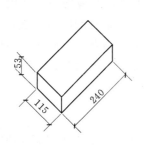

图 3.3　标准砖的规格图（单位：mm）

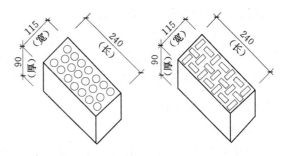

图 3.4　黏土多孔砖规格（单位：mm）

(2) 砂浆。砂浆是砌块的胶结材料。常用砌墙砂浆（即砌筑砂浆）有水泥砂浆、石灰砂浆和混合砂浆三种。水泥砂浆由水泥、砂加水拌和而成，属水硬性材料，强度高，但可塑性和保水性较差，适应砌筑湿环境下的砌体，如地下室、砖基础等。石灰砂浆由石灰膏、砂加水拌和而成。由于石灰膏为塑性掺合料，所以石灰砂浆的可塑性很好，但它的强度较低，且属于气硬性材料，遇水强度降低，所以适宜砌筑次要的民用建筑的地上砌体。混合砂浆由水泥、石灰膏、砂加水拌和而成。既有较高的强度，也有良好的可塑性和保水性，故民用建筑地上砌体中被广泛采用。它们的配合比取决于结构要求的强度。

砂浆的强度等级也是以根据标准实验方法所测得的抗压强度（单位：MPa 或 N/mm²）来标定的，有 7 级：M15、M10、M7.5、M5.0、M2.5、M1 和 M0.4。

2. 墙体的尺寸和组砌方式

（1）砖墙的厚度尺寸。我国标准砖的规格为 240mm×115mm×53mm，砖长：宽：厚＝4：2：1（包括 10mm 宽灰缝），标准砖砌筑墙体时是以砖宽度的倍数，即 115＋10＝125mm 为模数。这与我国现行《建筑模数协调统一标准》（GBJ 2—86）中的基本模数 M＝100mm 不协调，因此在使用中，须注意标准砖的这一特征。

标准实心黏土砖墙的厚度习惯上以砖长为基数来定，常用的标准实心黏土砖厚度尺寸见表 3.1。

表 3.1　　　　　　　　　　　　　　实心黏土砖墙厚度组成　　　　　　　　　　单位：mm

砖墙断面				
	115	178	240	365	490
尺寸组成	115×1	115×1+53+10	115×2+10	115×3+20	115×4+30
构造尺寸	115	178	240	365	490
标志尺寸	120	180	240	370	490
工程称谓	一二墙	一八墙	二四墙	三七墙	四九墙
习惯称谓	半砖墙	3/4 砖墙	一砖墙	一砖半墙	两砖墙

（2）砖墙的组砌方式。为了保证墙体的强度，砖砌体的砖缝必须横平竖直，错缝搭接，搭接长度至少 60mm，避免通缝。同时砖缝砂浆必须饱满，厚薄均匀。常用的错缝方法是将顶砖和顺砖上下皮交错砌筑。每排列一层砖称为一皮。常见的砖墙砌筑方式包括一砖墙"一顺一丁"砌法、一砖墙"三顺一丁"砌法、一砖墙"梅花丁"砌法、一砖半墙砌法、半砖墙（120 墙）"全顺式"砌法、3/4 砖墙"两平一侧式"砌法等，如图 3.5 所示。

3.2.2　砖墙的细部构造

1. 防潮层

在墙身中设防潮层的目的是防止土壤中的水分由于毛细作用上升使建筑物墙身受潮，提高建筑物的耐久性，保持室内干燥、卫生，如图 3.6 所示。因此必须在所有的内外墙中连续设置，且按构造形式不同分为水平防潮层和垂直防潮层两种。

（1）墙身水平防潮层。

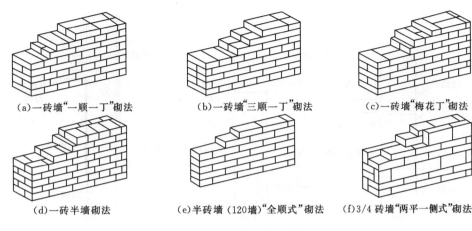

（a）一砖墙"一顺一丁"砌法　　　（b）一砖墙"三顺一丁"砌法　　　（c）一砖墙"梅花丁"砌法

（d）一砖半墙砌法　　　（e）半砖墙（120墙）"全顺式"砌法　　　（f）3/4砖墙"两平一侧式"砌法

图 3.5　砖墙的组砌方式

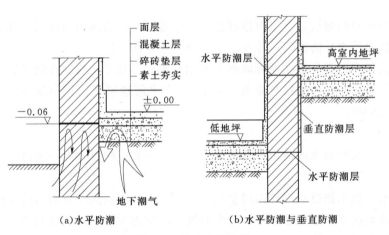

（a）水平防潮　　　（b）水平防潮与垂直防潮

图 3.6　墙身防潮构造

1）位置。室内地面垫层为混凝土等密实材料时，防潮层的位置应设在垫层范围内，低于室内地坪 60mm 处，同时还应至少高于室外地面 150mm，防止雨水溅湿墙面，如图 3.7 所示。

2）构造做法。

a. 防水砂浆防潮层，采用 1∶2 水泥砂浆加水泥用量 3％～5％防水剂，厚度为 20～25mm 或用防水砂浆砌三皮砖做防潮层。此种做法构造简单，但砂浆开裂或不饱满时影响防潮效果。

b. 细石混凝土防潮层，采用 60mm 厚的细石混凝土带，内配 3 根 Φ6 钢筋、分布筋 Φ4@250 的钢筋网，由于其抗裂性能好，且能与砌体结合在一起，故多用于整体刚度要求较高的建筑中。此种防潮效果较好。

c. 油毡防潮层，先抹 20mm 厚水泥砂浆找平层，上铺一毡二油，此种做法防水效果好，但有油毡隔离，削弱了砖墙的整体性，不应在刚度要求高或地震区采用。

如果墙脚采用不透水的材料（如条石或混凝土等），或设有钢筋混凝土地圈梁时，可以不设防潮层。

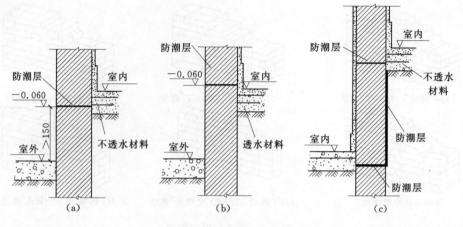

图 3.7　防潮层的位置

（2）墙身垂直防潮层。当室内地面高于室外地面或内墙两侧的地面出现高差时，应在墙身内设高低两道水平防潮层，并在土壤一侧设垂直防潮层。

构造做法如下：首先，在垂直墙面上先用水泥砂浆找平，再刷冷底子油一道、热沥青两道；其次，采用防水砂浆抹灰防潮，采用 1：2 水泥砂浆加水泥用量 3％～5％防水剂，厚度为 15～20mm。

2. 散水和明沟

房屋四周可采取散水或明沟排除雨水。当屋面为有组织排水时一般设明沟或暗沟，也可设散水。

（1）散水。散水指设在外墙四周靠近勒脚下部的地面做成向外倾斜的坡面。作用是防止屋顶落水或地表水下渗侵蚀基础。散水的坡度通常为 3％～5％，宽度为 600～1000mm，且要比屋顶挑出檐口宽 200mm，一般外缘高出室外地坪 30～50mm。在勒脚与散水交接处应留有通长缝，缝宽 10mm，缝内填弹性防水材料并用沥青砂浆封缝，散水整体面层纵向距离每隔 6～12m 做一条伸缩缝，缝宽 20mm，缝内处理同上。

散水的构造做法如图 3.8 所示，一般采用现浇混凝土，或用砖砌，再用水泥砂浆抹面。

（2）明沟。明沟指在外墙四周或散水外缘设置的排水沟。作用是有组织地将雨水导入地下排水管网，防止屋顶落水或地表水下渗侵蚀基础。沟底应做纵坡，坡度为 0.5％～1％，坡向排污口，宽度为 220～350mm，沟中心应正对屋檐滴水位置，外墙与明沟之间应做散水，构造做法如图 3.9 所示。

3. 勒脚

勒脚指外墙接近室外地面的部分，一般指室内地坪与室外地面的高差部分，现在大多将其提高到底层窗台。勒脚的作用：一是防止外界机械性碰撞对墙体的损坏；二是防止屋檐滴下的雨、雪水及地表水对墙的侵蚀；三是美化建筑外观。一般采用以下几种构造做法，如图 3.10 所示。

（1）抹灰。可采用 20 厚 1：3 水泥砂浆抹面，或 1：2 水泥白石子浆水刷石或斩假石

（a）散水施工　　　　　　　　　　　　　　（b）封缝施工

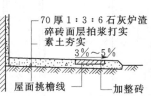

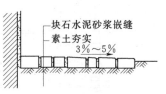

（c）砖散水　　　　　　　　（d）三合土散水　　　　　　　（e）块石散水

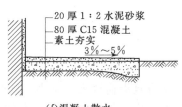

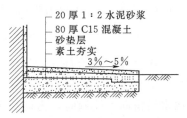

（f）混凝土散水　　　　　　　　　（g）季节性冰冻地区的散水

图 3.8　散水的构造做法

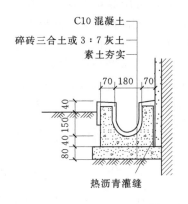

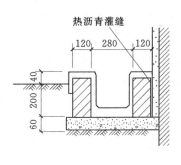

图 3.9　明沟构造

抹面。此法多用于一般建筑。

（2）贴面。可采用天然石材或人工石材，如花岗石、水磨石板等。其耐久性、装饰效果好，用于高标准建筑。

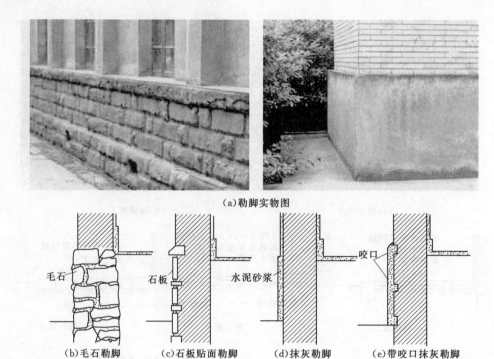

(a)勒脚实物图

毛石　　石板　　水泥砂浆　　咬口

(b)毛石勒脚　　(c)石板贴面勒脚　　(d)抹灰勒脚　　(e)带咬口抹灰勒脚

图 3.10　勒脚构造

（3）勒脚采用石材，如条石等。

4. 窗台

当室外雨水沿窗向下流淌时，为避免雨水渗入墙身且沿窗缝渗入室内，同时避免雨水污染外墙面，常在窗洞下部靠室外一侧设置窗台，窗台应向外形成 10％左右的坡度。

窗台分为悬挑窗台 ［图 3.11 (a)～(c)］和不悬挑窗台 ［图 3.11 (d)］两种。悬挑窗台常采用顶砌一皮砖或将一砖侧砌并悬挑 60mm，也可用混凝土窗台。窗台长度最少每边超过窗宽 120mm，窗台表面应做抹灰等面层并做一定排水坡度，窗台下做滴水槽，以防止雨水沿滴水槽口下落。由于悬挑窗台下部容易积灰，在风雨作用下很容易污染窗台下的墙面，影响建筑物的美观，因此，在当今设计中，大部分建筑物都设计为不悬挑窗台，外墙为贴面砖时墙面易被雨水冲刷干净，处于内墙或阳台等处的窗，不受雨水冲刷，内窗台一般为水平的，可结合室内装修选择木板或贴面砖等饰面形式，当内窗台下设暖气片时，

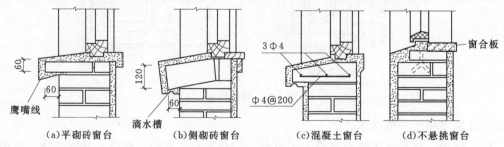

鹰嘴线　　滴水槽　　3Φ4　　窗台板　　Φ4@200

(a)平砌砖窗台　　(b)侧砌砖窗台　　(c)混凝土窗台　　(d)不悬挑窗台

图 3.11　窗台的构造做法

往往采用预制水磨石板，水泥板或木板装修。

5．过梁

过梁的形式有砖拱过梁、钢筋砖过梁和钢筋混凝土过梁三种。

（1）砖拱过梁。砖拱过梁分为平拱和弧拱。由竖砌的砖作拱圈，一般将砂浆灰缝做成上宽下窄，上宽不大于 20mm，下宽不小于 5mm。砖不低于 MU7.5，砂浆不能低于 M5，砖砌平拱过梁净跨宜小于 1.2m（弧拱过梁不应超过 1.8m），中部起拱高约为 1/50L，如图 3.12 所示。

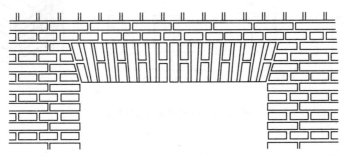

图 3.12　砖砌平拱过梁

（2）钢筋砖过梁。钢筋砖过梁用砖不低于 MU7.5，砌筑砂浆不低于 M5。一般在洞口上方先支木模，砖平砌，下设 2～3 根 Φ6 钢筋，要求钢筋伸入两端墙内不少于 240mm，并设 90°弯钩埋入墙体的竖缝内，梁高砌 5～7 皮砖或不小于跨度 L/4，钢筋砖过梁净跨宜为 1.5～2m，如图 3.13 所示。

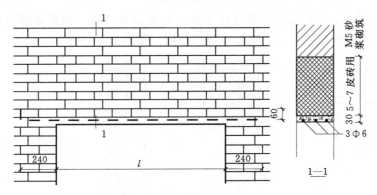

图 3.13　钢筋砖过梁

（3）钢筋混凝土过梁。钢筋混凝土过梁有现浇和预制两种，梁高及配筋由计算确定。为了施工方便，梁高应与砖的皮数相适应，以方便墙体连续砌筑，故常见梁高为 60mm、120mm、180mm、240mm，即 60mm 的整倍数。梁宽一般同墙厚，梁两端支承在墙上的长度不少于 240mm，以保证足够的承压面积。

过梁断面形式有矩形和 L 形。为简化构造，节约材料，可将过梁与圈梁、悬挑雨篷、窗楣板或遮阳板等结合起来设计。如在南方炎热多雨地区，常从过梁上挑出 300～500mm 宽的窗楣板，既保护窗户不淋雨，又可遮挡部分直射太阳光，如图 3.14 所示。

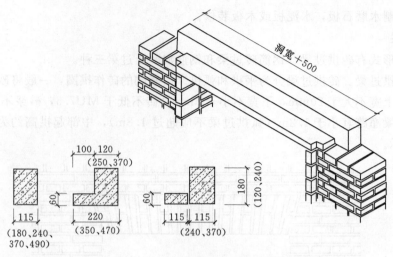

图 3.14　钢筋混凝土过梁构造

6. 圈梁

（1）圈梁的设置要求。圈梁是沿外墙四周及部分内墙设置在楼板处的连续闭合的梁，可提高建筑物的空间刚度及整体性，增加墙体的稳定性，减少由于地基不均匀沉降而引起的墙身开裂。对于抗震设防地区，利用圈梁加固墙身更加必要。

（2）圈梁的构造。圈梁有钢筋砖圈梁和钢筋混凝土圈梁两种。

1）位置。屋盖处必须设置，楼板处隔层设置，当地基不好时在基础顶面也应设置。当抗震设防要求不同时，圈梁的设置要求有所不同。

2）钢筋砖圈梁。将前述的钢筋砖过梁沿外墙和部分内墙一周连通砌筑而成。钢筋混凝土圈梁的高度不小于 120mm，宽度与墙厚相同，如图 3.15 所示。

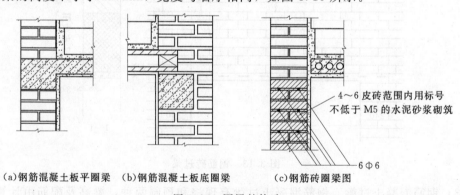

（a）钢筋混凝土板平圈梁　（b）钢筋混凝土板底圈梁　　（c）钢筋砖圈梁图

图 3.15　圈梁的构造

（3）附加圈梁。每层圈梁必须封闭交圈。若遇标高不同的洞口应上下搭接，当圈梁被门窗洞口截断时，应在洞口上部增设相同截面的附加圈梁，附加圈梁与圈梁的搭接长度不应小于垂直间距的 2 倍，并不小于 1m。做法如图 3.16 所示，其配筋和混凝土强度等级均不变。

（4）以圈梁代过梁。断面加大，钢筋直径或根数增加。

7. 构造柱

钢筋混凝土构造柱是从构造角度考虑设置的，是防止房屋倒塌的一种有效措施。构造柱必须与圈梁及墙体紧密相连，从而加强建筑物的整体刚度，提高墙体抗变形的能力。

（1）构造柱的设置要求。由于建筑物的层数和地震烈度不同，构造柱的设置要求也不相同，一般设置在建筑的四角、内外墙交接处、楼梯角、电梯间及某些较长的墙体中部。

（2）构造柱的构造（图 3.17）。

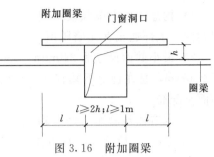

图 3.16 附加圈梁

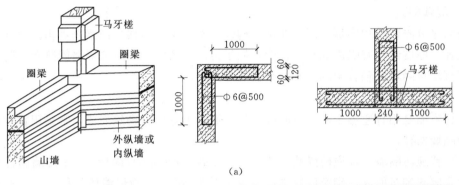

（a）

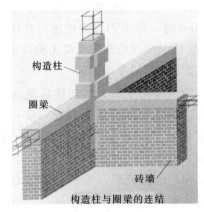

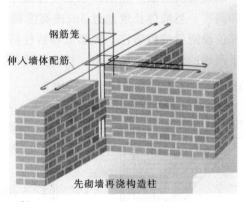

（b）

（c）

图 3.17 构造柱

43

1）构造柱可不单独设基础，但应伸入室外地坪下 500mm，或锚入浅于 500mm 的基础梁内，上部通至女儿墙压顶。

2）最小截面尺寸为 240mm×180mm，竖向钢筋一般用 4Φ12，箍筋为 Φ6，间距不大于 250mm，且在柱上下端宜适当加密；随地震烈度加大和层数增加，构造柱可适当加大截面及配筋。

3）构造柱与墙连结处宜砌成马牙槎，施工时先砌墙并留出马牙槎。并应沿墙高每 500mm 设 2Φ6 拉接筋，每边伸入墙内不少于 1m。

3.2.3　隔墙构造

隔墙是分隔建筑物内部空间的非承重构件，本身重量由楼板或梁来承担。设计要求隔墙自重轻、厚度薄，有隔声和防火性能，便于拆卸，浴室、厕所的隔墙能防潮、防水。常用隔墙有块材隔墙、轻骨架隔墙和板材隔墙三大类。

1. 块材隔墙

块材隔墙是用普通黏土砖、空心砖、加气混凝土等块材砌筑而成，常采用普通砖隔墙和砌块隔墙两种。

（1）普通砖隔墙。普通砖隔墙一般采用 1/2 砖（120mm）隔墙。1/2 砖墙用普通黏土砖采用全顺式砌筑而成，砌筑砂浆强度等级不低于 M5。为确保墙体的稳定，应控制墙体的长度和高度。当墙体长度超过 5m 或高度超过 3m 时，应采用加固措施。具体方法是在需加固部位设圈梁或构造柱。圈梁或构造柱的钢筋植于两端的钢筋混凝土构件上。圈梁的钢筋植于两端的柱或承重墙体上，构造柱的钢筋植于两端的楼板上。

为了保证隔墙上端与楼板底或梁底紧密结合，隔墙顶部将立砖斜砌一皮，或将空隙塞木楔打紧，然后用砂浆填缝，如图 3.18 所示。

（2）砌块隔墙。为减轻隔墙自重，可采用轻质砌块，墙厚一般为 90～120mm。加固措施同 1/2 砖隔墙之做法。砌块不够整块时宜用普通黏土砖填补。因砌块孔隙率大、吸水量大，故在砌筑时先在墙下部实砌 3～5 皮实心黏土砖再砌砌块，如图 3.19 所示。

2. 轻骨架隔墙

轻骨架隔墙由骨架和面板层两部分组成，骨架有木骨架和金属骨架，面板有板条抹灰、钢丝网板条抹灰、胶合板、水泥板、石膏板等。由于先立墙筋（骨架），再做面层，故又称为立筋式隔墙，如图 3.20 所示。

（1）骨架。墙筋间距视面板规格而定。金属骨架一般采用薄型钢板、铝合金薄板或

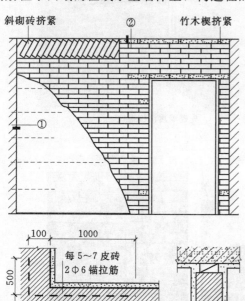

图 3.18　1/2 砖砌隔墙

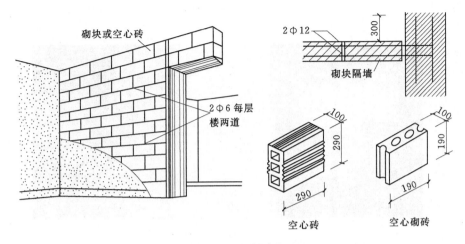

图 3.19 砌块隔墙

（a）金属骨架　　　　　　　　（b）木骨架

图 3.20 轻骨架隔墙

拉眼钢板网加工而成，并保证板与板的接缝在墙筋和横档上。

（2）饰面层。常用类型有胶合板、硬质纤维板、石膏板等。

采用金属骨架时，可先钻孔，用螺栓固定，或采用膨胀铆钉将板材固定在墙筋上。立筋面板隔墙为干作业，自重轻，可直接支撑在楼板上，施工方便，灵活多变，故得到广泛应用，但隔声效果较差。

3. 板材隔墙

板材隔墙是指各种轻质板材的高度相当于房间净高，不依赖骨架，可直接装配而成，目前多采用条板，如碳化石灰板、加气混凝土条板、多孔石膏条板、纸蜂窝板、水泥刨花板、复合板等，如图 3.21 所示。

泰柏板是由 $\phi2$ 低碳冷拔镀锌钢丝焊接成三维空间网笼，中间填充聚苯乙烯泡沫塑料构成的轻质板材，如图 3.22 所示。

泰柏板约厚 70mm、宽 1200～1400mm、长 2100～4000mm。它自重轻（3.8kg/m²，双面抹灰后重 8.5kg/m²）、强度高（轴向抗压允许荷载不小于 74.4kN/m²、横向抗折允许荷载不小于 2.0kN/m²）、保温隔热性能好，具有一定隔声能力和防火性能（耐火极限为 1.22h)，故广泛用作工业与民用建筑的内、外墙，轻型屋面以及小开间建筑的楼板等。

(a)

图 3.21 板材隔墙

图 3.22 泰柏板

3.3 门窗的作用与类型

3.3.1 门窗的作用

门在房屋建筑中的作用主要是交通联系，兼起采光和通风作用；窗的作用主要是采光、通风及眺望。在不同情况下，门和窗还有分隔、保温、隔声、防火、防辐射、防风沙等要求。

门窗在建筑立面构图中的影响也较大，它的尺度、比例、形状、组合、透光材料的类型等，都影响着建筑的艺术效果。

3.3.2 窗的类型

窗的形式一般按开启方式定。而窗的开启方式主要取决于窗扇铰链安装的位置和转动方式。通常窗的开启方式有以下几种，如图 3.23 所示。

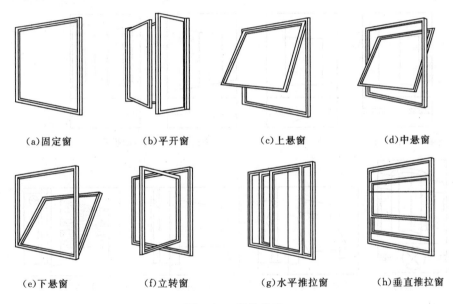

|（a）固定窗|（b）平开窗|（c）上悬窗|（d）中悬窗|
|（e）下悬窗|（f）立转窗|（g）水平推拉窗|（h）垂直推拉窗|

图 3.23 窗的类型

（1）固定窗。无窗扇、不能开启的窗为固定窗。固定窗的玻璃直接嵌固在窗框上，可供采光和眺望之用。

（2）平开窗。铰链安装在窗扇一侧与窗框相连，向外或向内水平开启。有单扇、双扇、多扇，有向内开与向外开之分。其构造简单，开启灵活，制作维修均方便，是民用建筑中采用最广泛的窗。

（3）悬窗。因铰链和转轴的位置不同，可分为上悬窗、中悬窗和下悬窗。

（4）立转窗。引导风进入室内效果较好，防雨及密封性较差，多用于单层厂房的低侧窗。因密闭性较差，不宜用于寒冷和多风沙的地区。

（5）推拉窗。分垂直推拉窗和水平推拉窗两种。它们不多占使用空间，窗扇受力状态较好，适宜安装较大玻璃，但通风面积受到限制。

（6）百叶窗。主要用于遮阳、防雨及通风，但采光差。百叶窗可用金属、木材、钢筋混凝土等制作，有固定式和活动式两种形式。

3.3.3　窗的尺度

窗的尺度主要取决于房间的采光、通风、构造做法和建筑造型等要求，并要符合现行《建筑模数协调统一标准》（GBJ 2—86）的规定。为使窗坚固耐久，一般平开木窗的窗扇高度为 800～1200mm，宽度不宜大于 500mm；上下悬窗的窗扇高度为 300～600mm；中悬窗窗扇高不宜大于 1200mm，宽度不宜大于 1000mm；推拉窗高宽均不宜大于 1500mm。对一般民用建筑用窗，各地均有通用图，各类窗的高度与宽度尺寸通常采用扩大模数 3M 数列作为洞口的标志尺寸，需要时只要按所需类型及尺度大小直接选用。

3.3.4　门的类型

门按其开启方式通常有：平开门、弹簧门、推拉门、折叠门、转门等。门的开启形式如图 3.24 所示。

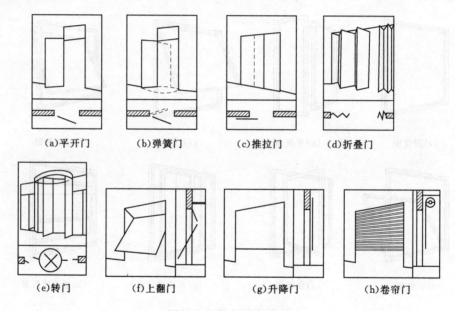

|（a）平开门|（b）弹簧门|（c）推拉门|（d）折叠门|
|（e）转门|（f）上翻门|（g）升降门|（h）卷帘门|

图 3.24　门的开启方式

3.3.5　门的尺度

门的尺度通常是指门洞的高宽尺寸。门作为交通疏散通道，其尺度取决于人的通行要求，家具器械的搬运及与建筑物的比例关系等，并要符合现行《建筑模数协调统一标准》（GBJ 2—86）的规定。

（1）门的高度。不宜小于 2100mm。如门设有亮子时，亮子高度一般为 300～600mm，则门洞高度为 2400～3000mm。公共建筑大门高度可视需要适当提高。

（2）门的宽度。单扇门为 700～1000mm，双扇门为 1200～1800mm。宽度在 2100mm以上时，则做成三扇、四扇门或双扇带固定扇的门，因为门扇过宽易产生翘曲变形，同时也不利于开启。辅助房间（如浴厕、储藏室等）门的宽度可窄些，一般为 700～800mm。

3.4 门窗的构造

3.4.1 平开门的构造

1. 组成

门一般由门框、门扇、亮子、五金零件及其附件组成。

门扇按其构造方式不同，有镶板门、夹板门、拼板门、玻璃门和纱门等类型。亮子又称腰头窗，在门上方，为辅助采光和通风之用，有平开、固定及上悬、中悬、下悬几种。门框是门扇、亮子与墙的联系构件。五金零件一般有铰链、插销、门锁、拉手、门碰头等。附件有贴脸板、筒子板等。木门的组成如图 3.25 所示。

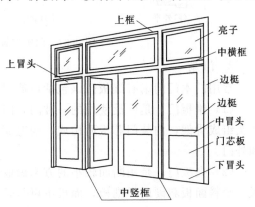

图 3.25　木门的组成

2. 门框

一般由两根竖直的边框和上框组成。当门带有亮子时，还有中横框，多扇门则还有中竖框。

（1）门框断面。门框的断面形式与门的类型、层数有关，同时应利于门的安装，并应具有一定的密闭性。门框的断面形式与尺寸如图 3.26 所示。

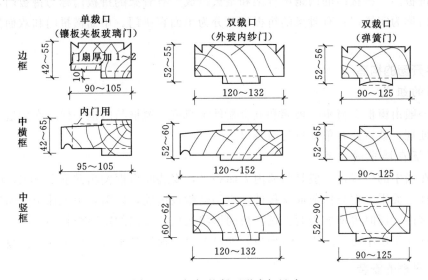

图 3.26　门框的断面形式与尺寸

（2）门框在墙中的位置。门框在墙中的位置，可在墙的中间或与墙的一边平。一般多与开启方向一侧平齐，尽可能使门扇开启时贴近墙面。门框位置、门贴脸板及筒子板如图 3.27 所示。

49

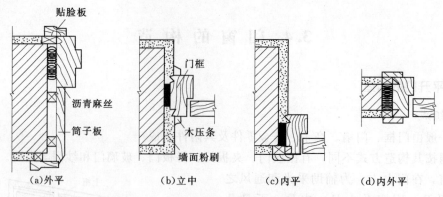

(a)外平　　　　(b)立中　　　　(c)内平　　　　(d)内外平

图 3.27　门框位置、门贴脸板及筒子板

3. 门扇

常用的木门门扇有镶板门（包括玻璃门、纱门）、夹板门和拼板门等。

（1）镶板门。是广泛使用的一种门，门扇由边挺、上冒头、中冒头（可做数根）和下冒头组成骨架，内装门芯板而构成。构造简单，加工制作方便，适于一般民用建筑的内门和外门。

（2）夹板门。是用断面较小的方木做成骨架，两面粘贴面板而成。门扇面板可用胶合板、塑料面板和硬质纤维板，面板不再是骨架的负担，而是和骨架形成一个整体，共同抵抗变形。夹板门的形式可以是全夹板门、带玻璃或带百叶夹板门。

由于夹板门构造简单，可利用小料、短料，自重轻、外形简洁，便于工业化生产，故在一般民用建筑中广泛应用。

（3）拼板门。拼板门的门扇由骨架和条板组成。有骨架的拼板门称为拼板门，而无骨架的拼板门称为实拼门；有骨架的拼板门又分为单面直拼门、单面横拼门和双面保温拼板门三种。

3.4.2　平开窗的构造

1. 窗的组成

窗子一般由窗框、窗扇、玻璃和五金配件等组成。窗框与门框一样，在构造上应有裁口及背槽处理，裁口亦有单裁口与双裁口之分。

2. 窗框在墙中的位置

窗框在墙中的位置，一般是与墙内表面齐平，安装时窗框突出砖面 20mm，以便墙面粉刷后与抹灰面平。框与抹灰面交接处，应用贴脸板搭盖，以阻止由于抹灰干缩形成缝隙后风透入室内，同时可增加美观。贴脸板的形状及尺寸与门的贴脸板相同。

当窗框立于墙中时，应内设窗台板，外设窗台。窗框外平时，靠室内一面设窗台板。

3.4.3　门窗框的安装

门窗框的安装根据施工方式分立口法和塞口法两种。

立口法又称立樘子，施工时先将窗框立好，后砌墙。优点是门窗框与墙体结合紧密、牢靠。缺点是施工中窗框和砌墙相互影响，故在工程中较少使用。

塞口法是砌墙时先留出门窗洞口，然后安装门窗框。在洞口每侧隔 500～700mm 放混凝土块，每边不少于 2 块。安装门窗框时，用螺栓等将门窗框固定在混凝土块上。为方便安装，预留洞口应比门窗框外缘尺寸稍大 20～30mm。塞口法安装方便，工程中较多使用。

3.4.4　门窗框缝隙的处理

门窗框与墙体间缝隙均应采用弹性材料填嵌饱满，表面用密封胶密封。一般情况下，为提高保温隔热性能而"阻断冷桥"，门窗框四周与墙体间的缝隙，多采用防寒毡条、聚苯乙烯泡沫塑料条、有机硅泡沫密封胶，以及其他软质材料中的一种填充塞实，厚度不超出门窗框料厚，表面用密封胶进行密封。

3.4.5　遮阳的作用及其做法

遮阳是防止直射阳光照入室内，以减少太阳辐射热，避免夏季室内过热，或产生眩光以及保护室内物品不受阳光照射而采取的一种建筑措施。

窗遮阳板的基本形式有水平式、垂直式、混合式、挡板式，如图 3.28 所示。

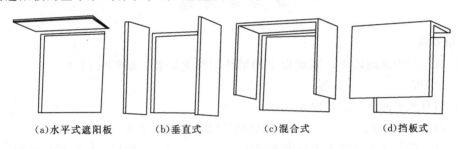

(a)水平式遮阳板　　　(b)垂直式　　　(c)混合式　　　(d)挡板式

图 3.28　窗遮阳板的形式

1. 水平式遮阳板

水平式遮阳板主要遮挡高度角度较大的阳光，适用于南朝向的窗口。固定式水平遮阳板可以是实心板、栅行板、百叶板，设于窗的上侧。

2. 垂直式遮阳板

垂直式遮阳板主要遮挡太阳高度角较小，从两侧斜射的阳光，适用于东、西朝向窗口。根据光线的来向和具体处理的不同，垂直遮阳板可以垂直或倾斜于墙面。

3. 混合式遮阳板

混合式遮阳板是兼顾窗口上方和左右方倾斜阳光的遮挡，适用于南向、南偏东、南偏西等朝向的窗口。

4. 挡板式遮阳板

挡板式遮阳板可以是格式挡板、板式挡板或百叶式挡板，主要适用于东西朝向，太阳高度较低且正射的窗口。

本　章　小　结

1. 墙体部分

(1) 墙体的功能、作用和设计要求。

(2) 墙按结构受力情况分为承重墙和非承重墙两种，非承重墙分为自承重墙、隔墙和幕墙，隔墙是不承重的，仅起分隔作用。

（3）了解常用砖墙的构造和框架结构的墙体构造，实心墙体的组砌方式，墙体局部构造包括防潮层、勒脚、散水、窗台、过梁、圈梁、构造柱等内容。

2. 门窗部分

（1）窗具有采光、通风、调节温度、观察、传递、围护、装饰等作用，熟悉窗的分类和构造，窗洞口尺寸主要根据采光要求来确定，并应符合相应的模数要求，窗框安装通常采用塞口法施工。

（2）门具有通行、疏散、围护、采光、通风等作用，熟悉门的分类与构造，门洞口尺寸主要根据人体尺寸、通行量、家具设备尺寸、模数等来确定。了解遮阳设施的类型和构造。

复 习 思 考 题

1. 填空题

（1）底层室内地面以下，基础以上的墙体常称为墙脚。墙脚包括（　　　　　　）、（　　　　）和（　　　　）等。

（2）墙身水平防潮层的位置为（　　　　　）。

（3）散水宽度一般（　　　　），当屋面挑檐时，散水宽度应比挑檐宽（　　　）mm。

（4）过梁两端支承在墙上的长度不少于（　　　　），以保证足够的承压面积。

（5）当门的宽度为 900mm 时，应采用（　　　　）扇门，门的宽度为 1800mm 时，应采用（　　　）扇门。

（6）窗遮阳板的基本形式有（　　　　）、（　　　　）、（　　　　）、（　　　　）。

（7）门窗框的安装根据施工方式分（　　　　）和（　　　　）两种。

（8）常用的木门门扇有（　　　　）、（　　　　）、（　　　　）等。

2. 选择题

（1）民用建筑中采用最广泛的窗是（　　）。

A. 固定窗　　　　　　B. 平开窗　　　　　　C. 推拉窗　　　　　　D. 悬窗

（2）钢筋砖过梁净跨宜为（　　）。

A. 小于 1.2m　　　　B. 1.2～1.5m　　　　C. 1.5～2m　　　　　D. 大于 2m

（3）对于房间开间尺寸不大的宿舍、住宅及旅馆等小开间建筑，宜采用（　　）。

A. 横墙承重　　　B. 纵墙承重　　　C. 纵横墙混合承重　　D. 内框架承重

3. 简答题

（1）砖墙组砌的构造要点是什么？

（2）建筑物为何要设置防潮层？墙体水平防潮层和垂直防潮层应如何设置？

（3）构造柱的作用是什么？简述构造柱的构造要点。

（4）圈梁的作用是什么？简述圈梁的构造要点。

（5）常用隔墙的类型有哪些？各自有何特点？

（6）平开门、窗有哪些构造组成部分？门、窗框是怎样安装的？

第4章　屋面、楼板与地面

学习提纲

　　掌握屋顶的组成、类型、坡度和防水排水方式的确定，掌握平屋顶的构造组成及细部构造做法。掌握楼板的类型、组成和设计要求，掌握现浇、预制和装配整体式钢筋混凝土楼板的构造要点。掌握楼地层的类型、组成和设计要求，地面的构造要点。了解阳台、雨篷的种类和作用，掌握其构造。

4.1　屋顶的组成与构造

4.1.1　屋顶的作用及防水要求

　　屋顶主要有三个作用：一是承重作用；二是围护作用；三是装饰建筑立面。

　　屋顶应满足坚固耐久、防水排水、保温隔热、抵御侵蚀等使用要求，同时还应做到自重轻、构造简单、施工方便、造价经济，并与建筑整体形象协调。其中屋面防水是对屋顶的最基本的要求，屋面的防水等级和设防要求见表4.1。

表 4.1　　　　　　　　　　　　　　　　屋面的防水等级和设防要求

项目	建筑物类别	防水层使用年限	防水选用材料	设防要求
屋面的防水等级	Ⅰ级　特别重要的民用建筑和对防水有特殊要求的工业建筑	25 年	宜选用合成高分子防水卷材、高聚物改性沥青防水卷材、合成高分子防水涂料、细石防水混凝土等材料	三道或三道以上防水设防，其中应用一道合成高分子防水卷材，且只能有一道厚度不小于 2mm 的合成高分子防水涂膜
	Ⅱ级　重要的工业与民用建筑、高层建筑	15 年	宜选用高聚物改性沥青防水卷材、合成分子防水卷材、合成高分子防水涂料、高聚物改性沥青防水涂料、细石防水混凝土、平瓦等材料	二道防水设防，其中应有一道卷材；也可采用压型钢板进行一道设防
	Ⅲ级　一般的工业与民用建筑	10 年	应选用三毡四油沥青防水卷材、高聚物改性沥青防水卷材、合成高分子防水卷材、高聚物改性沥青防水涂料、合成高分子防水涂料、沥青基防水涂料、刚性防水层、平瓦、油毡瓦等材料	一道防水设防，或两种防水材料复合使用
	Ⅳ级　非永久性的建筑	5 年	可选用二毡三油沥青防水卷材、高聚物改性沥青防水涂料、沥青基防水涂料、波形瓦等材料	一道防水设防

4.1.2　屋顶的类型

屋顶的类型有很多，按功能划分有保温屋顶、隔热屋顶、采光屋顶、蓄水屋顶、种屋顶等；按屋面材料划分有钢筋混凝土屋顶、瓦层顶、卷材屋顶、金属屋顶、玻璃层顶等；按结构类型划分有平面结构和空间结构，常见的平面结构有梁板结构、屋架结构，空间结构包括折板、壳体、网架、悬索、薄膜等结构；按外观形式划分有平屋顶、坡屋顶及曲面屋顶等多种形式，而这些形式的形成又源于建筑本身的使用功能、结构造型及建筑造型等要求。

平屋顶是指屋面排水坡度不大于 10% 的屋顶，常用的坡度为 2%～3%，如图 4.1 所示。坡屋顶是指屋面排水坡度在 10% 以上的屋顶，如图 4.2 所示。曲面屋顶是由各种薄壁壳体或悬索组成，一般适用于大跨度的公共建筑中。如图 4.3 所示。

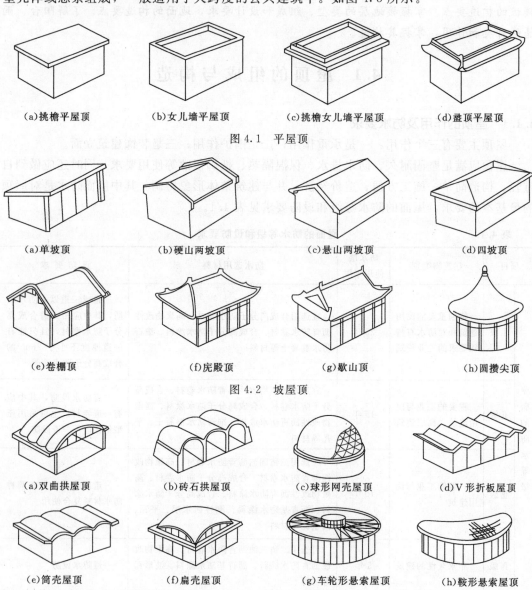

（a）挑檐平屋顶　　　（b）女儿墙平屋顶　　　（c）挑檐女儿墙平屋顶　　　（d）盝顶平屋顶

图 4.1　平屋顶

（a）单坡顶　　　（b）硬山两坡顶　　　（c）悬山两坡顶　　　（d）四坡顶

（e）卷棚顶　　　（f）庑殿顶　　　（g）歇山顶　　　（h）圆攒尖顶

图 4.2　坡屋顶

（a）双曲拱屋顶　　　（b）砖石拱屋顶　　　（c）球形网壳屋顶　　　（d）V 形折板屋顶

（e）筒壳屋顶　　　（f）扁壳屋顶　　　（g）车轮形悬索屋顶　　　（h）鞍形悬索屋顶

图 4.3　曲面屋顶

4.1.3 平屋顶的构造组成

平屋顶一般由屋面、承重结构、保温隔热层、顶棚等基本层次组成，如图4.4所示。

（1）屋面。屋顶最上面的表面层次，要承受施工荷载和使用时的维修荷载，以及自然界风吹、日晒、雨淋、大气腐蚀等的长期作用，因此屋面材料应有一定的强度、良好的防水性和耐久性能。

（2）承重结构。承受屋面传来的各种荷载和屋顶自重。

（3）顶棚。位于屋顶的底部，用来满足室内对顶部的平整度和美观要求。

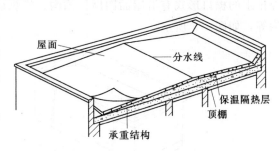

图4.4 平屋顶的组成

（4）保温隔热层。当对屋顶有保温隔热要求时，需要在屋顶中设置相应的保温隔热层，以防止外界温度变化对建筑物室内空间带来影响。

4.1.4 平屋顶的排水

1.排水坡度的形成

（1）材料找坡。又称为垫置坡度，是将屋面板水平搁置，然后在上面铺设炉渣等廉价轻质材料形成坡度。其特点是结构底面平整，容易保证室内空间的完整性，但垫置坡度不宜太大，否则会使找坡材料用量过大，增加屋顶荷载。如图4.5（a）所示。

（2）结构找坡。又称为搁置坡度，是将屋面板搁置在顶部倾斜的梁上或墙上形成屋面排水坡度的方法。其特点是不需再在屋顶上设置找坡层，屋面其他层次的厚度也不变化，减轻了屋面荷载，施工简单，造价低。但不符合人们的使用习惯。如图4.5（b）所示。

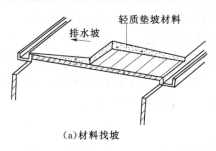

(a)材料找坡　　　　　　　　　(b)结构找坡

图4.5 平屋顶排水坡度的形成

2.排水方式

（1）无组织排水。将屋顶沿外墙挑出，形成挑檐，屋面雨水经挑檐自由下落至室外地坪，如图4.6所示。

（2）有组织排水。在屋顶设置与屋面排水方向相垂直的纵向天沟，汇集雨水后，将雨水由雨水口、雨水管有组织地排到室外地面或室内地下排水系统。

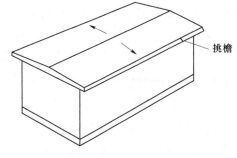

图4.6 平屋顶无组织排水

按照雨水管的位置，有组织排水分为外排水和内排水。

1）外排水。屋顶雨水由室外雨水管排到室外的排水方式。按照檐沟在屋顶的位置，外排水的檐口形式有沿屋面四周设檐沟、沿纵墙设檐沟、女儿墙外设檐沟、女儿墙内设檐沟等，如图 4.7 所示。

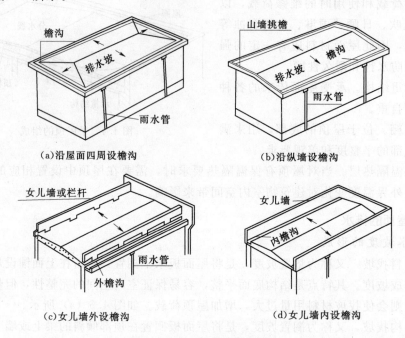

（a）沿屋面四周设檐沟　　　　　　　　（b）沿纵墙设檐沟

（c）女儿墙外设檐沟　　　　　　　　（d）女儿墙内设檐沟

图 4.7　平屋顶有组织外排水

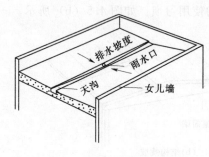

图 4.8　平屋顶无组织内排水

2）内排水。屋顶雨水由设在室内的雨水管排到地下排水系统的排水方式，如图 4.8 所示。

3. 排水构造设置

（1）天沟与檐沟。汇集屋顶雨水的沟槽，有钢筋混凝土槽形天沟和在屋面板上用找坡材料形成的三角形天沟两种，其底部纵坡要求为 0.5%～1% 的坡度（图 4.9）。

（2）雨水口。雨水口是将天沟的雨水汇集至雨水管的连通构件，雨水口有设在檐沟底部的水平雨水口和设在女儿墙根部的垂直雨水口两种（图 4.10）。

（3）雨水斗。上连接雨水口，下连接雨水管。

（4）雨水管。上连接雨水斗，雨水管通过管卡固定在墙或柱上。

4.1.5　平屋顶的防水

1. 柔性防水屋面

柔性防水屋面是指用具有良好的延伸性、能较好地适应结构变形和温度变化的材料做防水层的屋面，常采用卷材防水屋面。

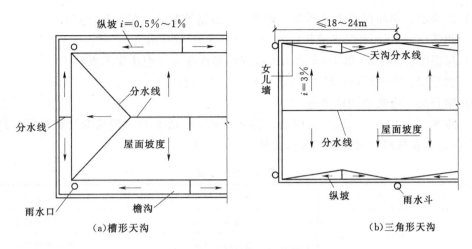

图 4.9 平屋顶有组织外排水

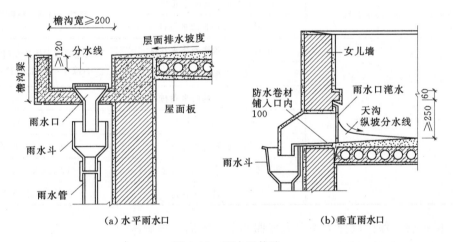

图 4.10 雨水口构造

（1）卷材防水屋面的构造组成。用防水卷材和胶结材料分层粘贴形成防水层的屋面，具有优良的防水性和耐久性，因而被广泛采用。卷材防水屋面的基本构造组成如图 4.11 所示。

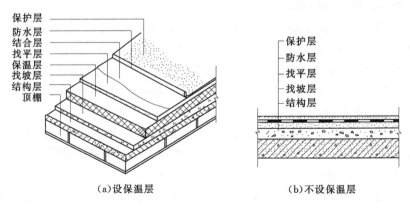

图 4.11 卷材防水屋面的基本构造

57

1）结构层。钢筋混凝土屋面板（现浇式、预制装配式、装配整体式）。

2）找坡层。1：6 水泥焦渣找坡 $i＝2\%$（最薄处 120mm）。

3）保温层。150mm 厚 1：8 水泥蛭石或膨胀珍珠岩（泡沫聚苯板）。

4）找平层。20～30mm 厚 1：3 水泥砂浆（设分仓缝）。

5）结合层。冷底子油刷两遍。

6）防水层。二毡三油或三毡四油。卷材防水层的防水卷材包括沥青类卷材、高聚物改性沥青防水卷材和合成高分子防水卷材三类，见表 4.2。

表 4.2　　　　　　　　　　卷 材 防 水 层

卷 材 类 别	常用卷材型式	卷材粘结剂
沥青类卷材	石油沥青油毡	石油沥青玛瑞脂
	焦油沥青油毡	焦油沥青玛瑞脂
高聚物改性沥青防水卷材	SBS 改性沥青防水卷材	热熔、自粘、粘贴均有
	APP 改性沥青防水卷材	
合成高分子防水卷材	三元乙丙丁基橡胶防水卷材	丁基橡胶为主体的双组分 A 与 B 液 1：1 配比搅拌均匀
	三元乙丙橡胶防水卷材	
	氯磺化聚乙烯防水卷材	CX－401 胶
	再生胶防水卷材	氯丁胶粘结剂
	氯丁橡胶防水卷材	CY－409 液
	氯丁聚乙烯—橡胶共混防水卷材	BX－12 及 BX－12 乙组分
	聚氯乙烯防水卷材	粘结剂配套供应

7）保护层。保护层分为不上人屋面和上人屋面两种做法。

不上人屋面保护层做法：上铺 7mm 厚粒径为 3～5mm 绿豆砂。

上人屋面保护层做法：在防水层上用水泥砂浆或沥青砂浆铺贴缸砖、大阶砖、预制混凝土板等，或在防水层上浇筑 40mm 厚 C20 细石混凝土。

（2）卷材防水屋面的细部构造。

1）泛水构造。屋面防水层与垂直面交接处的防水处理构造。如女儿墙、楼梯间、变形缝、检修孔等凸出物。泛水处的应加铺一层油毡，还应卷起一定的高度，一般应不小于 250mm；为使防水卷材在转角处能与基层密实粘结，避免形成油毡空鼓或折断，基层抹灰时应做成直径不小于 150mm 的圆弧或 45°斜面；为防止垂直面段防水卷材开口与下滑，应做好油毡上口收头处理固定，如图 4.12 所示。

2）檐口。檐口为屋面防水层的收头处。檐口防水的构造形式由屋面的排水方式和建筑物的立面造型来确定。自由落水檐口、挑檐沟檐口、女儿墙檐口和斜板挑檐檐口的构造如图 4.13～图 4.16 所示。

3）屋面变形缝构造。屋面变形缝的构造处理原则是既不能影响屋面的变形，又要防止雨水从变形缝处渗入室内，如图 4.17 所示。

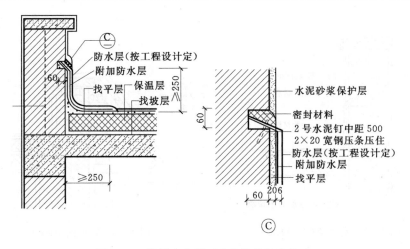

图 4.12　卷材防水屋面女儿墙处泛水构造

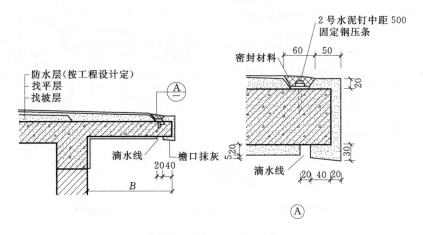

图 4.13　自由落水檐口

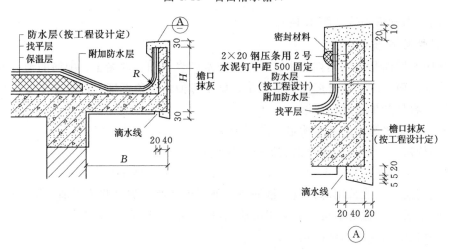

图 4.14　挑檐沟檐口

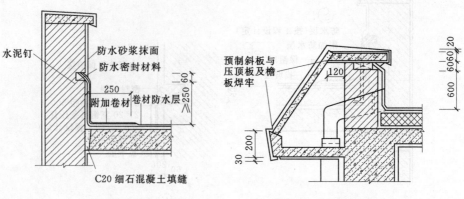

图 4.15 女儿墙檐口构造   图 4.16 斜板挑檐檐口

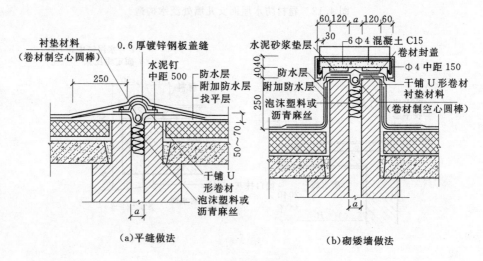

（a）平缝做法   （b）砌矮墙做法

图 4.17 屋面变形缝构造

4）出屋面管道构造（图 4.18）。

2. 刚性防水屋面

刚性防水屋面是指用刚性防水材料，如防水砂浆、细石混凝土、配筋的细石混凝土等做防水层的屋面。刚性防水屋面构造简单、施工方便、造价低廉，但对温度变化和结构变形较敏感，容易产生裂缝而渗漏。

（1）刚性防水屋面的基本构造（图 4.19）。

1）结构层。一般采用现浇钢筋混凝土屋面板。

2）找平层。在结构层上用 20～30mm 厚 1∶3 的水泥砂浆找平。

3）隔离层。一般采用麻刀灰、纸筋灰、低强度等级水泥砂浆或干铺一层油毡等做法。

4）防水层。刚性防水层一般采用配筋的细石混凝土形成。

（2）刚性防水屋面的细部构造。

1）分格缝。分格缝的间距一般不宜大于 6m，并应位于结构变形的敏感部位（图 4.20），分格缝的宽度为 20～40mm，有平缝和凸缝两种构造形式（图 4.21）。

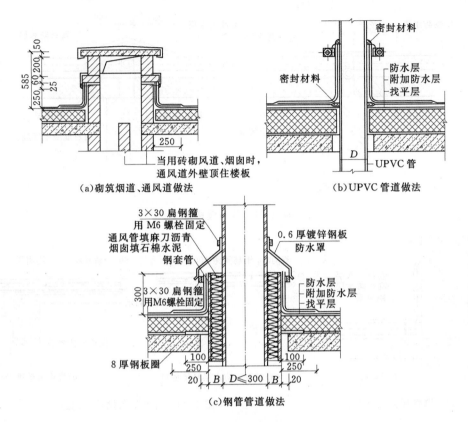

图 4.18 出屋面管道构造

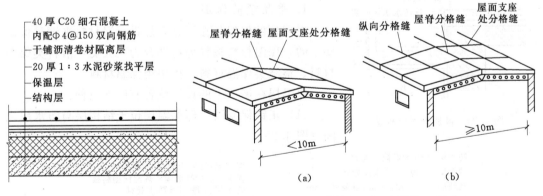

图 4.19 刚性防水屋面构造   图 4.20 刚性屋面分格缝划分

2) 泛水。其处理方法与卷材防水屋面的基本相同（图 4.22）。

3) 檐口。无组织排水檐口通常直接由刚性防水层挑出形成，挑出尺寸一般不大于 450mm ［图 4.23（a）］；也可设置挑檐板，刚性防水层伸到挑檐板之外 ［图 4.23（b）］。

有组织排水檐口有挑檐沟檐口（图 4.24）、女儿墙檐口和斜板挑檐檐口等做法。

密封材料
刚性防水层
200
20～40
200
卷材防水层
衬垫材料
隔离层
细石混凝土灌缝
密封材料
20～40
200
200
刚性防水层
卷材防水层
50～70
衬垫材料
隔离层
细石混凝土灌缝

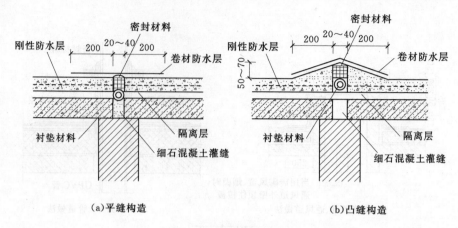

(a)平缝构造　　(b)凸缝构造

图 4.21　分格缝构造

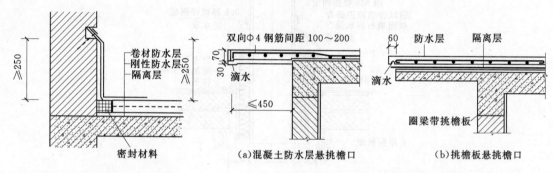

≥250
卷材防水层
刚性防水层
隔离层
≥250
密封材料

图 4.22　刚性屋面泛水构造

双向Φ4 钢筋间距 100～200
70
30
滴水
≤450
60
防水层
隔离层
滴水
圈梁带挑檐板

(a)混凝土防水层悬挑檐口　　(b)挑檐板悬挑檐口

图 4.23　自由落水挑檐口构造

刚性防水层
隔离层
密封材料
40
抹防水水泥砂浆
H
B

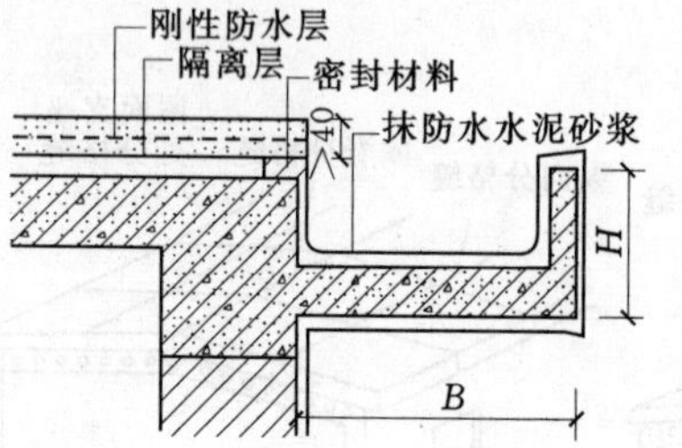

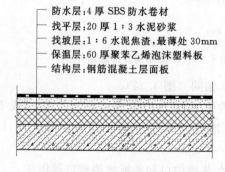

图 4.24　挑檐沟檐口构造

4.1.6　平屋顶的保温与隔热

1. 平屋顶的保温

平屋顶的保温是在屋顶上加设保温材料来满足保温要求的。保温材料按物理特性分为三大类：散料类保温材料、整浇类保温材料、板块类保温材料。

保温层在屋顶上的设置位置有以下三种：

(1) 正铺保温层。即保温层位于结构层与防水层之间（图 4.25）。

防水层:4 厚 SBS 防水卷材
找平层:20 厚 1:3 水泥砂浆
找坡层:1:6 水泥焦渣,最薄处 30mm
保温层:60 厚聚苯乙烯泡沫塑料板
结构层:钢筋混凝土层面板

图 4.25　正铺保温层

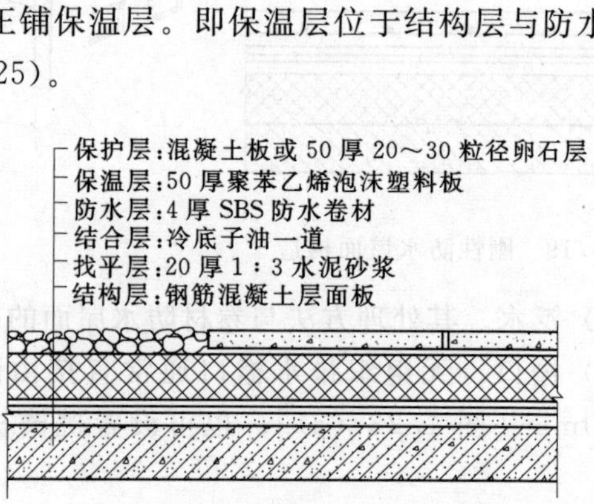

保护层:混凝土板或 50 厚 20～30 粒径卵石层
保温层:50 厚聚苯乙烯泡沫塑料板
防水层:4 厚 SBS 防水卷材
结合层:冷底子油一道
找平层:20 厚 1:3 水泥砂浆
结构层:钢筋混凝土层面板

图 4.26　倒铺保温层

（2）倒铺保温层。即保温层位于防水层之上（图4.26）。

（3）保温层与结构层结合。有三种做法：第一种是保温层设在槽形板的下面〔图4.27（a）〕；第二种是保温层放在槽形板朝上的槽口内〔图4.27（b）〕；第三种是将保温层与结构层融为一体〔图4.27（c）〕。

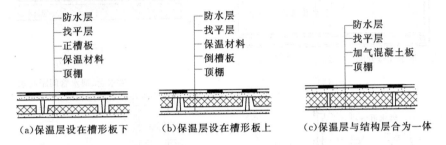

防水层
找平层
正槽板
保温材料
顶棚

（a）保温层设在槽形板下

防水层
找平层
保温材料
倒槽板
顶棚

（b）保温层设在槽形板上

防水层
找平层
加气混凝土板
顶棚

（c）保温层与结构层合为一体

图4.27　保温层与结构层结合

2. 平屋顶的隔热

（1）通风隔热。主要做法有两种：一种是在结构层与悬吊顶棚之间设置通风间层，在外墙上设进气口与排气口〔图4.28（a）〕；另一种是设架空屋面〔图4.28（b）〕。

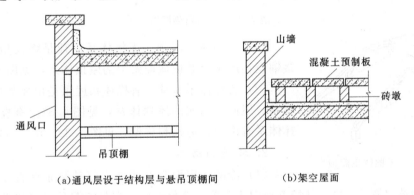

通风口

吊顶棚

（a）通风层设于结构层与悬吊顶棚间

山墙

混凝土预制板

砖墩

（b）架空屋面

图4.28　通风降温屋顶

（2）蓄水隔热。蓄水隔热屋面的构造与刚性防水屋面基本相同，只是增设了分仓壁、泄水孔、过水孔和溢水孔（图4.29）。

（3）植被隔热。在平屋顶上种植植物，利用植物光合作用时吸收热量和植物对阳光的遮挡来达到隔热的目的。

（4）反射降温。在屋面铺浅色的砾石或刷浅色涂料等，利用浅色材料的颜色和光滑度对热辐射的反射作用，将屋面的太阳辐射热反射出去，从而达到降温隔热的作用。

4.1.7　坡屋顶构造

坡屋顶的坡度一般大于10°，通常取30°左右。坡屋顶具有坡度大、排水快、防水性能好的优点，但坡屋顶构造高度大，消耗材料多，构造复杂。

1. 坡屋顶的组成

与平屋顶类似，坡屋顶一般也由承重结构、屋面面层、顶棚和附加层组成。其中坡屋顶的承重结构系统有以下两种形式：

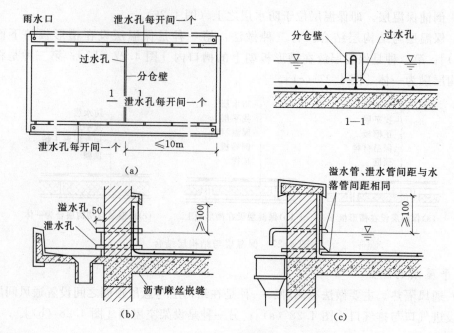

图 4.29 蓄水隔热屋面

（1）无檩体系屋顶。无檩体系屋顶是将大型屋面板直接铺设在屋架上弦或屋面梁上的屋顶体系，见图 4.30。

（2）有檩体系屋顶。有檩体系屋顶是由屋架或屋面梁、檩条、屋面板组成的屋顶体系，见图 4.31。有檩屋顶的支撑体系有山墙、屋架和梁架，见图 4.32、图 4.33。

2. 坡屋面防水

（1）冷摊瓦屋面是在椽条上钉挂瓦条后直接挂瓦的一种瓦屋面构造（图 4.34）。其特点是构造简单、造价经济，但易渗漏且保温效果差。

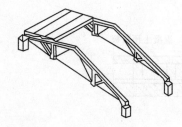

图 4.30 无檩体系屋顶

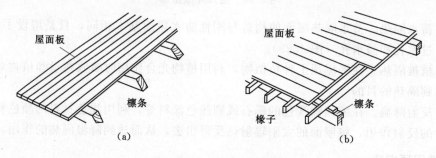

图 4.31 有檩体系屋顶

（2）以木屋面板做基层的平瓦屋面，是在檩条或椽条上钉屋面板，屋面板上铺一层防水卷材，用顺水条（压粘条）将卷材固定，顺水条的方向应垂直于檐口，在顺水条上钉挂瓦条挂瓦。这种做法的防渗漏效果较好（图 4.34）。

（3）钢筋混凝土板做基层的平瓦屋面。在现代采用平屋顶的建筑中，如果主体结构是

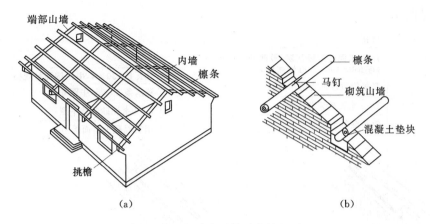

（a）   （b）

图 4.32 山墙支承体系的坡屋顶

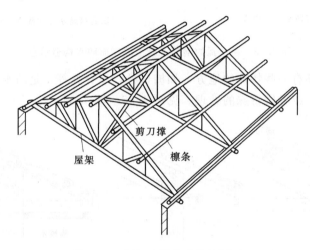

图 4.33 屋架支承体系的坡屋顶

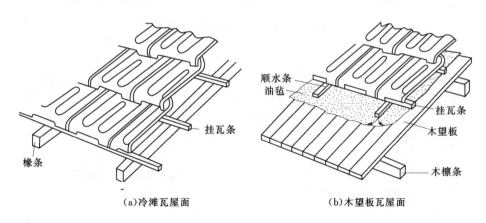

（a）冷滩瓦屋面   （b）木望板瓦屋面

图 4.34 木基层平瓦屋面

混合结构或是钢筋混凝土结构，屋盖多数采用现浇钢筋混凝土的屋面板，其防水构造可以结合屋面瓦的形式并综合现浇钢筋混凝土平屋面的材料防水及传统屋面的构造防水来做，具体构造见图 4.35。

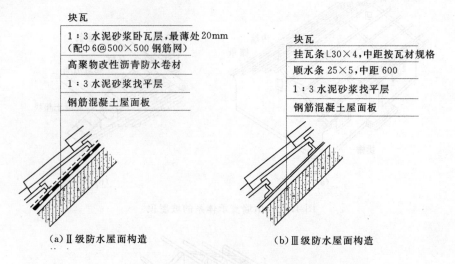

图 4.35　黏土瓦的钢筋混凝土坡屋面防水构造示意

在瓦屋面上，还有一些特殊的地方，如檐口处，屋脊处等，是防水的薄弱环节，必须用特殊形式的瓦片，或者做特殊的处理，见图 4.36～图 4.38。

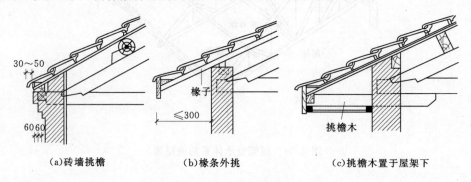

图 4.36　平瓦屋面纵墙檐口构造

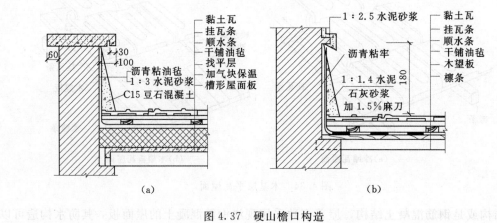

图 4.37　硬山檐口构造

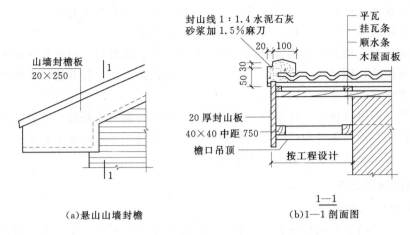

（a）悬山山墙封檐　　　　　　　　　（b）1—1 剖面图

图 4.38 悬山檐口构造

4.2 楼板的类型与构造

楼板是房屋中的水平承重构件，它的主要作用是承受着人、家具、设备等使用荷载，连同楼板自身荷载通过墙或柱传给基础，起着承重作用；楼板把房屋从高度方向分隔成若干层，起着分隔作用；楼板还对墙或柱起着水平支撑作用，提高着房屋的整体刚度和抗震能力。同时楼板还起着隔声、保温（隔热）、防火、防水等围护作用。

4.2.1 楼板的类型

根据所用材料不同，楼板可分为木楼板、砖拱楼板、钢筋混凝土楼板和压型钢板组合楼板等多种类型，如图 4.39 所示。

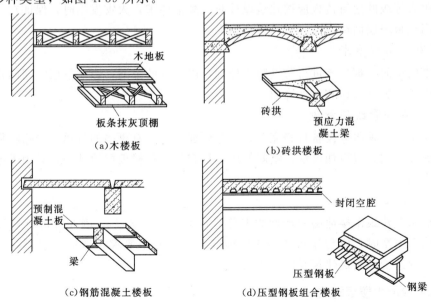

（a）木楼板　　　　　　　　　（b）砖拱楼板

（c）钢筋混凝土楼板　　　　　　　　　（d）压型钢板组合楼板

图 4.39 楼板的类型

（1）木楼板。木楼板是我国传统做法，自重轻，保温隔热性能好，舒适、有弹性，只在木材产地采用较多，但隔声性、耐火性和耐久性均较差。

（2）钢筋混凝土楼板。钢筋混凝土楼板具有强度高、刚度好、耐火性和耐久性好，还具有良好的可塑性，容易成型，便于工业化生产，应用最广泛。按其施工方法不同，可分为现浇式、装配式和装配整体式三种。

（3）压型钢板组合楼板。压型钢板组合楼板是在钢筋混凝土基础上发展起来的一种新型楼板。利用钢衬板作为楼板的受弯构件和底模，既提高了楼板的强度和刚度，又加快了施工进度，是目前正大力推广的一种新型楼板。

4.2.2　楼板的设计要求

1. 强度和刚度要求

强度要求是指楼板层应保证在自重和活荷载作用下安全可靠，不发生任何破坏。这主要是通过结构设计来满足要求。刚度要求是指楼板层在一定荷载作用下不发生过大变形，以保证正常使用状况。结构规范规定楼板的允许挠度不大于跨度的 1/250，可用板的最小厚度（$1/40L \sim 1/35L$）来保证其刚度。

2. 隔声要求

不同使用性质的房间对隔声的要求不同，如我国对住宅楼板的隔声标准中规定：一级隔声标准为 65dB，二级隔声标准为 75dB 等。楼板主要是隔绝固体传声，如人的脚步声、挪动家具等都属于固体传声，防止固体传声可采取以下措施：

（1）在楼板表面铺设地毯、橡胶、塑料毡等柔性材料。

（2）在楼板与面层之间加弹性垫层以降低楼板的振动，即浮筑式楼板。

（3）在楼板下加设吊顶，使固体噪声不直接传入下层空间。

3. 防火要求

不同耐火等级的建筑楼板应按建筑设计防火规范要求，火灾发生时，保证在一定时间内不至于因楼板坍塌而给生命和财产带来损失。

4. 防潮、防水要求

对有水的房间，都应该进行防潮防水处理，以防水的渗漏，影响下层空间的正常使用或者渗入墙体，影响墙体和内外饰面。

5. 便于各种管线的敷设

现代建筑中各种服务设备日趋完善，家电更加普及。有更多的管道、线路将借楼板层敷设。为保证室内布置更加灵活，空间使用更加完整，在楼板层设计中，必须考虑各种设备管线的走向。

6. 经济要求

在多层房屋建筑中楼地层的造价约占总造价的 20%～30%，因此在进行楼板结构选型、确定构造方案时，应与建筑物的质量标准和房间使用要求相适应，达到减少材料消耗，降低工程造价，满足建筑经济的要求。

4.2.3　钢筋混凝土楼板构造

钢筋混凝土楼板按施工方式不同，有现浇钢筋混凝土楼板、预制装配式钢筋混凝土楼板和装配整体式钢筋混凝土楼板三种类型。

1. 现浇钢筋混凝土楼板

现浇整体式钢筋混凝土楼板是在施工现场支模、捆扎钢筋、浇筑混凝土，养护达一定强度后拆除模板而成型的楼板结构。由于楼板为整体浇筑成型，结构的整体性强、刚度好，有利于抗震，但现场湿作业量大，施工速度较慢，工期较长，主要适用于平面布置不规则、尺寸不符合模数要求或管道穿越较多的楼面，以及对整体刚度要求较高的建筑。但随着高层建筑的日益增多，以及施工技术的不断革新和工具式钢模板的发展，现浇钢筋混凝土楼板的应用逐渐增多。

现浇钢筋混凝土楼板按其结构类型不同，可分为板式楼板、梁板式楼板、井式楼板、无梁楼板等，此外，还有压型钢板混凝土组合楼板。

（1）板式楼板。将楼板现浇成一块平板，并直接支承在墙上，这种楼板称为板式楼板。板式楼板底面平整，便于支模施工，是最简单的一种形式，适用于平面尺寸较小的房间（如住宅中的厨房、卫生间等）以及公共建筑的走廊。

楼板按其受力特点和支撑情况分为单向板和双向板。当板的长边尺寸 l_2 与短边尺寸 l_1 之比 $l_2/l_1 \geqslant 3$ 时，在荷载作用下，板沿短边方向传递荷载，两边支承，称为单向板，见图 4.40（a）；当 $l_2/l_1 \leqslant 2$ 时，楼板沿两个方向传递荷载，四边支承，称为双向板，见图 4.40（b）；当 $2 < l_2/l_1 < 3$ 时，宜按双向板。

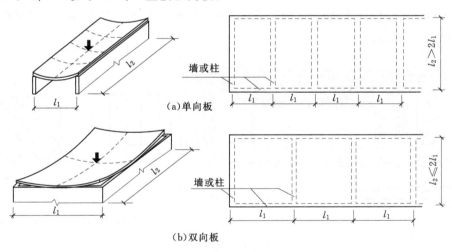

图 4.40　楼板的传力方式

（2）梁板式楼板。当房间的跨度较大时，若仍采用板式楼板，会因板跨较大而增加板厚。这不仅使材料用量增多，板的自重加大，而且使板的自重在楼板荷载中所占的比重增加。为了使楼板结构的受力和传力更为合理，应采取措施控制板的跨度，通常可在板下设梁来增加板的支撑点，从而减小板跨。这时，楼板上的荷载传递路线为板→次梁→主梁→柱（或墙）。这种由单（双）向板和梁组成的楼板称为梁板式楼板（也称肋形楼板），如图 4.41 所示。

（3）井式楼板。对平面尺寸较大且平面形状为方形或近于方形的房间或门厅，可将两个方向的梁等间距布置，并采用相同的梁高，形成井字形梁，无主梁和次梁之分，荷载传

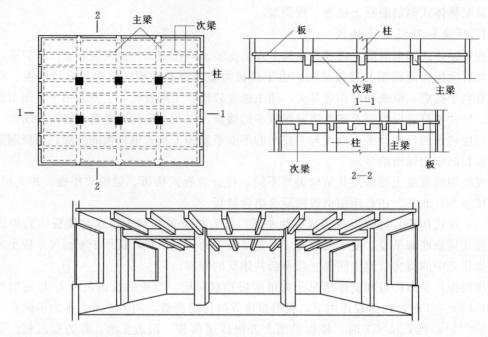

图 4.41　梁板式楼板

递路线为板→梁→柱（或墙），这种楼板称为井式楼板，如图 4.42 所示，它是梁板式楼板的一种特殊布置形式。

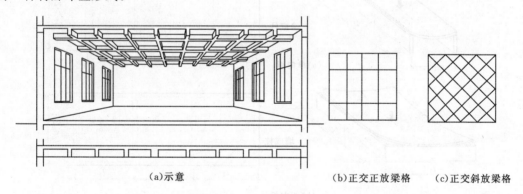

(a)示意　　　　　　　(b)正交正放梁格　　　(c)正交斜放梁格

图 4.42　井式楼板

（4）无梁楼板。对平面尺寸较大的房间或门厅，也可以不设梁，直接将板支承于柱上，这种楼板称为无梁楼板，如图 4.43 所示。无梁楼板分为无柱帽和有柱帽两种类型，当荷载较大时，为避免楼板太厚，应采用有柱帽无梁楼板，以增加板在柱上的支撑面积。当楼面荷载较小时，可采用无柱帽楼板。

（5）压型钢板混凝土组合楼板。压型钢板混凝土组合楼板是利用凹凸相间的压型薄钢板做衬板与现浇混凝土浇筑在一起支撑在钢梁上构成整体型楼板，又称钢衬板组合楼板。

压型钢板混凝土组合楼板主要由楼面层、组合板和钢梁三部分组成。组合板包括混凝土和钢衬板，此外还可根据需要设置吊顶棚，如图 4.44 所示。

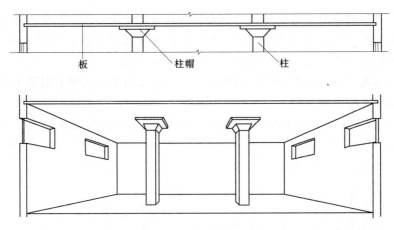

图 4.43 无梁楼板

压型钢板混凝土组合楼板构造形式较多，根据压型钢板形式的不同有单层压型钢衬板组合楼板和双层压型钢衬板组合楼板之分。双层压型钢板的楼板承载能力更好，两层钢板之间形成的空腔便于设备管线敷设，如图4.45、图 4.46 所示。

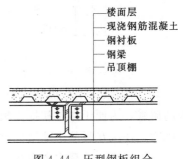

图 4.44 压型钢板组合
楼板的组成图

2. 预制装配式钢筋混凝土楼板

预制钢筋混凝土楼板是指在构件预制厂或施工现场外预先制作，然后在运到施工现场装配而成的钢筋混凝土楼板。这种楼板可节省模板，改善劳动条件，提高劳动生产率，加快施工进度，而且提高了施工机械化的水平，有利于建筑工业化的推广。但楼板的整体性较差。

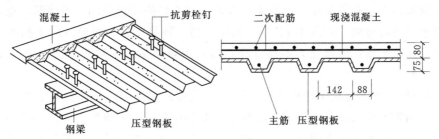

图 4.45 单层压型钢衬板组合楼板

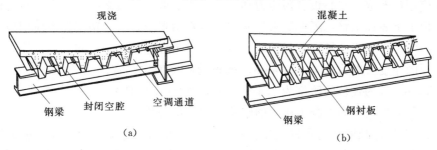

（a）　　　　　　　　　　　　　　（b）

图 4.46 双层压型钢板组合楼板

预制装配式钢筋混凝土楼板按板的应力状况可分为预应力和非预应力两种。预应力构件与非预应力构件相比，可推迟裂缝的出现和限制裂缝的开展，并且节省钢材 30%～50%，节约混凝土 10%～30%，可以减轻自重，降低造价。

　　(1) 预制装配式钢筋混凝土楼板的类型。常用的预制装配式钢筋混凝土楼板类型有实心平板、槽形板、空心板三种。

　　1) 实心平板。预制实心平板上下表面平整，制作简单，但重量较大。实心平板一般用于跨度较小的房间或走廊，其跨度一般不超过 2.4m，板宽多为 500～900mm，板厚可取跨度的 1/30，常用 60～80mm，如图 4.47 所示。

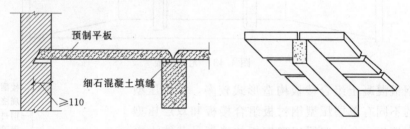

图 4.47　实心平板

　　2) 槽形板。槽形板是一种梁板合一的构件。肋设于板的两侧，相当于小梁，以承受板的荷载，为便于搁置和提高板的刚度，在板的两端常设端肋封闭，跨度较大的板，为提高刚度，还应在板的中部增设横肋。槽形板有预应力和非预应力两种。

　　由于楼面的荷载主要由板两侧的肋来承担，故槽形板的厚度较小，而跨度可以较大，特别是预应力板，一般槽形板的板厚约为 25～30mm，肋高为 150～300mm，板宽为 500～1200mm，板跨为 3～6m。

　　槽形板的搁置方式有两种：一种是正置，即槽口向下搁置。这种搁置方式，板的受力合理，但板底不平，有碍观感，通常需要设吊顶棚来解决美观和隔声等问题，也可直接用于观感要求不高的房间，如图 4.48 (a) 所示。另一种是反置，即槽口向上搁置。这种搁置方式可使板底平整，但板受力不甚合理，材料用量稍多，且常需另做面板，如图 4.48 (b) 所示。

　　3) 空心板。钢筋混凝土楼板属受弯构件，楼面荷载作用后，板截面上部受压、下部受拉，中和轴附近应力较小，为节省混凝土、减轻楼板自重，将楼板中部沿纵向抽孔而形成空心板。孔的断面形式有圆形、方形和长方形等，由于圆形孔制作时抽芯脱模方便且刚度好，故应用最普遍。空心板有预应力和非预应力之分，一般多采用预应力空心板。

　　空心板上下表面平整，隔声效果较实心平板和槽形板好，是预制板中应用最广泛的一种类型。但空心板上不能任意开洞，故不宜用于管道穿越较多的房间。

　　空心板的厚度一般为 110～240mm，视板的跨度而定，宽度为 500～1200mm，跨度为 2.4～7.2m，较为经济的跨度为 2.4～4.2m，如图 4.49 所示。

　　(2) 预制装配式钢筋混凝土楼板的结构布置与细部构造。

　　1) 板的布置。板的结构布置应综合考虑房间的开间与进深尺寸，合理选择板的布置方式。板的布置方式有两种：一种是预制楼板直接搁置在承重墙上，形成板式结构布置；

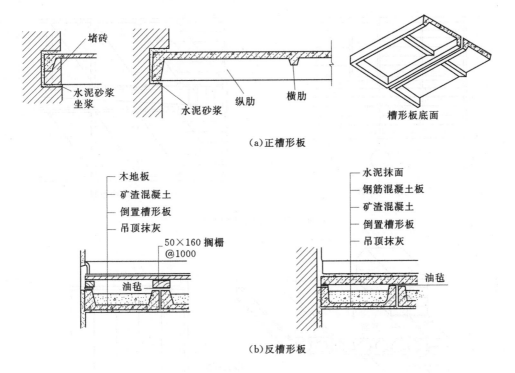

（a）正槽形板

（b）反槽形板

图 4.48 槽形板

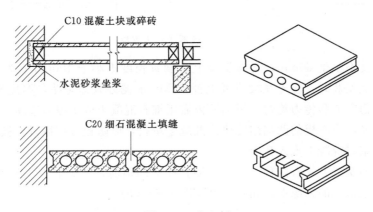

图 4.49 空心板

另一种是预制楼板搁置在梁上，梁支撑于墙或柱上，形成梁式结构布置。前者多用于横墙较密的住宅、宿舍、旅馆等建筑，后者多用于教学楼、实验楼、办公楼等较大空间的建筑物，如图 4.50 所示。

在进行板的布置时，一般要求板的规格、类型愈少愈好，如果板的规格过多，不仅给板的制作增加麻烦，而且施工也较复杂，甚至容易搞错。为不改变板的受力状况，在板的布置时应避免出现三边支承的情况，如图 4.51 所示。

2）板的细部构造。

a. 板的搁置要求。当板直接搁置在墙上或梁上时，必须有足够的搁置长度。支撑于

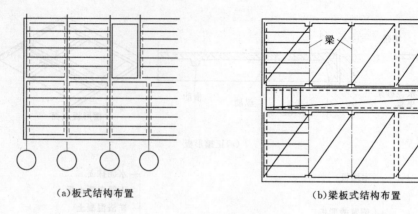

（a）板式结构布置　　　　　　　　（b）梁板式结构布置

图 4.50　板的结构布置

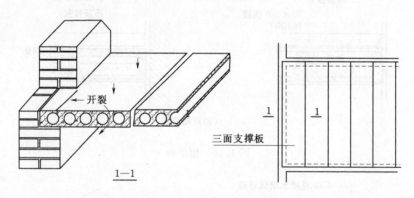

图 4.51　板不能三边支撑

梁上时搁置长度不小于 80mm；支撑于墙上时搁置长度不小于 100mm。为使板与墙有较好的连接，在板安装时，应先在梁或墙上铺设 M5 水泥砂浆即坐浆，厚度不小于 20mm，以保证板的平稳安放和传力均匀。板端缝内需用细石混凝土或水泥砂浆灌实。若采用空心板，在板安装前，应在板的两端用砖块或混凝土堵孔，以防板端在搁置处被压坏，同时也可避免板缝灌浆时混凝土流入孔内。

　　板在梁上的搁置方式有两种：一种是搁置在梁的顶面，如矩形梁［图 4.52（a）］；另一种是搁置在梁出挑的翼缘上，如花篮梁［图 4.52（b）］。

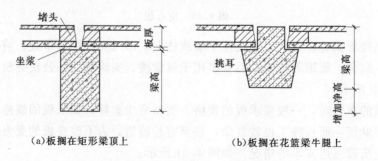

（a）板搁在矩形梁顶上　　　　　（b）板搁在花篮梁牛腿上

图 4.52　板在梁上的搁置方式

　　后一种搁置方式，板的上表面与梁的顶面相平齐，若梁高不变，楼板结构所占的高度

74

就比前一种搁置方式小一个板厚，使室内的净空高度增加。板搁置在梁上的构造要求和做法与搁置在墙上时基本相同，只是板在梁上的搁置长度应不小于 80mm。

为了增加建筑物的整体刚度，应用钢筋将板与墙、板与板或板与梁之间进行拉结，图 4.53 为板拉结筋构造。

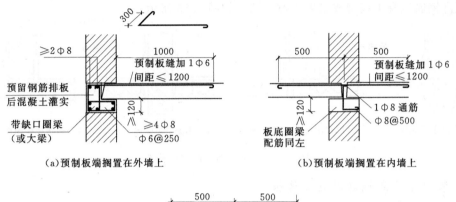

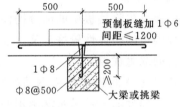

图 4.53　板的拉结构造

b. 板缝的处理。板的接缝有端缝和侧缝之分。板的侧缝起着协调板与板之间共同工作的作用，一般有 V 形缝、U 形缝和凹槽缝三种形式，V 形缝和 U 形缝便于灌缝，但易开裂，连接不够牢靠，多在板较薄时采用；凹槽缝连接牢固，楼板整体性好，相邻的板之间共同工作的效果较好，但灌浆捣实较困难，如图 4.54 所示。

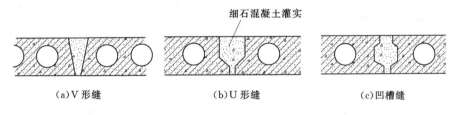

图 4.54　侧缝接缝形式

板缝的处理一般是用细石混凝土灌缝，使之相互连接，为了增强建筑物的整体性和抗震性能，可将板端外露的钢筋交错搭接在一起，或加钢筋网片。

在布置房间楼板时，板宽方向的尺寸（即板的宽度之和）与房间的平面尺寸之间可能会出现差额，即不足以排开一块板的缝隙。此时的处理方法是：①当缝隙小于 60mm 时，可调节板缝（使其不大于 30mm，灌 C20 细石混凝土）；②当缝隙在 60～120mm 之间时，可在灌缝的混凝土中加配 2Φ6 通长钢筋；③当缝隙在 120～200mm 之间时，设现浇钢筋混凝土板带，且将板带设在墙边或有穿管的部位；④当缝隙大于 200mm 时，应调整板的规格。

c. 楼板与隔墙。当楼板上需设置隔墙时，宜采用轻质隔墙。若为自重较大的隔墙时，如砖隔墙、砌块隔墙等，则应避免将隔墙直接搁置在板上，而应通过结构计算，在隔墙下设置现浇钢筋混凝土板带或梁来支撑隔墙，如图 4.55 所示。

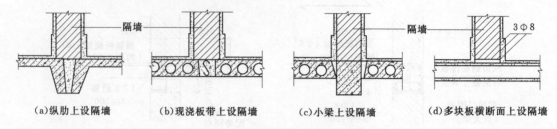

（a）纵肋上设隔墙　　　　（b）现浇板带上设隔墙　　　　（c）小梁上设隔墙　　　　（d）多块板横断面上设隔墙

图 4.55　楼板上布置隔墙的构造

3. 装配整体式钢筋混凝土楼板

装配整体式钢筋混凝土楼板是先将楼板中的部分构件预制现场安装后，再浇筑混凝土面层而形成的整体楼板。这种楼板的整体性较好，又可节省模板，施工速度也较快，集中了现浇和预制钢筋混凝土楼板的双重优点。

（1）叠合楼板。叠合楼板是由预制板和现浇钢筋混凝土层叠合而成的装配整体式楼板。预制板既是楼板结构的组成部分之一，又是现浇钢筋混凝土叠合层的永久性模板，现浇叠合层内可敷设水平设备管线。叠合楼板整体性好、刚度大，可节省模板，而且板的上下表面平整，便于饰面层装修，适用于对整体刚度要求较高的高层建筑和大开间建筑，如图 4.56 所示。

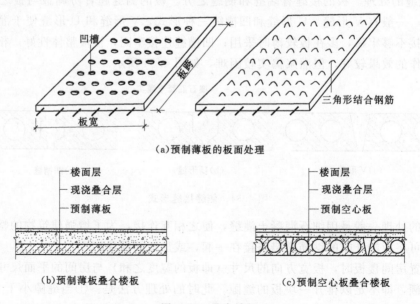

（a）预制薄板的板面处理

（b）预制薄板叠合楼板　　　　　　　　（c）预制空心板叠合楼板

图 4.56　叠合楼板

（2）密肋填充块楼板。密肋填充块楼板是采用间距较小的密肋小梁做承重构件，小梁之间用轻质砌块填充，并在上面整浇面层而形成的楼板。密肋小梁有现浇和预制两种。

现浇密肋填充块楼板是以陶土空心砖、矿渣混凝土空心块等作为肋间填充块来现浇密肋和面板而成。填充块与肋和面板相接触的部位带有凹槽，用来与现浇的肋、板咬接，加强楼板的整体性。肋的间距一般为 300～600mm，面板的厚度一般为 40～50mm，如图 4.57（a）所示。

预制小梁填充块楼板的小梁采用预制倒 T 形断面混凝土梁，在小梁之间填充陶土空心砖、矿渣混凝土空心块、煤渣空心砖等填充块，上面现浇混凝土面层而成，如图 4.57（b）所示。

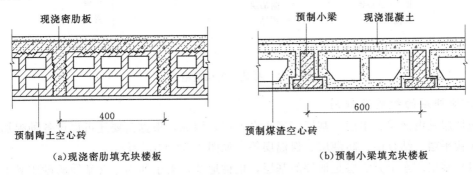

(a)现浇密肋填充块楼板　　　　　　　(b)预制小梁填充块楼板

图 4.57　密肋填充块楼板

4.3　楼地面的组成与构造

楼层地面称为楼地面，底层地面称为地坪。楼层是用来分隔建筑空间的水平承重构件，它在竖向将建筑物分成许多个楼层。地坪层是建筑物中最底层房间与土层相接触的水平构件，承受着作用在它上面的各种荷载，并直接传给地基。楼地面与地坪是日常生活、工作和生产时必须接触且使用最频繁的部位，所以质量的好坏、材料选择和构造处理是否合理，十分重要。

4.3.1　楼地面的组成及作用

1. 楼板层的组成及作用

为满足楼面层的各种功能要求，一般楼地面层由面层、结构层、附加层（中间层）和顶棚层等组成。如图 4.58（a）所示。

（1）面层。位于结构楼板层的最上层，又称为楼面或地面，起着保护楼板，承受和传递荷载的作用，同时起到耐磨、清洁和装饰作用。

（2）结构层（楼板）。结构层位于面层和顶棚层之间，是楼板层的承重部分，一般采用钢筋混凝土楼板。结构层承受整个楼板层的全部荷载，并对楼板层的隔声、防火等起主要作用。

（3）附加层（中间层）。附加层通常设置在面层和结构层之间，或结构层和顶棚之间，主要有找平层、管线敷设层、隔声层、防水层、保温或隔热层等。管线敷设层是用来敷设水平设备暗管线的构造层；隔声层是为隔绝撞击声而设的构造层；防水层是用来防止水渗透的构造层；保温或隔热层是改善热工性能的构造层。

（4）顶棚层。顶棚层是楼板层下表面的构造层，也是室内空间上部的装修层，又称天花板或天棚。顶棚的主要功能是保护楼板、安装灯具、装饰室内等特殊使用要求。

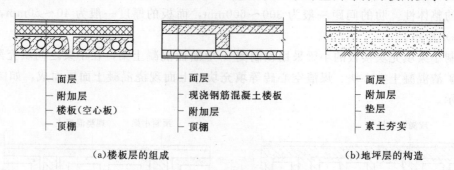

—面层	—面层	—面层
—附加层	—现浇钢筋混凝土楼板	—附加层
—楼板(空心板)	—附加层	—垫层
—顶棚	—顶棚	—素土夯实

(a)楼板层的组成　　　　　　　　　　　(b)地坪层的构造

图 4.58　楼地层的构造组成

2. 地坪层的组成及作用

地坪层是由面层、垫层、基层（素土夯实层）构成，根据需要还可以设各种附加构造层，如找平层、结合层、防潮层、保温层等。如图 4.58（b）所示。

（1）基层。素土夯实层是地坪的基层，也称地基，素土即为不含杂质的砂质黏土、黏土，经夯实后，才能承受垫层传下来的地面荷载。

（2）垫层。垫层是承受并传递荷载给地基的结构层，垫层有刚性垫层和柔性两类。

刚性垫层有足够的整体刚度，受力后不产生塑性变形，如 C15 混凝土，其厚度为60～100mm，用于对地面要求较高的整体地面和块料地面，如瓷砖地面、花岗岩地面、水磨石地面等。

柔性垫层有松散材料组成，无整体刚度受力后易产生塑性变形，如砂、碎石、炉渣等。常用于厚而不易于断裂的面层，如混凝土地面、水泥制品块料地面等。

（3）面层。地坪面层的做法与楼层地面相同。其面层要求应坚固耐磨、防滑、表面平整、易清洁、不起尘、美观。对于居住和人们长时期逗留的房间，要求有较好的蓄热性和弹性；浴池、卫生间要求耐潮湿、不透水；化学实验室、化验室则要求耐酸碱、耐腐蚀等。

4.3.2　楼地面的细部构造

1. 踢脚线和墙裙

踢脚线又称踢脚板，是对搂地面与墙面相交处的构造处理，它所用的材料一般与地面

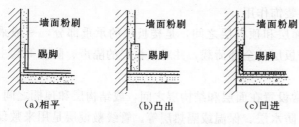

(a)相平　　　　　(b)凸出　　　　　(c)凹进

图 4.59　踢脚板的形式

材料相同，踢脚线应与地面一起施工。踢脚线的作用是保护墙脚，防止脏污或碰坏墙面。常用的踢脚线有水泥砂浆、水磨石、木材、石材等。踢脚板的构造方式有三种：与墙面相平、凸出和凹进，其高度一般为 120～150mm，如图 4.59 所示。

踢脚板向上的延伸称为墙裙。在卫生间、厨房、盥洗房等房间，墙的下部容易污染，常将不透水材料加高至 900～1800mm，多采用贴瓷砖墙裙。

2. **楼地面的防水与排水**

在厕所、盥洗室、淋浴室和实验室等用水频繁的房间，地面容易积水，处理不当容易发生渗水漏水现象，应做好这些房间楼地层的排水和防水构造。楼地层防水有主要楼地面排水和楼地面防水两种措施。

（1）楼地面排水。为防止用水房间地面积水外溢，用水房间地面应比相邻房间或走道地面低 20～30mm，如图 4.60（a）所示；也可用门槛挡水，如图 4.60（b）所示。楼地面排水的通常做法是设置 1%～1.5% 的排水坡度，并配置地漏。

（2）楼地面防水。现浇钢筋混凝土楼板是用水房间防水的常用做法。当房间有较高的防水要求时，还需在现浇楼板上设置一道防水层，为防止积水沿房间四周侵入墙身，应将防水层沿墙角向上翻起成泛水，高度一般高出楼地面 150～200mm，如图 4.60（c）所示。当遇到门洞口时，应将防水层向外延伸 250mm 以上。

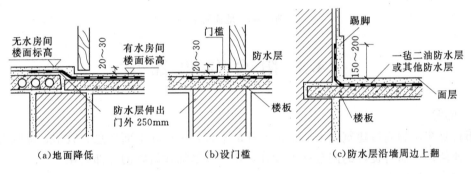

图 4.60 楼地面防水

当有竖向设备管道穿越楼板层时，应在管线周围做好防水密封处理。一般在管道周围用 C20 干硬性细石混凝土密实填充，再用二布二油橡胶酸性沥青防水涂料做密封处理，如图 4.61 所示。热力管道穿越楼板时，应在穿越处设套管（管径比热力管道稍大），套管高出地面约 30mm，如图 4.62 所示。

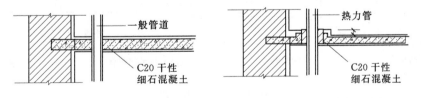

图 4.61 一般立管穿越楼板   图 4.62 热力立管穿越楼板

3. **地层防潮**

地层一般与土壤直接接触，土壤中的水分会通过毛细作用引起地面受潮，影响正常使用。为避免潮湿对地层的影响，应做防潮处理。对防潮要求较高的房间，一般是在地面垫层与面层之间铺设热沥青、油毡等防潮层，并在垫层下设置粒径均匀的卵石、碎石或粗砂等切断毛细水的通道，如图 4.63（a）所示。在空气相对湿度较大的地区，由于地表温度低于室内空气温度，地面上易产生凝结水，引起地面返潮。在必要时可在垫层上设保温层并在其下设置防水层，如图 4.63 (b) 所示。也可选用黏土砖、大阶砖、陶土板等材料做面层改善冷凝水现象，如图 4.63 (c) 所示。对温差较大、地下水位高的房间，可采用架空式地面构造，将地层底板搁置在地垄墙上，形成通风层，但造价较高，如图 4.63 (d) 所示。

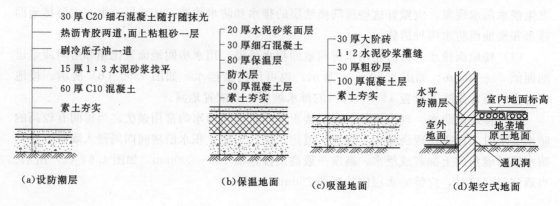

（a）设防潮层　　　　　（b）保温地面　　　（c）吸湿地面　　　　（d）架空式地面

图 4.63　地面防潮

4.4　阳台与雨篷

4.4.1　阳台

阳台是多层和高层建筑中人们接触室外的平台，可以在上面休息、眺望、晾晒衣物或从事其他活动。而且良好的阳台造型设计，还可以增加建筑物的外部形象。

1. 阳台的形式

按阳台与外墙的相对位置不同，可分为凸阳台、凹阳台、半凸半凹阳台及转角阳台，如图 4.64 所示；按施工方法不同，可分为预制装配阳台和现浇阳台。按使用功能的不同分为生活阳台和服务阳台。

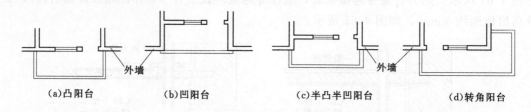

（a）凸阳台　　　　（b）凹阳台　　　　　（c）半凸半凹阳台　　　　（d）转角阳台

图 4.64　阳台的形式

（1）凸阳台。阳台的结构形式、布置方式及材料应与建筑物的楼板结构布置统一考虑。目前采用最多的是现浇钢筋混凝土结构或预制装配式钢筋混凝土结构。阳台的平面尺寸应与相连的房间开间或进深尺寸进行统一布置，以利于室内和阳台的使用及结构布置。凸阳台的承重结构一般为悬挑式结构，按悬挑方式不同有挑梁式、挑板式和压梁式三种。

（2）凹阳台。阳台的结构形式采用墙承式结构，将阳台板直接搁置在墙体上，阳台板的跨度和板型一般与房间楼板相同。这种支承结构简单、施工方便，多用于寒冷地区。

（3）半凸半凹阳台。阳台的承重结构，可参照凸阳台的各种做法处理。

2.阳台的细部构造

（1）阳台的栏杆（板）。栏杆（板）是阳台的围护结构，它还承担使用时人对阳台侧壁的水平推力，必须具有足够的强度和适当的高度，以保证使用安全。低层、多层住宅阳台栏杆（板）净高不低于1.05m，中高层住宅阳台栏板（杆）净高不低于1.1m，空花栏杆其垂直杆件之间的净距离不大于110mm。栏杆（板）同时也是很好的装饰构件，不仅对阳台自身，乃至对整个建筑都起着重要的装饰作用。栏杆（板）的形式按外形不同分为空花式［图4.65（a）］、混合式［图4.65（b）］、实体式［图4.65（c）］。

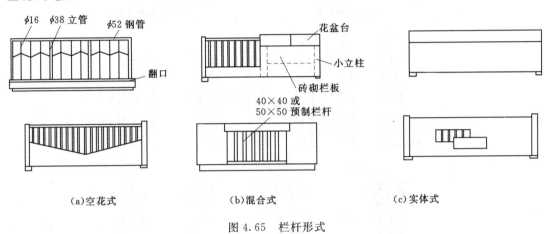

图4.65　栏杆形式

砖砌栏板的厚度一般为120mm，在栏板上部的压顶中加入2根直径为6mm的通长钢筋现浇混凝土扶手，并设置120mm×120mm钢筋混凝土小构造柱，留出钢筋与栏板和扶手拉接，如图4.66（a）所示。

钢筋混凝土栏杆（板）分为现浇和预制两种，预制混凝土栏杆（板）要求构件表面光洁，现浇混凝土栏杆（板）与扶手，楼板可以整体浇筑，阳台的整体性较好，坚固安全。采用混凝土栏杆（板）可节省钢材，目前使用较多的现浇钢筋混凝土栏杆（板）与阳台板、阳台梁以及扶手的连接可将混凝土栏杆（板）中的钢筋与阳台板、面梁、扶手内主筋锚固绑扎，然后整体现浇。对预制混凝土栏杆（板），则用预埋钢板焊接，也可预留插筋插入预留孔内用水泥砂浆灌注，如图4.66（b）、（c）所示。

金属栏杆一般用方钢、圆钢、扁钢和钢管等组成，一般需做防锈处理。金属栏杆可与现浇阳台楼板或楼板面梁内的预埋通长扁铁焊接，也可插入预留插孔槽内用水泥砂浆填实嵌固，金属栏杆与钢筋混凝土扶手的连接，如图4.66（d）所示。

（2）阳台的排水处理。为防止阳台上的雨水等流入室内，阳台的地面应较室内地面低20～50mm，阳台的排水有外排水和内排水。外排水适应于低层或多层建筑，即阳台地面向两侧做出5‰的坡度，在阳台的外侧栏板设$\phi50$的镀锌铁管或硬质塑料管，并伸出阳台栏板外面不少于80mm，以防落水溅到下面的阳台上，如图4.67（a）所示。内排水适用于高层建筑或高标准建筑，一般是在阳台内侧设置地漏和排水立管，将积水引入地下管网，保证建筑立面的美观，如图4.67（b）所示。

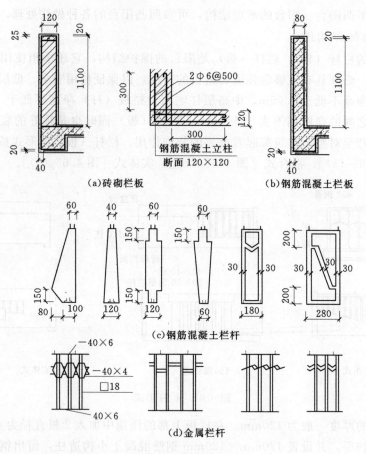

(a)砖砌栏板　　　　　　　　(b)钢筋混凝土栏板

(c)钢筋混凝土栏杆

(d)金属栏杆

图 4.66　栏杆构造

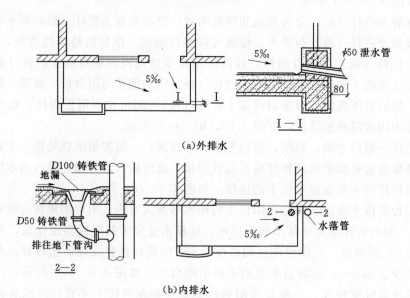

（a）外排水

（b）内排水

图 4.67　阳台的排水

4.4.2 雨篷

雨篷是位于建筑物出入口外门上方，用于遮挡雨雪，保护外门不受侵害，并具有一定装饰作用的水平构件。雨篷一般为现浇钢筋混凝土悬挑构件，有板式和梁板式两种形式，其悬挑长度为 1～1.5m，如图 4.68 所示。雨篷也可采用扭壳等其他的结构形式，其伸出尺度可以更大。

雨篷所受的荷载较小，因此雨篷板的厚度较薄，可做成变截面形式，雨篷挑出长度较小时，构造处理较简单，可采用无组织排水，在板底周边设滴水，雨篷顶面抹 15mm 厚1：2 水泥砂浆内掺 5%防水剂，如图 4.68（a）所示。对于挑出长度较大的雨篷，为了立面处理的需要，通常将周边梁向上翻起成侧梁式，可在雨篷外沿用砖或钢筋混凝土板制成一定高度的立板，雨篷排水口可设在前面或两侧，为防止上部积水，出现渗漏，雨篷顶部及四边内侧常做防水砂浆面形成泛水，其高度不小于 250mm，如图 4.68（b）所示。

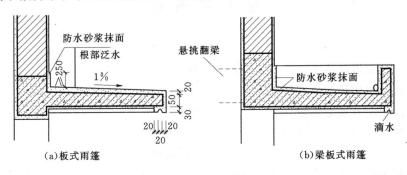

图 4.68 雨篷构造

本 章 小 结

（1）屋顶是承重构件，也是围护构件。屋顶基本组成有面层、结构层、顶棚。屋顶的设计除应满足强度、刚度和整体稳定性要求外，还应满足防水、保温、隔热等方面的要求。

（2）屋顶按外形分为坡屋顶、平屋顶和其他形式的屋顶。坡屋顶的坡度一般大于10%，平屋顶的坡度小于 5%。其他形式的屋顶则外形多样，坡度随外形变化。

（3）平屋顶的排水方式有两种：无组织排水、有组织排水。有组织排水又分为外排水和内排水。常用的外排水有挑檐沟外排水、女儿墙天沟外排水。

（4）平屋顶坡度形成的方法有材料找坡、结构找坡。

（5）屋顶排水设计的主要内容是：确定屋面排水坡度的大小和坡度形成的方法；选择排水方式和屋顶剖面轮廓线；绘制屋顶排水平面图。每个雨水管可排除约 200m² 的屋面雨水，其间距控制在 24m 以内。矩形天沟净宽不小于 200mm，天沟纵坡最高处离天沟上口的距离不小于 120mm，天沟纵向坡度取 0.5%～1%。

（6）坡屋顶组成与平屋顶类似，坡屋顶一般也由承重结构、屋面面层、顶棚和附加层组成。坡屋顶的承重结构系统可分为有檩体系屋顶、无檩体系屋顶。有檩体系的屋顶支撑体系可分为山墙、屋架、梁架。

（7）楼、地层是水平方向分隔房屋空间的承重构件。楼板层主要由面层、楼板、顶棚三部分组成，楼板层的设计应满足建筑的使用、结构、施工以及经济等方面的要求。

（8）钢筋混凝土楼板根据其施工方法不同可分为现浇式、装配式和装配整体式三种。装配式钢筋混凝土楼板常用的板型有平板、槽形板、空心板。为加强楼板的整体性，应注意楼板的细部构造，现浇式钢筋混凝土楼板有现浇肋梁楼板、井式楼板和无梁楼板。装配整体式楼板有叠合式楼板。

（9）压型钢板组合楼板是钢板和混凝土组合的楼板，由于其自身的优点，所以将被越来越广泛的运用。

（10）地坪层由面层、垫层和素土夯实层及附加层构成。

复 习 思 考 题

1. 填空题

（1）平屋顶是坡度小于（　　　　　　）的屋顶。

（2）屋面防水中泛水高度最小值为（　　　　　　）mm。

（3）屋面炉渣找坡是属于（　　　　　　）找坡。

（4）楼板层的作用是：承重、（　　　　　　）、水平支撑墙体。

（5）楼板层主要由面层、（　　　　　　）和吊顶棚组成。

（6）预制装配式楼板支承于墙上时搁置长度不小于（　　　　　　）mm。

（7）雨篷四周泛水高度不应小于（　　　　　　）mm。

（8）当房间有较高的防水要求时，应将防水层沿墙角向上翻起成泛水，高度一般高出搂地面（　　　　　　）mm；当遇到门洞口时，应将防水层向外延伸（　　　　　　）mm 以上。

（9）踢脚线的作用是保护墙脚，防止（　　　　　　）墙面。

（10）低层、多层住宅阳台栏杆（板）净高不低于（　　　　　　）m，中高层住宅阳台栏板（杆）净高不低于（　　　　　　）m，空花栏杆其垂直杆件之间的净距离不大于（　　　　　　）mm。

2. 选择题

（1）平屋顶坡度的形成方式分为（　　　）。

A. 纵墙起坡、山墙起坡　　　　　　B. 山墙起坡、材料找坡

C. 材料找坡、结构找坡　　　　　　D. 结构找坡、纵墙起坡

（2）屋顶设计的重点在于（　　　）。

A. 屋顶结构的布置　　B. 屋顶坡度的形成　　C. 防水和排水　　D. 面层处理

（3）属于屋面柔性防水材料的是（　　　）。

A. 混凝土　　　　　　　　　　　　B. 钢筋混凝土

C. APP 改性沥青　　　　　　　　　D. 建筑拒水粉

（4）屋面有组织排水系统不包括（　　　）。

A. 天沟　　　　　B. 雨水斗　　　　　C. 雨水管　　　　　D. 分水线

(5) 属于结构找坡的是（　　　）。

A. 水泥砂浆找坡　　　　　　　　　　B. 膨胀珍珠岩找坡

C. 水泥炉渣找坡　　　　　　　　　　D. 屋面板放在有一定坡度的屋面梁上

(6) 属于无组织排水的是（　　　）。

A. 挑檐沟外排水　　　B. 女儿墙外排水　　　C. 自由落水　　　D. 内落外排水

(7) 屋面防水中泛水高度最小值为（　　　）。

A. 150　　　　　　　B. 200　　　　　　　C. 250　　　　　　　D. 300

(8) 为防止由于温度变化而产生的裂缝，通常刚性防水层应设置（　　　）。

A. 温度缝　　　　　　B. 沉降缝　　　　　　C. 分仓缝　　　　　　D. 防震缝

(9) 正铺保温是将保温层设置在（　　　）。

A. 保温层设置在结构层下　　　　　　B. 保温层设置在结构层上防水层下

C. 保温层和结构层做在一起　　　　　D. 保温层做在防水层上

(10) 楼板层的基本组成有（　　　）。

A. 楼地层、结构层、面层　　　　　　B. 顶棚层、结构层、面层

C. 顶棚、垫层、面层　　　　　　　　D. 结构层、面层

(11) 无梁楼板是将板支撑在（　　　）上，而不设置主梁和次梁的结构。

A. 墙　　　　　　　　B. 柱　　　　　　　C. 梁　　　　　　　D. 屋架

(12) 实心平板两端支承在（　　　）上，跨度一般为 2.4m 以内。

A. 柱　　　　　　　　B. 梁　　　　　　　C. 墙或梁　　　　　　D. 柱或梁

(13) 当板的横向尺寸与房间平面尺寸出现空隙为（　　　）时，应现浇板带补缝。

A. 60mm　　　　　　　　　　　　　B. 60～120mm

C. 120～200mm　　　　　　　　　　D. 大于 200mm

(14) 地坪层的基本组成为（　　　）。

A. 楼地层、结构层、面层　　　　　　B. 顶棚层、结构层、面层

C. 顶棚、垫层、面层　　　　　　　　D. 基层、垫屋、面层

(15) 梁板式楼板的传力过程为（　　　）。

A. 梁→板→柱　　　　　　　　　　　B. 板→柱

C. 板→梁→柱/墙　　　　　　　　　　D. 柱/墙→梁→板

(16) 根据使用材料的不同，楼板可分为（　　　）。

A. 木楼板、钢筋混凝土楼板、压型钢板组合楼板

B. 钢筋混凝土楼板、压型钢板组合楼板、空心板

C. 肋梁楼板、空心板、压型钢板组合楼板

D. 压型钢板组合楼板、木楼板、空心板

(17) 阳台按使用功能要求不同可分为（　　　）。

A. 凹阳台，凸阳台　　　　　　　　　B. 生活阳台，服务阳台

C. 封闭阳台，开敞阳台　　　　　　　D. 生活阳台，工作阳台

3. 简答题

(1) 屋顶的主要作用有哪些？平屋顶的组成有哪些？各起什么作用？

（2）柔性卷材防水屋面的基本构造组成有哪些？

（3）楼板层有哪些部分组成？各部分起什么作用？

（4）现浇钢筋混凝土楼板有哪些特点？有哪几种结构形式？

（5）楼地面构造的设计要求有哪些？

（6）阳台与外墙的相对位置分为哪几种类型？挑阳台的结构布置有哪些？

第5章 楼 梯 与 电 梯

学习提纲

本章主要介绍了楼梯的类型与构造。通过本章的学习，了解楼梯的组成和类型；理解现浇钢筋混凝土楼梯和预制钢筋混凝土楼梯的构造组成及细部做法，台阶和坡道的构造以及电梯井道构造；掌握楼梯设计的方法。

5.1 楼梯的类型与构造

5.1.1 楼梯的组成

楼梯一般由楼梯段、楼梯平台、楼梯栏杆（板）及扶手三部分组成，如图 5.1 所示。

1. 楼梯段

楼梯段是楼梯的主要使用和承重部分，由若干个踏步组成。为减少人们上下楼梯时的疲劳和适应人们行走的习惯，每一个楼梯段的踏步数一般不应超过 18 级，并且不宜少于 3 级。公共建筑中装饰性弧形楼梯可略超过 18 级。

2. 楼梯平台

楼梯平台是连接两个梯段的水平联系构件，其作用是解决梯段的转向和楼层的连接问题，并可使人们在连续上楼时得到短暂的休息，故又称休息平台。根据楼梯平台在楼层中的位置，可分为楼层平台和中间平台。

3. 栏杆（板）和扶手

栏杆（板）是楼梯段的安全设施，一般设置在梯段的边缘和平台临空的一边，要求它必须坚固可靠，并保证有足够的安全高度。栏杆有实心栏杆和镂空栏杆之分。实心栏杆又称栏板。栏杆上供人们依扶的构件称为扶手。栏杆和扶手是具有较强装饰作用的建筑构件，对材料、形式、色彩、质感等均有较高的要求。

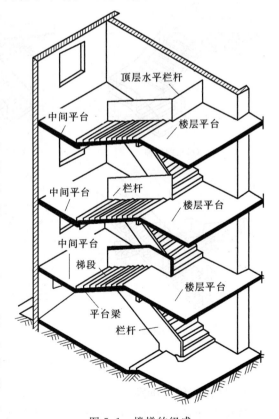

图 5.1 楼梯的组成

5.1.2　楼梯的类型

楼梯的形式很多，主要是根据其使用要求、建筑功能、建筑平面和空间特点及楼梯在建筑中的位置等因素确定的。

（1）按位置不同分。室内楼梯与室外楼梯两种。

（2）按使用性质分。室内有主要楼梯、辅助楼梯；室外有安全楼梯、防火楼梯。

（3）按材料分。有木质、钢筋混凝土、钢质、混合式及金属楼梯。

（4）按楼梯的平面形式分。单跑楼梯、双跑楼梯、三跑（多跑）楼梯、圆形楼梯、螺旋楼梯、弧形楼梯、交叉楼梯、剪刀楼梯等，如图 5.2 所示。

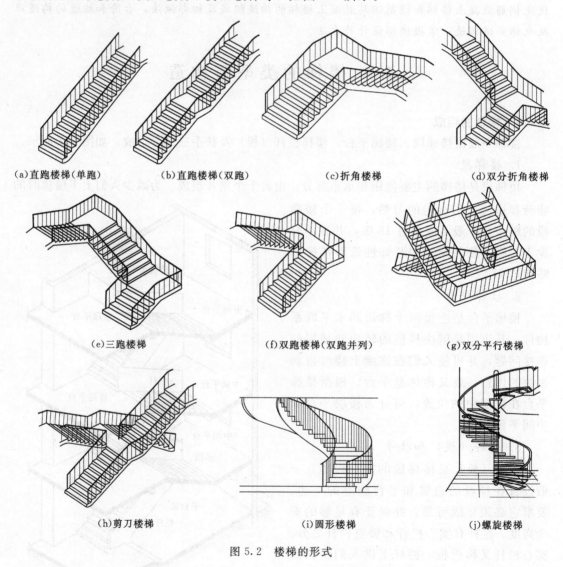

| (a)直跑楼梯（单跑） | (b)直跑楼梯（双跑） | (c)折角楼梯 | (d)双分折角楼梯 |

| (e)三跑楼梯 | (f)双跑楼梯（双跑并列） | (g)双分平行楼梯 |

| (h)剪刀楼梯 | (i)圆形楼梯 | (j)螺旋楼梯 |

图 5.2　楼梯的形式

5.1.3　楼梯的尺寸确定

楼梯设计必须符合一系列的有关规范的规定，例如与建筑物性质、等级、防火有关的规范等。在进行设计前必须熟悉规范的要求。

楼梯的尺寸确定涉及梯段、踏步、平台、净空高度等多个尺寸。各尺寸相互影响，相互制约，设计时应统一协调各部分尺寸，使之符合相关规范的规定，如图5.3所示。

1. 楼梯坡度和踏步尺寸

楼梯的坡度即楼梯段的斜率，是指梯段中各级踏步前缘的假定连线与水平面形成的夹角。楼梯的坡度大小应适中，坡度过大，行走易疲劳；坡度过小，楼梯占用的面积增加，不经济。楼梯的坡度范围在23°~45°之间，最适宜的坡度为30°左右。坡度较小时（小于10°）可采用坡道；坡度大于45°时则采用爬梯。楼梯、爬梯、坡道等的坡度范围如图5.4所示。

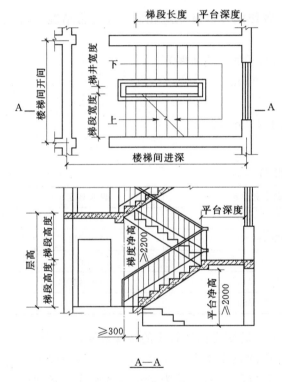

图5.3 楼梯尺寸

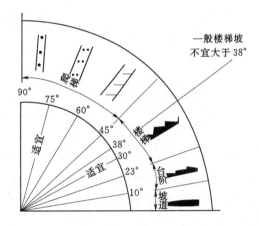

图5.4 楼梯、爬梯及坡道的坡度范围

楼梯坡度应根据使用要求和行走舒适性等方面来确定。公共建筑的楼梯，一般人流较多，坡度应平缓些，常为26°~34°。住宅中的公用楼梯通常人流较少，坡度可稍陡些，多用33°~42°。楼梯坡度一般不宜超过38°，供少量人流通行的内部交通楼梯或某些辅助性楼梯，坡度可适当加大。

用角度表示楼梯的坡度虽然准确、形象，但不宜在实际工程中操作，因此我们经常用踏步的尺寸来表述楼梯的坡度。

楼梯踏步由踏面和踢面组成，踏步尺寸包括踏步宽度和踏步高度。踏步宽度与成人男子的平均脚长相适应，一般不宜小于250mm，常用260~320mm。为了适应人们上下楼梯时脚的活动情况，踏面宜适当宽一些。在不改变梯段长度的情况下，为加宽踏面，可将踏步的前缘挑出，形成突缘，突缘挑出长度一般为 20～25mm，也可将踢面做成向外倾斜，使踏面实际宽度增加，如图 5.5 所示。

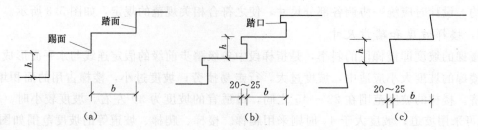

图 5.5　踏步形式和尺寸

踏步高度一般宜在 140～175mm 之间，各级踏步高度均应相同。在通常情况下可根据经验公式来取值，常用公式为

$$b+2h＝600\text{mm}（女子的平均步距）$$

或

$$h+b≈450\text{mm}$$

式中　b——踏步宽度（踏面）；

　　　　h——踏步高度（踢面），一般不应大于 180mm。

常用适宜踏步尺寸（b 与 h）见表 5.1。

表 5.1　　　　　　　　　　　　常 用 适 宜 踏 步 尺 寸　　　　　　　　　　　单位：mm

楼 梯 类 别	踏步宽度 b	踏步高度 h
住宅公用楼梯	250～300	150～175
幼儿园楼梯	260～300	120～150
医院、疗养院等楼梯	300	150
学校、办公楼等楼梯	280～340	140～160
剧院、会堂等楼梯	300～350	120～150

对于诸如弧形楼梯这样踏步两端宽度不一，特别是内径较小的楼梯来说，为了行走的安全，往往需要将梯段的宽度加大。即当梯段的宽度不大于 1100mm 时，以梯段的中线为衡量标准，当梯段的宽度大于 1100mm 时，以距其内侧处为衡量标准来作为踏面的有效宽度。

2. 梯段和平台的尺寸

楼梯的宽度必须满足上下人流及搬运物品的需要。从确保安全角度出发，楼梯段宽度是由通过该梯段的人流数确定的。通常，梯段净宽除应符合防火规范的规定外，供日常主要交通用的楼梯的梯段净宽应根据建筑物使用特征，按每股人流宽为 [550＋(0～150)] mm 的人流股数确定，且不少于两股人流，其中 (0～150)mm 是人流在行进中人体的摆幅，人流较多的公共建筑应取上限。表 5.2 为梯段宽度的设计依据。

为方便施工，在钢筋混凝土现浇楼梯的两梯段之间应有一定的距离，这个宽度叫梯井，其尺寸一般为 150～200mm。

梯段的长度 L 取决于该段的踏步数及其踏面宽。平面上用线来反映高差，因此如果

某梯段有 n 步台阶的话，该梯段的长度为 $b(n-1)$。

表 5.2   **楼 梯 梯 段 宽 度**   单位：mm

类　　别	梯　段　宽　度	备　　注
单人通过	＞900	满足单人携物通过
双人通过	1100～1400	
三人通过	1650～2100	

注 计算依据：每股人流宽度为 ［550＋(0～150)］ mm。

为满足梯段中通行大型物品的回转要求，平台深度不应小于楼梯段净宽，并不小于1100mm，楼层平台深度应大于中间平台深度。对有特殊要求的建筑，楼梯平台的宽度应满足具体要求。

3. 楼梯栏杆扶手的尺寸

楼梯栏杆扶手的高度是指从踏面前缘至扶手上表面的垂直距离。楼梯扶手的高度与楼梯的坡度、楼梯的使用要求有关，很陡的楼梯，扶手的高度矮些，坡度平缓时高度可稍大。一般室内楼梯栏杆扶手的高度不宜小于900mm（通常取900mm），室外楼梯栏杆扶手高度应不小于1100mm。在幼儿建筑中，需要在600mm左右高度再增设一道扶手，以适应儿童的身高，见图5.6。另外，与楼梯有关的水平护身栏杆应不低于1650mm。顶层平台的水平栏杆高度不小于1000mm，如图5.6所示。当楼梯段的宽度大于1650mm时，应增设靠墙扶手。楼梯段宽度超过2200mm时，还应增设中间扶手。为保证儿童的安全使用，楼梯栏杆垂直杆件间的净距不应大于110mm。

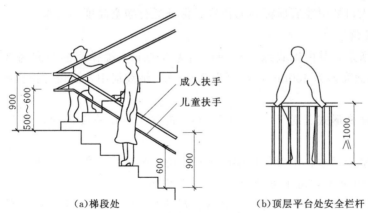

图 5.6   楼梯栏杆和扶手的高度

4. 楼梯净空高度

(1) 楼梯的净空高度。楼梯的净空高度指楼梯段某一处底面到下部相邻梯段踏步前沿的垂直距离或平台面到上部相邻平台梁底面的垂直距离。为保证在这些部位通行或搬运物件时不受影响，其净高在平台处应大于2m，在梯段处应大于2.2m，并且梯段起始或终止踏步的前缘与顶部突出物内边缘水平投影距离不应小于300mm，如图5.7所示。

(2) 当楼梯底层中间平台下做通道时，为求得下面空间净高不小于2000mm，常采用

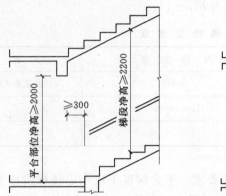

图 5.7 梯段及平台部位净高要求

以下几种处理方法。

1）将楼梯底层设计成"长短跑"，让第一跑的踏步数目多些，第二跑踏步少些，利用踏步的多少来调节下部净空的高度，这种做法会加大楼梯间的进深尺寸。如图 5.8（a）所示。

2）利用室内外高差，保持楼梯长度不变，降低底层中间平台下的地面标高，增大入口处中间平台与地面的相对高度，如图 5.8（b）所示。

3）将上述两种方法结合，即降低底层中间平台下的地面标高，同时增加楼梯底层第一个梯段的踏步数量，如图 5.8（c）所示。

4）将底层采用单跑楼梯，如图 5.8（d）所示。这种方式多用于少雨地区的住宅建筑，但要注意入口处雨篷底面标高的位置，保证通行净空高度的要求。

5．设计实例

如图 5.9 所示，某内廊式综合楼的层高为 3.60m，楼梯间的开间为 3.30m，进深为 6m，室内外地面高差为 450mm，墙厚为 240mm，轴线居中，试设计该楼梯。

解：

（1）选择楼梯形式。对于开间为 3.3m，进深为 6m 的楼梯间，适合选用双跑平行楼梯。

（2）确定踏步尺寸。作为公共建筑楼梯，初步选取踏步宽度 $b=300$(mm)；由经验公式：$2h+b=600$(mm)，可求得踏步高度 $h=150$(mm)。

（3）确定踏步数量。各层踏步数量 $N=H/h=3600/150=24$（级）。各层两梯段采用等跑，则各层两个梯段踏步数量为：$n=N/2=24/2=12$(级)。

（4）取梯井宽为 160mm。

（5）确定梯段宽度。楼梯间净宽为 $3300-2\times120=3060$(mm)，则梯段宽度为 $B=(3060-160)/2=1450$(mm)。

（6）确定梯段长度。梯段长度为 $L=(n-1)\times b=(12-1)\times300=3300$(mm)。

（7）确定平台深度。中间平台深度 B_1 不小于 1450mm（梯段宽度），取 $B_1=1600$mm，取楼层平台深度 $B_2=600$mm。

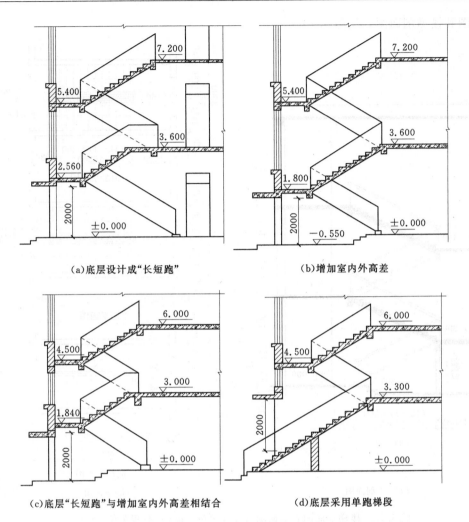

(a)底层设计成"长短跑"　　　　(b)增加室内外高差

(c)底层"长短跑"与增加室内外高差相结合　　　(d)底层采用单跑梯段

图 5.8　平台下作出入口时楼梯净高设计的几种方式

（8）调整楼层平台深度。$L+B_1+B_2+120=3300+1600+600+120=5620(mm)<6000$（mm）（进深）。

将楼层平台深度加大至 $600+(6000-5620)=980(mm)$。

（9）调整底层平台地面标高。由于层高较大，楼梯底层中间平台下的空间可有效利用，作为储藏空间。为增加净高，可降低平台下的地面标高至 -0.300m，确保楼梯平台净高不小于 2000mm。

根据以上设计结果，绘制楼梯各

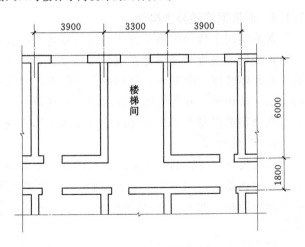

图 5.9　实例图

层平面图和楼梯剖面图，见图 5.10。

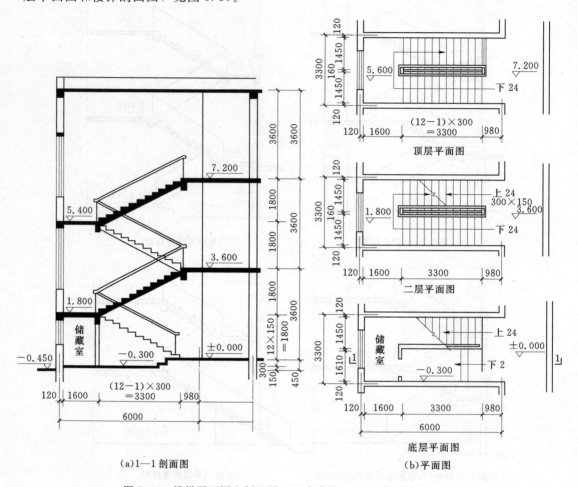

(a)1—1 剖面图　　　　　　　　　　(b)平面图

图 5.10　楼梯平面图和剖面图（尺寸单位：mm；高程单位：m）

5.1.4　现浇钢筋混凝土楼梯

钢筋混凝土楼梯按施工方法不同可分为现浇式和预制装配式两种类型。

现浇钢筋混凝土楼梯是在施工现场支模、绑扎钢筋、浇筑混凝土而形成的整体楼梯。其具有整体性好、刚度大、坚固耐久等优点，但耗用人工、模板较多，施工速度较慢，因而多用于楼梯形式复杂或抗震要求较高的建筑中。

现浇钢筋混凝土楼梯按梯段特点及结构形式的不同，可分为板式楼梯和梁板式楼梯。

1. 板式楼梯

梯段板承受梯段的全部荷载，其作为一块整板，斜搁在楼梯的平台梁上，再由平台梁将荷载传到墙上，如图 5.11（a）所示。平台梁之间的距离便是这块板的跨度。另外也有带平台板的板式楼梯，平台板和梯段连在一起，将荷载直接传给墙体，如图 5.11（b）所示。

板式楼梯底面光洁平整，外形美观，便于支模施工。但是当梯段跨度较大时，梯段板较厚，混凝土和钢筋的用量随之增加，因此板式楼梯在梯段跨度不大（一般在 3m 以下）

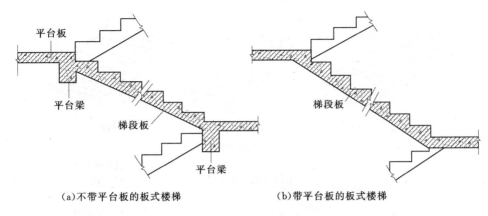

（a）不带平台板的板式楼梯　　　　　　　　（b）带平台板的板式楼梯

图 5.11　板式楼梯

时采用较为经济。

2. 梁板式楼梯

当梯段较宽或楼梯负载较大时，采用板式梯段往往不经济，需增加梯段斜梁（简称梯梁）以承受板的荷载，并将荷载传给平台梁，这种梯段称梁板式梯段。

梁板式梯段在结构布置上有双梁布置和单梁布置之分。双梁式梯段将梯梁布置在梯段踏步的两端，踏步板的跨度即梯段的宽度，这样板跨小，对受力有利；单梁式梯段是近年公共建筑中采用较多的一种结构形式，每个梯段只有一根梯梁支承踏步，梯梁布置在踏步一端形成单梁悬臂楼梯或在踏步的中间形成单梁挑板楼梯，如图 5.12（a）所示。

根据梯梁与踏步的位置关系，可分为明步和暗步两种形式。明步梯段的梯梁在踏步板的下部，踏步完全突出，也称为正梁式梯段，如图 5.12（b）所示；暗步梯段的梯梁在踏步的两侧，遮挡住踏步，梯段底表面平整，也称为反梁式梯段。如图 5.12（c）所示。

梁板式楼梯的受力较为复杂，支模施工难度大，但可节约材料、减轻自重，梁板式楼梯多用于梯段跨度较大的楼梯。

5.1.5　预制装配式钢筋混凝土楼梯

预制装配式钢筋混凝土楼梯是将楼梯构件在工厂或施工现场进行预制，施工时将预制构件在现场进行装配。这种楼梯现场湿作业少，施工速度快，但整体性较差。

按照组成楼梯的构件尺寸和装配程度，预制装配式楼梯有小型构件装配式、中型构件装配式和大型构件装配式等形式。

1. 小型构件装配式楼梯

（1）特点。小型构件装配式楼梯是将踏步板与承重结构分开预制，将踏步板作为基本构件。这种楼梯具有构件尺寸小、质量轻、加工容易，以及运输、安装方便等特点，但施工工序较多，建筑工业化水平较低。

（2）预制踏步断面形式。常用的有一字形、L 形和三角形踏步等，如图 5.13 所示。

（3）预制踏步的支承方式。主要有梁承式、墙承式和悬挑式三种类型。

1）梁承式预制踏步楼梯。是将踏步支撑在预制斜梁上，形成梯段，斜梁支撑在平台梁上。预制踏步梁承式楼梯在构造设计中要考虑两个方面：一方面是踏步在梯梁上的搁置

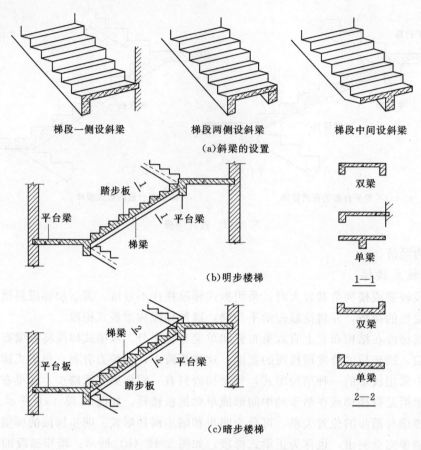

梯段一侧设斜梁　　梯段两侧设斜梁　　梯段中间设斜梁

(a)斜梁的设置

(b)明步楼梯

(c)暗步楼梯

图 5.12　现浇钢筋混凝土梁板式楼梯

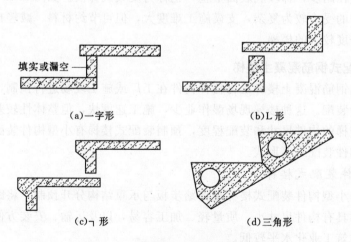

(a)一字形　　　　　　　(b)L 形

(c)⌐ 形　　　　　　(d)三角形

图 5.13　预制踏步板的断面形式

构造；另一方面是梯梁在平台梁上的搁置构造。

踏步在梯梁上的搁置构造，主要涉及踏步和梯梁的形式。三角形踏步应搁置在矩形梯梁上，如图 5.14（a）所示。楼梯为暗步时，可采用 L 形梯梁，如图 5.14（b）所示。L

形和一字形踏步应搁置在锯齿形梯梁上，如图5.14（c）所示。

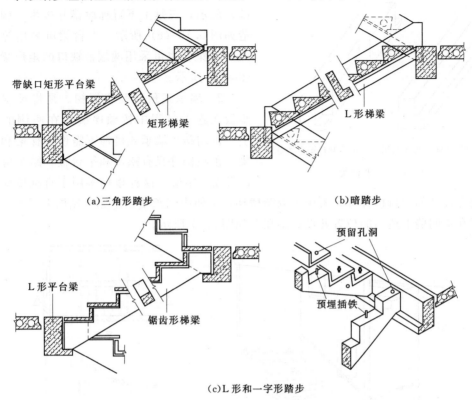

（a）三角形踏步　　　　　　　（b）暗踏步

（c）L形和一字形踏步

图5.14　梯梁在平台梁上的搁置构造

梯梁在平台梁的搁置构造与平台处上下行梯段的踏步相对位置有关。平台处上下行梯段的踏步相对位置一般有三种：一是上下行梯段同步，搁置构造如图5.15（a）所示；二

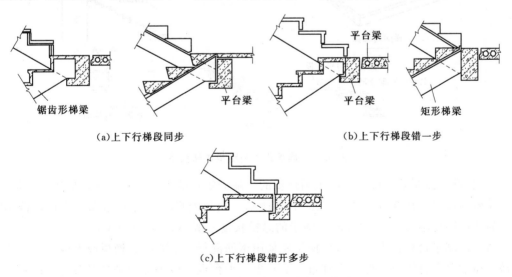

（a）上下行梯段同步　　　　　　（b）上下行梯段错一步

（c）上下行梯段错开多步

图5.15　梯梁在平台梁上的搁置构造

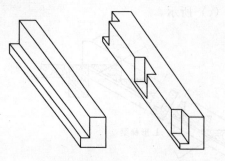

(a)等截面 L 形平台梁　(b)带缺口矩形平台梁

图 5.16　平台梁

是上下行梯段错开一步，搁置构造如图 5.15 （b）所示；三是上下行梯段错开多步，搁置构造如图 5.15（c）所示。平台梁可采用等截面的 L 形梁，也可采用两端带缺口的矩形梁，如图 5.16 所示。

2）墙承式预制踏步楼梯。是将预制的踏步板在施工过程中按顺序搁置在两侧的墙体上。预制踏步墙承式楼梯不需设置梯梁和平台梁，预制构件只有踏步和平台板，踏步可采用 L 形或一字形。这种楼梯多用于直跑楼梯或电梯井组合设计的三折楼梯等；若用于双跑楼梯，为使中间承重墙不完全遮挡上下人员的视线，可在中间墙上适当的位置开设观察孔，如图 5.17 所示。

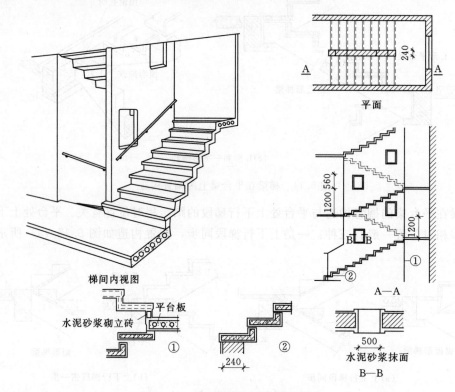

图 5.17　墙承式预制踏步楼梯构造

3）悬挑式预制踏步楼梯。将预制踏步的一端固定在墙上，一端悬挑，形成悬臂构件，全部荷载通过踏步传递到墙体，如图 5.18 所示。预制踏步一般有 L 形和一字形，楼梯间两端的墙体厚度不应小于 240mm，踏步的悬挑长度一般不超过 1500mm。

（4）预制平台板。平台板可根据需要采用钢筋混凝土空心板、槽板或平板。需要注意的是，在平台上有管道井处，不宜布置空心板。平台板一般平行于平台梁布置，以利于加强楼梯间整体的刚度。当垂直于平台梁布置时，常用小平板，如图 5.19 所示。

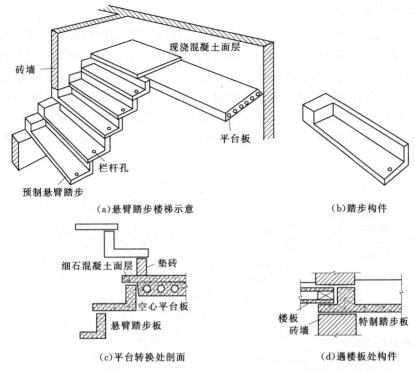

（a）悬臂踏步楼梯示意　　　　　　　　（b）踏步构件

（c）平台转换处剖面　　　　　　　（d）遇楼板处构件

图 5.18　悬臂式预制踏步楼梯构造

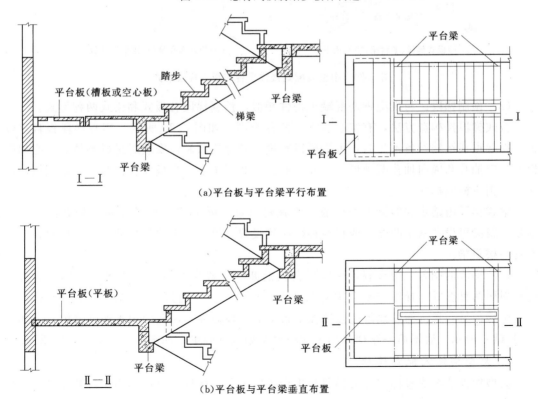

（a）平台板与平台梁平行布置

（b）平台板与平台梁垂直布置

图 5.19　梯段与平台的结构布置形式

2. 中型构件装配式楼梯

中型构件装配式楼梯，是将平台板和楼梯分别预制成单独的构件，在现场装配而成的楼梯。该种装配式楼梯构件种类和数量少，施工速度快，对运输和施工的设备要求高。

（1）平台板。一般将平台板和平台梁组合成一个构件。平台板通常为槽形板，如图 5.20（b）所示，与梯段板连接一侧的板肋做成 L 形，以便装配梯段；为使平台板底面平整，也可采用空心板，如图 5.20（a）所示；也可将平台板和平台梁分别预制，平台梁为 L 形截面，平台板采用普通的预制钢筋混凝土楼板，两端支承在楼梯间横墙上，如图 5.20（c）所示。

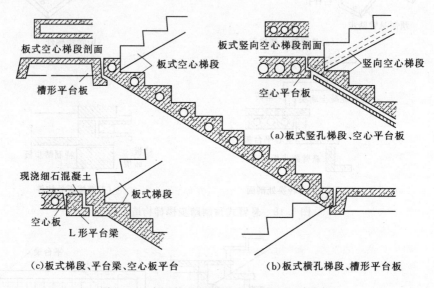

图 5.20　中型装配式楼梯平台与板式梯段形式

（2）预制梯段。与现浇钢筋混凝土构件相似，预制梯段有板式和梁式两种形式。

板式梯段按构造方法，有实心和空心两种类型，如图 5.20 所示。实心梯段板自重较大，在起重或运输设备不足时，可沿梯段宽度方向分块预制，安装时拼成整体。空心梯段板有纵向抽孔和横向抽孔两种形式，孔型有圆形和三角形。当板厚较大时，宜采用纵向抽孔，否则应横向抽孔。

梁式梯段由踏步和斜梁组合而成。为减轻自重，可采用 L 形踏步板和抽孔的三角形踏步。斜梁可设在踏步两端，或只在梯段一侧设置，另一侧由墙体代替，也可以只在中间设置一根斜梁。

（3）梯段的搁置。用来搁置梯段平台梁的断面一般为 L 形，其出挑翼缘的顶面有平面和斜面两种形式。梯段与平台梁有两种连接方法：一是通过预埋铁件焊接，如图 5.21（a）所示；另一是将梯段预留孔套接在平台梁的预埋插件上，孔内用水泥砂浆填实，如图 5.21（b）所示。底层第一跑梯段的下端应设基础或基础梁，如图 5.21（c）、（d）所示。

3. 大型构件装配式楼梯

大型构件装配式楼梯，是将梯段与平台预制成一个构件。这种类型构件数量少，装配化程度高，施工速度快，但对起重和运输设备要求高，主要用于大型装配式建筑，或有特

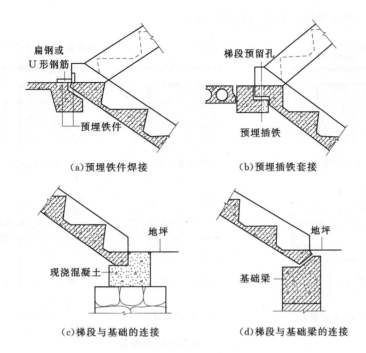

(a)预埋铁件焊接   (b)预埋插铁套接

(c)梯段与基础的连接   (d)梯段与基础梁的连接

图 5.21　梯段的搁置

殊需要的场所。按构造形式有板式楼梯和梁式楼梯，如图 5.22 所示。

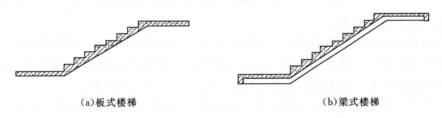

(a)板式楼梯   (b)梁式楼梯

图 5.22　大型构件装配式楼梯

5.1.6　楼梯的细部构造

1. 踏步面层及防滑处理

楼梯是供人行走的，楼梯的踏步面层应便于行走，且耐磨、防滑、便于清洁，也要求美观。现浇楼梯拆模后一般表面粗糙，不仅影响美观，更不利于行走，一般需要面层。踏步面层的材料视装修要求而定，常与门厅或走道的楼地面面层材料一致，常用的有水泥砂浆、水磨石、大理石和缸砖等。

在通行人流量大或踏步表面光滑的楼梯，为防止行人在行走的时候滑跌，踏步表面应采取防滑和耐磨措施，通常是在踏步踏口处做防滑条。防滑材料可采用铁屑水泥、金刚砂、塑料条、橡胶条、金属条、马赛克等。最简单的方法是做踏步面层时，留二三道凹槽，但使用中易被灰尘填满，使防滑效果不够理想，且易破损。防滑条或防滑凹槽长度一般按踏步长度每边减去 15cm。还可以采用耐磨防滑材料如缸砖、铸铁等做防滑包口，既防滑又起保护作用。标准较高的建筑，可铺设地毯，或用防滑塑料盒橡胶贴面，这种处理，走起来有一定的弹性，行走也舒适，见图 5.23。

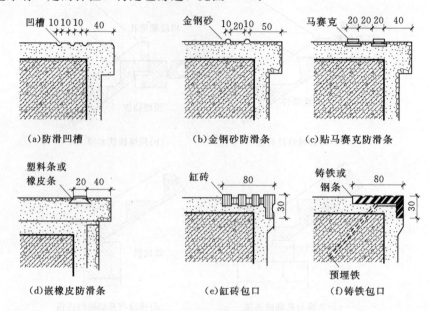

(a)防滑凹槽　　　　　　(b)金钢砂防滑条　　　　　(c)贴马赛克防滑条

(d)嵌橡皮防滑条　　　　　(e)缸砖包口　　　　　　(f)铸铁包口

图 5.23　梯踏面防滑构造

2. 栏杆（板）和扶手构造

（1）栏杆。栏杆多用方钢、圆钢、扁钢等型材焊接或铆接成各种图案，既起防护作用，又有一定的装饰效果。

栏杆与楼梯段应有可靠的连接，连接方法主要有预埋铁件焊接，即将栏杆的立杆与楼梯段中预埋的钢板或套管焊接一起，预留孔洞插接即将栏杆的立杆端部做成开脚或倒刺插入楼梯段预留的孔洞，用水泥浆或细石混凝土填实，用螺栓连接等。

（2）栏板。用实体构造做成的栏板，多用钢筋混凝土、加筋砖砌体、有机玻璃等制作。对砖砌栏板，当栏板厚度为 60cm（即标准的砖侧砌）时，外侧要用钢筋网加固，再用钢筋混凝土扶手与栏板连成整体。现浇钢筋混凝土楼梯栏板经支模、扎筋后，与楼梯段整浇；预制钢筋混凝土楼梯栏板则用预埋钢板焊接。

（3）扶手。扶手一般采用硬木、塑料和金属材料制作，如图 5.24 所示，其中，硬木扶手常用于室内楼梯。室外楼梯的扶手则很少采用木料，以避免产生开裂或翘曲变形。金属和塑料是室外扶手常用的材料。另外，栏板顶部的扶手可用于水泥砂浆或水磨石抹面而成，也可用于大理石板。预制水磨石板或木板贴面制成。

楼梯扶手与栏杆应有可靠的连接，连接方法视扶手材料而定。硬木扶手与金属栏杆的连接，通常是在金属栏杆的顶部先焊接一根带小孔的通长扁铁，然后用木螺丝通过扁铁上预留小孔，将木扶手和栏杆连接成整体；塑料扶手和金属栏杆的连接方法和硬木扶手类似，或塑料扶手通过预留的卡口直接卡在扁铁上；金属扶手和金属栏杆多用焊接。

楼梯扶手有时必须固定在侧面的砖墙或混凝土柱上，如顶层安全栏杆扶手、休息平台护窗扶手、靠墙扶手等。扶手与砖墙连接时，一般是在砖墙上预留 12cm×12cm×12cm 的预留孔洞。将扶手或扶手铁件伸入洞内，用细石混凝土或水泥砂浆填；扶手与混凝土

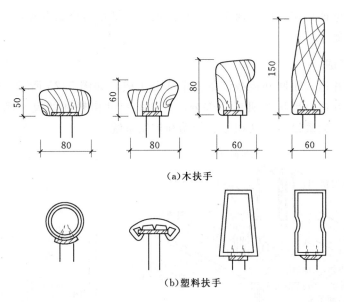

图 5.24 扶手的形式

墙或柱连接时，一般在墙或柱上预埋铁件，与扶手铁件焊接，也可用膨胀螺栓连接，或预留孔洞插接。上行楼梯段和下行楼梯段的第一个踏步口常设在一个竖线上。如果平台栏杆紧靠踏步口设置扶手，顶部高度则突然变化，扶手需要做成一个较大的弯曲线，即所谓鹤颈扶手，连接上下扶手。这种处理方法费工费料，使用不便，应尽量避免。常用方法有：一是将平台处栏杆内移至距踏步口约半步的地方；二是将上下行楼梯段错开一步。此两种处理方法，扶手连接都较顺。

5.2 电梯与自动扶梯

5.2.1 电梯与自动扶梯的类型

电梯是高层住宅和公共建筑、工厂不可缺少的重要垂直运输设备。

1. **按使用性质分**

（1）客梯。主要用于人们在建筑物中的垂直联系。

（2）货梯。主要用于运送货物及设备。

（3）消防电梯。发生火灾、爆炸等紧急情况下供安全疏散人员和消防人员紧急救援使用。

2. **按电梯行驶速度分**

（1）高速电梯。速度大于 2m/s，梯速随层数增加而提高，消防电梯常用高速。

（2）中速电梯。速度在 2m/s 之内，一般货梯，按中速考虑。

（3）低速电梯。运送食物电梯常用低速，速度在 1.5m/s 以内。

其他分类：有按单台、双台分；按电梯的载重量分，如 400kg、1000kg 和 2000kg 等；按交流电梯、直流电梯分；按轿厢容量分；按电梯门开启方向等分。

此外，观光电梯是把竖向交通工具和登高流动观景相结合的电梯，透明的轿厢使电梯内外景观相互沟通。

5.2.2 电梯的组成

电梯由电梯井道、轿厢和运载设备三个部分组成，如图 5.25 所示。电梯井道属土建工程内容，涉及井道、地坑和机房三部分，井道的尺寸由轿厢的尺寸确定；轿厢要求坚固、耐用和美观；运载设备包括动力、传动和控制系统。

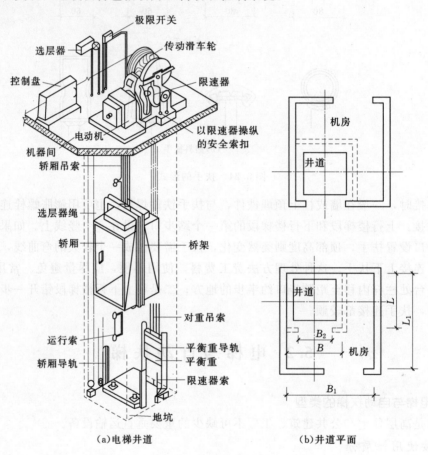

（a）电梯井道　　　　　　　　（b）井道平面

图 5.25　电梯的组成

5.2.3 电梯井道的细部构造

（1）井道的防火。井道是建筑中的垂直通道，极易引起火灾的蔓延，因此井道四周应为防火结构，井道壁一般采用现浇钢筋混凝土或框架填充墙井壁。同时当井道内超过两部电梯时，需用防火围护结构予以隔开。

（2）井道的隔振与隔声，电梯运行时产生振动和噪音，一般在机房机座下设弹性垫层隔振，在机房与井道间设高 1.5m 左右的隔声层。

（3）井道的通风，为使井道内空气流通，发生火警时能迅速排除烟和热气，应在井道肩部和中部适当位置（高层时）及地坑等处设置不小于 300mm×600mm 的通风口，上部可以和排烟口结合，排烟口面积不少于井道面积的 3.5%，通风口总面积的 1/3 应经常开启，通风管道可在井道顶板上或井道壁上直接通往室外。

（4）地坑应注意防水、防潮处理，坑壁应设爬梯和检修灯槽。

（5）电梯厅门门套构造，由于电梯厅门是人流或货流频繁经过的部位，故不仅要求做到坚固耐用，而且还要满足一定的美观要求，具体的措施是在厅门洞口上部和两侧装上门套，门套装修可采用多种做法，如水泥砂浆抹面、贴水磨石板、大理石板以及硬木板或金属板贴面，除金属板为电梯厂定型产品外，其余材料均系现场制作或预制，门套上方应预留安装指示灯的孔洞位置，如图 5.26 所示；电梯厅门牛腿构造，电梯厅的牛腿采用钢筋混凝土牛腿，挑向井道壁内侧，牛腿上面安装推拉门的金属滑槽。

（6）电梯机房。通常设置在井道上部，机房平面应大于井道平面，净高一般为 2.2～2.8m。机房的围护结构应保温隔热，室内应有良好的通风、防潮和防尘，机房与井道之间应采取隔声和隔振措施，如图 5.27 所示，一般在机房的设备底座下设置弹性垫层，必要时增设隔声层，高度不小于 1500mm。

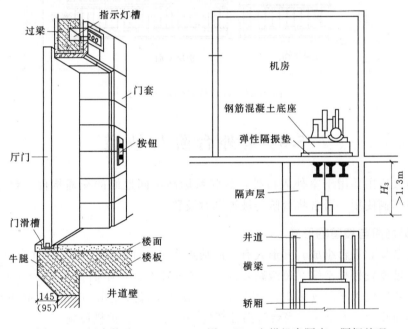

图 5.26　门套构造　　　　图 5.27　电梯机房隔声、隔振处理

5.2.4　自动扶梯

自动扶梯适用于有大量人流上下的公共场所，如车站、超市、商场、地铁车站等。自动扶梯可正、逆两个方向运行，可作提升及下降使用，机器停转时可作普通楼梯使用。

其布置形式有平行排列、交叉排列、连贯排列等方式；平面布置可单台设置或双台并列设置。自动扶梯的坡度较为平缓，通常为 30°，宽度一般为 600mm 或 1000mm，运行速度为 0.5m/s；自动扶梯是电动机械牵动梯段踏步连同栏杆扶手带一起运转的；机房悬挂在楼板下面，该部分楼板须制成活动的，楼层下做装饰外壳处理，底层做地坑，如图 5.28 所示。

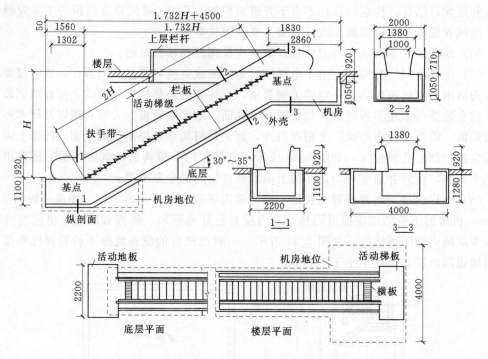

图 5.28 自动扶梯的基本尺寸

5.3 室外台阶与坡道

台阶与坡道主要用于室外入口处，是联系标高不同地面的交通构件。台阶供人们行走，坡道供车辆使用，通常将台阶与坡道同时设置。

5.3.1 室外台阶与坡道的形式

台阶由踏步和平台组成。其形式有单面踏步式、三面踏步式等，如图 5.29（a）、（b）所示。台阶坡度较楼梯平缓，每级踏步高为 100～150mm，踏面宽为 300～400mm。台阶顶部平台的宽度应大于所连通的门洞宽度，一般至少每边宽出 500mm；室外台阶顶部平台的深度不应小于 1000mm。当台阶高度超过 1m 时，宜有护栏设施。

坡道多为单面坡形式，极少三面坡的，如图 5.29（c）所示，坡道坡度应以有利推车通行为佳，一般为 1/10～1/8，也有 1/30 的。还有些大型公共建筑，为考虑汽车能在大门入口处通行，常采用台阶与坡道相结合的形式，如图 5.29（d）所示。

5.3.2 台阶构造

室外台阶的平台应与室内地坪有一定的高差，一般为 40～50mm，而且台阶表面应做 1%～2% 的外排水坡，以免雨水流向室内。

台阶构造与地坪构造相似，由面层和结构层构成。结构层材料应采用抗冻、抗水性能好且质地坚实的材料，常见的台阶基础有就地砌造［图 5.30（a）、（b）、（c）］、桥式［图 5.30（d）］两种。台阶踏步有砖砌踏步、混凝土踏步、钢筋混凝土踏步、石踏步四种。

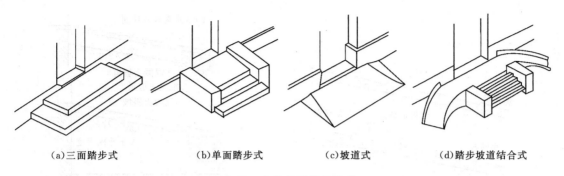

（a）三面踏步式　　　（b）单面踏步式　　　（c）坡道式　　　（d）踏步坡道结合式

图 5.29　台阶与坡道的形式

高度在 1m 以上的台阶需考虑设栏杆或栏板。

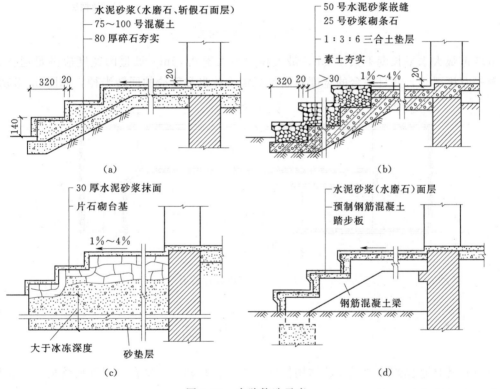

图 5.30　台阶构造示意

　　面层材料应采用抗冻、耐磨材料。常见的有水泥砂浆、水磨石、缸砖以及天然石板等。水磨石在冰冻地区容易造成滑坡，故应慎用。若使用时必须采取防滑措施。缸砖、天然石板等多用于大型公共建筑的大门入口处。

5.3.3　坡道构造

　　坡道材料常见的有混凝土或石块等，面层也以水泥砂浆居多，对经常处于潮湿、坡度较陡或采用水磨石做面层的，在其表面必须作防滑处理，如图 5.31 所示。

　　为方便残疾人通行而设计的无障碍坡道，其坡度应较为平缓，一般不宜大于 1/12，

中 第 5 章 楼 梯 与 电 梯

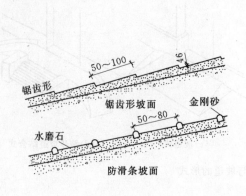
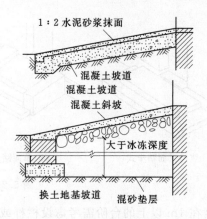

（a）坡道防滑　　　　　　　　　　　　　　　　（b）坡道做法

图 5.31　坡道构造

每节坡道最大水平长度不大于 9m，最大高度不大于 0.75m。坡道的宽度应满足通行轮椅股数的宽度要求，并且平台的宽度应满足残疾人休息和轮椅的回转半径，如图 5.32 所示。

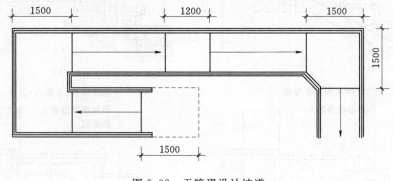

图 5.32　无障碍设计坡道

本 章 小 结

（1）楼梯是建筑物中重要的结构构件。它是由楼梯段、平台和栏杆所构成。常见楼梯的形式有直跑楼梯、双跑楼梯、交叉楼梯等。

（2）楼梯段和平台的宽度应按人流股数确定，且应保证人流和货物的通行。楼梯段尺度要根据建筑物的使用性质和层高确定其坡度，一般最大坡度不超过 38°。梯段坡度与梯段踏步尺寸密切相关，可以参照不同楼梯类别确定踏步高度和宽度。

（3）楼梯的净高在平台部位应大于 2m；在梯段部位应大于 2.2m。在平台下设出入口时，当净高不足 2m，可采用长短跑或利用室内外地面高差等方法予以解决。

（4）钢筋混凝土楼梯有现浇式和预制装配式两大类，现浇式楼梯可分为板式楼梯和梁板式楼梯两种类型，而梁板式楼梯有双梁布置和单梁布置之分。中小型预制构件楼梯可分为预制踏步和预制楼梯斜梁两种，其构造方式有墙承式、梁承式和墙悬臂式等类型。预制踏步有实心三角形、空心三角形、L形和一字形踏步板等形式，预制梯梁有矩形和锯齿形梯梁。

（5）室外台阶和坡道是建筑物入口处解决室内外地面高差、方便行人进出的辅助构件，其平面布置形式有单面踏步式、三面踏步式、坡道式和踏步坡道结合式。

（6）电梯式高层建筑的主要交通工具。由电梯井道、轿厢和运载设备三个部分组成，其细部构造包括厅门的门套装修、厅门牛腿的处理、导轨撑架与井壁的固结处理等。自动扶梯适用于有大量人流上下的公共场所。

复 习 思 考 题

1. 填空题

（1）楼梯主要由（   ）、（   ）和（   ）三部分组成。

（2）每个楼梯段的踏步数量一般不应超过（   ）级，也不应少于（   ）级。

（3）楼梯平台按位置不同分（   ）平台和（   ）平台。

（4）计算楼梯踏步尺寸常用的经验公式为（   ）。

（5）楼梯的净高在平台处不应小于（   ），在梯段处不应小于（   ）。

（6）钢筋混凝土楼梯按施工方式不同，主要有（   ）和（   ）两类。

（7）现浇钢筋混凝土楼梯按梯段的结构形式不同，有（   ）和（   ）两种。

（8）钢筋混凝土预制踏步的断面形式有（   ）、（   ）和（   ）三种。

（9）楼梯栏杆有（   ）和（   ）之分。

（10）栏杆与梯段的连接方法主要有（   ）、（   ）和（   ）等。

（11）栏杆扶手在平行楼梯的平台转弯处最常用的处理方法是（   ）。

（12）通常室外台阶的踏步高度为（   ），踏面宽度为（   ）。

（13）在不增加梯段长度的情况下，为了增加踏面的宽度，常用的方法是（   ）。

（14）坡发道的防滑处理方法主要有（   ）、（   ）等。

（15）考虑美观要求，电梯厅门的洞口周围应安装（   ），为安装推拉门的滑槽，厅门下面的井道壁上应设（   ）。

（16）楼梯踏步表面的防滑处理做法通常是在（   ）做（   ）。

（17）中间平台的主要作用是（   ）和（   ）。

（18）楼梯平台深度不应小于（   ）的宽度。

（19）楼梯栏杆扶手的高度是指从（   ）至扶手上表面的垂直距离，一般室内楼梯的栏杆扶手高度不应小于（   ）。

（20）在预制踏步梁承式楼梯中，三角形踏步一般搁置在等截面梯斜梁上，L形和一字形踏步应搁置在（   ）梯梁上。

（21）坡道的坡度一般为（   ）。面层光洁的坡道，坡度不宜大于（   ），粗糙材料和设防滑条的坡道，坡道不应大于（   ）。

2. 选择题

（1）单股人流宽度为 550～700mm，建筑规范对楼梯梯段宽度的限定是：住宅

（　　），公共建筑≥1300mm。

  A. ≥1200mm   B. ≥1100mm   C. ≥1500mm   D. ≥1300mm

  （2）梯井宽度以（　　）为宜。

  A. 60～150mm   B. 100～200mm   C. 60～200mm   D. 60～150mm

  （3）楼梯栏杆扶手的高度一般为900mm，供儿童使用的楼梯应在不小于（　　）高度增设扶手。

  A. 400mm   B. 700mm   C. 600mm   D. 500mm

  （4）楼梯平台下要通行一般其净高度不小于（　　）。

  A. 2100mm   B. 1900mm   C. 2000mm   D. 2400mm

  （5）下面哪些是预制装配式钢筋混凝土楼梯（　　）。

  A. 扭板式、梁承式、墙悬臂式   B. 梁承式、扭板式、墙悬臂式

  C. 墙承式、梁承式、墙悬臂式   D. 墙悬臂式、扭板式、墙承式

  （6）预制装配式梁承式钢筋混凝土楼梯的预制构件可分为（　　）。

  A. 梯段板、平台梁、栏杆扶手   B. 平台板、平台梁、栏杆扶手

  C. 踏步板、平台梁、平台板   D. 梯段板、平台梁、平台板

  （7）预制楼梯踏步板的断面形式有（　　）。

  A. 一字形、L形、倒L形、三角形   B. 矩形、L形、倒L形、三角形

  C. L形、矩形、三角形、一字形   D. 倒L形、三角形、一字形、矩形

  （8）在预制钢筋混凝土楼梯的梯段与平台梁节点处理中，就平台梁与梯段之间的关系而言，有（　　）方式。

  A. 埋步、错步   B. 不埋步、不错步

  C. 错步、不错步   D. 埋步、不埋步

  （9）下面（　　）是现浇钢筋混凝土楼梯。

  A. 梁承式、墙悬臂式、扭板式   B. 梁承式、梁悬臂式、扭板式

  C. 墙承式、梁悬臂式、扭板式   D. 墙承式、墙悬臂式、扭板式

  （10）防滑条应突出踏步面（　　）。

  A. 1～2mm   B. 5mm   C. 3～5mm   D. 2～3mm

  （11）考虑安全原因，住宅的空花式栏杆的空花尺寸不宜过大，通常控制其不大于（　　）。

  A. 120mm   B. 100mm   C. 150mm   D. 110mm

  （12）混合式栏杆的竖杆和拦板分别起的作用主要是（　　）。

  A. 装饰、保护   B. 节约材料、稳定

  C. 节约材料、保护   D. 抗侧力、保护和美观装饰

  （13）当直接在墙上装设扶手时，扶手与墙面保持（　　）左右的距离。

  A. 250mm   B. 100mm   C. 50mm   D. 300mm

  （14）室外台阶的踏步高一般在（　　）左右。

  A. 150mm   B. 180mm   C. 120mm   D. 100～150mm

  （15）室外台阶踏步宽为（　　）左右。

A. 300～400mm   B. 250mm   C. 250～300mm   D. 220mm

(16) 台阶与建筑出入口之间的平台一般不应小于（　　）且平台需做 3‰的排水坡度。

A. 800mm   B. 1500mm   C. 2500mm   D. 1000mm

(17) 通向机房的通道和楼梯宽度不小于（　　），楼梯坡度不大于 45°。

A. 1.5m   B. 1.2m   C. 0.9m   D. 1.8m

(18) 预制装配墙悬壁式钢筋混凝土楼梯用于嵌固踏步板的墙体厚度不应小于 240mm，踏步的悬挑长度一般（　　），以保证嵌固段牢固。

A. ≤2100mm   B. ≤1500mm   C. ≤2400mm   D. ≤1800mm

(19) 梁板式梯段由哪两部分组成（　　）。

A. 平台、栏杆　　　　　　　　B. 栏杆、梯斜梁

C. 梯斜梁、踏步板　　　　　　D. 踏步板、栏杆

3. 简答题

(1) 楼梯由哪几部分组成的？各部分的作用及要求如何？

(2) 常见的楼梯有哪几种形式？

(3) 确定楼梯段宽度应以什么为依据？

(4) 楼梯坡度如何确定？踏步高与踏步宽和行人步距的关系如何？

(5) 楼梯的净高一般指什么？为保证人流和货物的顺利通过，要求楼梯净高一般是多少？

(6) 钢筋混凝土楼梯常见的结构形式是哪几种？各有何特点？

(7) 预制装配式楼梯的构造形式有哪些？

(8) 台阶与坡道的形式有哪些？

(9) 电梯由哪几部分组成？电梯井道的设计应满足什么要求？

第6章 建筑装修构造

学习提纲

本章主要介绍建筑物墙面、地面、顶棚的装修构造。通过学习使学生了解建筑装修的作用和设计要求，熟悉常见的装修材料及性能；掌握抹灰类墙面装修、贴面类墙面装修、涂料类墙面装修、铺钉类墙面装修、幕墙装修的构造组成与做法；掌握整体类地面（水泥砂浆地面、细石混凝土地面、水磨石地面）、块材类地面、卷材地面和涂料地面的构造组成和做法；掌握直接式顶棚和悬吊式顶棚中的的构造组成与做法。

建筑装修是指为保护建筑物的主体结构、完善建筑物的使用功能和美化建筑物，采用装饰装修材料或饰物，对建筑物的内外表面及空间进行各种处理的过程。

建筑装修的作用主要有：

（1）美化环境满足使用功能要求。建筑装修对于改善建筑内外空间环境具有显著的作用。通过装饰艺术处理，使建筑物的风格更突出，更富有特性。通过对建筑空间的重新组织与划分，增强了空间环境的艺术效果，使建筑物的实用性和艺术性都得到了提高。

（2）保护建筑结构。建筑装修采用现代装饰材料及科学合理的施工工艺，对建筑结构进行有效的包覆施工，使其免受风吹雨打湿气侵袭、有害介质的腐蚀以及机械作用的伤害等，从而起到保护建筑结构，增强耐久性，并延长建筑物使用寿命的作用。

在建筑设计中必须遵守"适用、安全、经济，在可能的条件下注意美观"的原则。在建筑构造设计中，设计者要全面考虑影响建筑构造的各个因素，分清主次、权衡利弊、妥善处理，从而得到"坚固适用、技术先进、经济合理、生态环保与美观大方"的装饰方案。

6.1 墙面装修构造

6.1.1 概述

1. 墙面装修的基本功能

墙面是构成建筑物外观的主要因素，通常选用具有抗老化、耐光照、耐风化、耐水、耐腐蚀和耐大气污染的材料进行墙面装饰。外墙面装饰的基本功能为：保护墙体，改善墙体的物理性能，美化建筑立面。内墙面装饰的基本功能为保护墙体，保证室内使用条件，美化室内环境。

2. 墙面装修的分类

按常用装饰材料、构造方式和装饰效果不同，墙面装修可分为以下几类。

（1）抹灰类墙面装修，包括一般抹灰和装饰抹灰装修。

（2）贴面类墙面装修，包括石材、陶瓷制品和预制板材等装修。

（3）涂刷类墙面装修，包括涂料和刷浆装修。

（4）铺钉类墙面装修，包括木、金属等材料装修。

（5）卷材类墙面装修，包括壁制布和壁纸装修。

（6）其他材料类，如玻璃幕墙等。

6.1.2 抹灰类墙面装修构造

抹灰类装修是指采用石灰砂浆、混合砂浆、水泥砂浆、麻刀灰、纸筋灰等对建筑物的面层进行抹灰。根据房屋使用标准和设计要求，分为一般抹灰和装饰面抹灰。

一般抹灰又可分为普通、中级和高级三个等级。

普通抹灰是由底层和面层构成，一般内墙厚度18mm，外墙厚度20mm。

中级抹灰是由底层、中间层和面层构成，一般内墙厚度20mm，外墙厚度20mm。

高级抹灰是由底层、多层中间层和面层构成，一般内墙厚度25mm，外墙厚度20mm。

1. 墙面装修的构造组成

墙面抹灰一般是由底层抹灰、中间抹灰和面层抹灰三部分组成，如图6.1所示。

（1）底层抹灰。底层抹灰主要是对墙体基层的表面处理，起到与基层粘结和初步找平的作用。底层砂浆根据基层材料的不同和受水浸湿情况而不同，可分别选用石灰砂浆、水泥石灰混合砂浆和水泥砂浆，底层抹灰厚度一般5～10mm。

内墙可用石灰砂浆或混合砂浆，外墙宜应混合砂浆。外墙门窗洞口的外侧壁、窗套、勒脚及腰线等应用水泥砂浆。

（2）中间抹灰。中间抹灰主要作用是找平与粘结，还可以弥补底层砂浆的干缩裂缝。一般用料与底层相同，厚度5～10mm，根据墙体平整度与饰面质量要求，可一次抹成，也可分多次抹成。

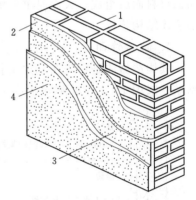

图6.1 抹灰的构造组成
1—基层；2—底层；
3—中间层；4—面层

（3）面层抹灰。面层抹灰又称"罩面"，主要是满足装饰和其他使用功能要求。根据所选装修材料和施工方法不同，面层抹灰可分为各种不同性质和外观的抹灰。

2. 墙面装修的主要特点

墙面抹灰的优点是材料来源丰富，便于就地取材，施工简单，价格便宜；通过适当工艺，可获得多种装饰效果，如拉毛、喷毛、仿面砖等；具有保护墙体、改善墙体物理性能的功能，如保温隔热等。缺点是抹灰构造多为手工操作，现场湿作业量大。

外墙面抹面一般面积较大，为操作方便、保证质量、利于日后维修、满足立面要求，通常将抹灰层进行分块，分块缝宽一般20mm。

另外，由于抹灰类墙面阳角处很容易碰坏，通常在抹灰前应先在内墙阳角、门洞转角、柱子四角等处，用强度较高的 1∶2 水泥砂浆抹制护角或预埋角钢护角，护角高度应高出楼地面 1.5～2m，每侧宽度不小于 50mm，如图 6.2 所示。

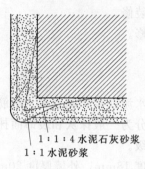
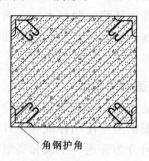

1∶1∶4 水泥石灰砂浆
1∶1 水泥砂浆

角钢护角

图 6.2　墙和柱的护角

6.1.3　贴面类墙面装修构造

贴面类墙面装修常用的材料分为三类：一是陶瓷制品，如瓷砖、面砖、陶瓷棉砖、玻璃马赛克等；二是天然石材，如大理石、花岗岩等；三是预制块材，如水磨石饰面板、人造石材等。轻而小的块面可以直接镶贴，构造比较简单，由底层砂浆、粘结层砂浆和块状贴面材料面层组成；大而厚重的块材则必须采用一定的构造连接措施，用贴挂等方式加强与主体结构连接。

1. 面砖饰面

其构造做法是：先在基层上抹 15mm 厚 1∶3 的水泥砂浆做底灰，分两层抹平即可；粘贴砂浆用 1∶2.5 水泥砂浆或 1∶0.2∶2.5 水泥石灰混合砂浆，其厚度不小于 10mm；然后在其上贴面砖，并用 1∶1 白色水泥砂浆填缝，并清理面砖表面，构造如图 6.3 所示。

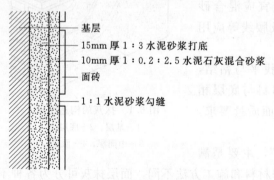

基层
15mm 厚 1∶3 水泥砂浆打底
10mm 厚 1∶0.2∶2.5 水泥石灰混合砂浆
面砖
1∶1 水泥砂浆勾缝

图 6.3　外墙面砖饰面构造

2. 瓷砖饰面

瓷砖又称"釉面瓷砖"。瓷砖饰面构造做法是：先在基层用 1∶3 水泥砂浆打底，厚度为 10～15mm；粘结砂浆用 1∶0.1∶2.5 水泥石灰膏混合砂浆，厚度为 5～8mm。粘结砂浆也可用掺 5％～7％的 107 胶的水泥素浆，厚度为 2～3mm。釉面砖贴好后，要用清水将表面擦洗干净，然后用白水泥擦缝，随即将瓷砖擦干净。

3. 陶瓷锦砖与玻璃锦砖饰面

（1）陶瓷锦砖。又称"马赛克"，陶瓷锦砖规格较小，是不透明的饰面材料。陶瓷锦砖饰面构造做法是：在清理好基层的基础上，用 15mm 厚 1∶3 的水泥砂浆打底；粘结层用 3mm 厚，配合比为纸筋∶石灰膏∶水泥＝1∶1∶8 的水泥浆，或采用掺加水泥量 5％～10％的 107 胶或聚乙酸乙烯乳胶的水泥浆。

（2）玻璃锦砖。又称"玻璃马赛克"，是乳浊状半透明的玻璃质饰面材料。玻璃马赛克饰面的构造做法是：在清理好基层的基础上，用15mm厚1∶3的水泥砂浆做底层并刮糙，分层抹平，两遍即可，若为混凝土墙板基层，在抹水泥砂浆前，应先刷一道素水泥浆（掺水泥重5%的107胶）；抹3mm厚1∶（1～1.5）水泥砂浆粘结层，在粘结层水泥砂浆凝固前，适时粘贴玻璃马赛克。粘贴玻璃马赛克时，在其麻面上抹一层2mm厚左右厚的白水泥浆，纸面朝外，把玻璃马赛克镶贴在粘结层上。为了使面层粘结牢固，应在白水泥素浆中掺水泥重量4%～5%的白胶及掺适量的与面层颜色相同的矿物颜料，然后用同种水泥色浆擦缝。玻璃马赛克饰面构造如图6.4所示。

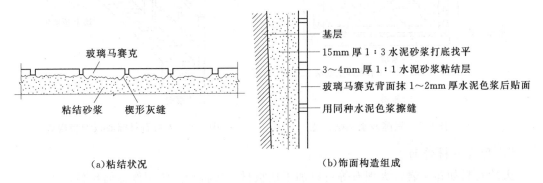

（a）粘结状况　　　　　　　　（b）饰面构造组成

图6.4　玻璃马赛克饰面构造

4. 人造石材饰面

预制人造石材饰面板也称预制饰面板，大多都在工厂预制，然后现场进行安装。其主要类型有人造大理石材饰面板、预制水磨石饰面板、预制斩假石饰面板、预制水刷石饰面板以及预制陶瓷砖饰面板。

（1）人造大理石饰面板。人造大理石饰面板是仿天然大理石的纹理预制生产的一种墙面装饰材料。根据所用材料和生产工艺的不同可分为聚酯型人造大理石、无机胶结型人造大理石、复合型人造大理石和烧结型人造大理石四类。

烧结型人造大理石是在1000℃左右的高温下焙烧而成的，在各个方面基本接近陶瓷制品，其构造做法为水泥砂浆粘贴法：用12～15mm厚的1∶3水泥砂浆打底；粘结层采用2～3mm厚的1∶2细水泥砂浆。

无机胶结型人造大理石饰面和复合型人造大理石饰面的构造，主要应根据其板厚来确定。对于厚板，其铺贴宜采用聚酯砂浆粘贴的方法，但费用相对太高。目前多采用聚酯砂浆固定与水泥胶砂浆粘贴相结合的方法，以达到粘贴牢固、成本较低的目的。其构造方法是：先用胶砂比1∶（4.5～5）的聚酯砂浆固定板材四角和填满板材之间的缝隙，待聚酯砂浆固化并能起到固定拉紧作用以后，再进行灌浆操作，如图6.5所示。

（2）预制水磨石饰面板。其构造方法是：先在墙体内预埋铁件或甩出钢筋，接着绑扎Φ6间距为400mm的钢筋骨架，通过预埋在预制板上的铁件与钢筋网固定牢，然后分层灌注1∶2.5水泥砂浆，每次灌浆高度为20～30mm，灌浆接缝应留在预制板的水平接缝以下5～10cm处。第一次灌完浆，将上口临时固定石膏剔掉，清洗干净再安装第二行预制饰面板。

无论是哪种类型的人造石材饰面板，当板材厚度较大，尺寸规格较大，铺贴高度较高时，应考虑采用挂贴相结合的方法，以保证粘贴更为可靠。人造石材装修构造如图6.6所示。

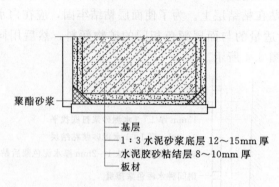

图6.5　聚酯砂浆粘贴构造

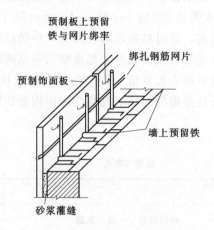

图6.6　人造石材饰面板安装构造

5. 天然石材饰面

天然石料如花岗岩、大理石等可以加工成板材、块材和面砖用作饰面材料。

大理石和花岗岩饰面板材的构造方法一般有钢筋网固定挂贴法、金属件锚固挂贴法、干挂法、聚酯砂浆固定法、树脂胶粘结法等几种。

钢筋网固定挂贴法和金属件锚固挂贴法的基本构造层次分为基层、浇筑层、饰面层，在饰面层和基层之间用挂件连接固定。这种"双保险"构造法，能够保证当饰面板（块）材尺寸大、质量大、铺贴高度高时饰面材料与基层连接牢固。

（1）钢筋网固定挂贴法。其构造做法是：首先结构中要预留钢筋头或预埋铁环钩，绑扎或焊接与板材相应尺寸的一个直径6mm的钢筋网，横筋必须与饰面板材的连接孔位置一致，钢筋网与基层预埋件焊牢，按施工要求在板材侧面打孔洞；然后，将加工成型的石材绑扎在钢筋网上，或用不锈钢挂钩与基层的钢筋网套紧，石材与墙面之间的距离一般为30～50mm，墙面与石材之间灌注1∶2.5水泥砂浆，第三层灌浆至板材上口80～100mm，所留余量为上排板材灌浆的结合层，以使上下排连成整体。钢筋网挂贴法构造如图6.7所示。

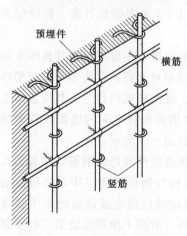

图6.7　钢筋网固定挂贴法

（2）干挂法。其构造做法是：直接用不锈钢型材或金属连接件将石板材支托并锚固在墙体基面上，而不采用灌浆湿作业的方法称为干挂法。干挂法构造要点是，首先按照设计要求在墙体基面上电钻打孔，固定不锈钢膨胀螺栓；将不锈钢挂件安装在膨胀螺栓上；安装石板，并调整固定。目前干挂法流行构造是板销式做法如图6.8所示。

（3）聚酯砂浆固定法。用聚酯砂浆固定饰面石材具体做法是：在灌浆前先用胶砂比 1∶(4.5～5) 的聚酯砂浆固定板材四角并填满板材之间的缝隙，待聚酯砂浆固化并能起到固定拉紧作用以后，再进行分层灌浆操作。分层灌浆的高度每层不能超过 15cm，初凝后方能进行第二次灌浆。不论灌浆次数及高度如何，每层板上口应留 5cm 余量作为上层板材灌浆的结合层。聚酯砂浆固定饰面石材如图 6.5 所示。

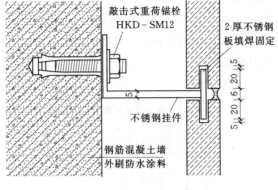

图 6.8　石材板干挂法构造

（4）树脂胶粘结法。树脂胶粘结法是石面板材墙面装饰最简捷经济的一种装饰工艺，具体构造作法是：在清理好的基层上，先将胶凝剂涂在板背面相应的位置，尤其是悬空板材胶量必须饱满，然后将带粘胶剂的板材就位，挤紧找平、校正、扶直后，立刻进行固定。挤出缝外的胶粘剂，随即清除干净。待胶粘剂固化至与饰面石材完全牢固贴于基层后，方可拆除固定支架。

6.1.4　涂刷类墙面装修构造

涂料几乎可以配成任何一种需要的颜色，为建筑设计提供灵活多样的表现手段。但由于涂料所形成的涂层较薄，较为平滑，所以，外墙涂料的装饰作用主要在于改变墙面色彩，而不在于改善质感。涂料按其成膜物的不同可分为无机涂料和有机涂料两大类。无机涂料包括水泥浆、石灰浆、大白粉浆等；有机涂料按其稀释剂的不同可分为溶剂型涂料、水溶型涂料、乳液型涂料等。

涂刷类饰面的构造层次，一般可分为三层：底层、中间层和面层。

1. 底层

底层俗称刷底漆，其主要作用是增加涂层与基层之间的粘附力，进一步清理基层表面。底层涂层还具有基层封闭剂（封底）的作用，可以防止木脂、水泥砂浆抹灰层中的可溶性盐等物质渗出表面，造成对涂饰饰面的破坏。

2. 中间层

中间层是整个涂层构造中的成型层。其作用是通过适当的工艺，形成具有一定厚度的、匀实饱满的涂层，达到保护基层和形成所需的装饰效果。中间层的质量好，不仅可以保证涂层的耐久性、耐水性和强度，在某些情况下对基层尚可起到补强的作用，近年来常采用厚涂料、白水泥、砂粒等材料配制中间造型层的涂料。

3. 面层

面层的作用是体现涂层的色彩和光感，提高饰面层的耐久性和耐污染能力。为了保证色彩均匀，并满足耐久性、耐磨性等方面的要求，面层最少应涂刷两遍。

6.1.5　铺钉类墙面装修构造

1. 木质类饰面

光洁坚硬的原木、胶合板、装饰板、硬质纤维板等可用做墙面护壁，护壁高度 1～

1.8m，甚至与顶棚做平。其构造方法是：先在墙内预埋木砖，墙面抹底灰，刷热沥青或铺油毡防潮，然后钉双向木墙筋，一般400～600mm（视面板规格而定），木筋断面（20～45)mm×(40～45)mm。当要求护壁离墙面一定距离时，可由木砖挑出。木护壁构造如图6.9所示。

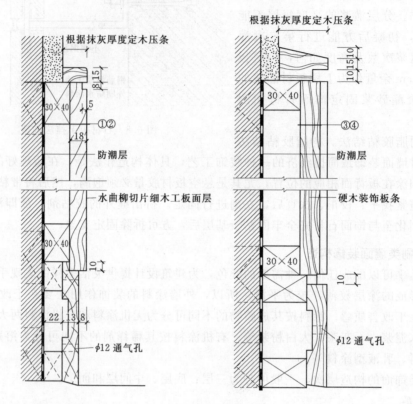

图6.9　木护壁构造

2. 金属饰面

金属饰面应用较多的有铝合金板、不锈钢板、塑铝板、钛金板、彩色搪瓷钢板、铜合金板等。金属饰面的构造层次与木质类饰面基本相同，在具体连接固定和用料上又有区别。

（1）铝合金板。铝合金板一般安装在型钢或铝合金型材所构成的骨架上。

铝合金板构造连接方式通常有两种：一是直接固定，将铝合金板块用螺栓直接固定在型钢上，因其耐久性好，常用于外墙饰面工程；二是利用铝合金板材压延、拉伸、冲压成型的特点，做成各种形状，然后将其压卡在特制的龙骨上，这种连接方式适应于内墙装修。

铝合金扣板条的安装构造如图6.10所示。

（2）不锈钢板。不锈钢板的构造固定与铝合金板构造相似，通常将骨架与墙体固定，用木板或木夹板固定在龙骨架上作为结合层，将不锈钢板镶嵌或粘贴在结合层上，如图6.11所示。也可以采用直接贴墙法，即不需要龙骨，将不锈钢饰面直接粘贴在墙表面上。

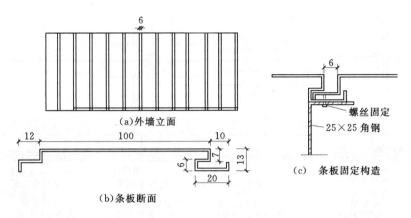

(a)外墙立面

(b)条板断面

(c) 条板固定构造

图 6.10 铝合金扣板条的安装构造

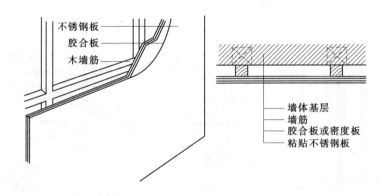

图 6.11 不锈钢板构造

3. 玻璃饰面

玻璃饰面具有光滑、易于清洁，装饰效果豪华美观的特点，但玻璃饰面容易破碎，故不宜设在墙、柱面较低的部位，否则要加以保护。

玻璃饰面基本构造是：在墙基层上设置一层隔汽防潮层；按要求立木筋，间距按玻璃尺寸，做成木框格；在木筋上钉一层胶合板或纤维板等衬板；最后将玻璃固定在木边框上。

固定玻璃的方法主要有四种：一是螺钉固定法，在玻璃上钻孔，用不锈钢螺钉或铜螺钉直接把玻璃固定在板筋上；二是嵌条固定法，用硬木、塑料、金属（铝合金、不锈钢、铜）等压条压住玻璃，压条用螺钉固定在板筋上；三是嵌钉固定法，在玻璃的交点用嵌钉固定；四是粘贴固定法，用环氧树脂把玻璃直接粘在衬板上。构造方法如图 6.12 所示。

4. 其他饰面

（1）石膏板、矿棉板、水泥刨花板。用钉固定的方法是，首先在墙体上涂刷防潮涂料，然后在墙体上铺设龙骨，将石膏板钉在龙骨上，最后进行板面修饰。龙骨用木材或金属制作，金属墙筋用于防火要求较高的墙面，采用木龙骨时，石膏板可直接用钉或螺丝固定如图 6.13 （a）所示。采用金属龙骨时，则应先在石膏板和龙骨上钻孔，然后用自攻螺丝固定如图 6.13 （b）所示。

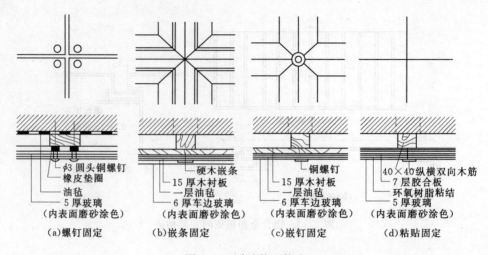

（a）螺钉固定　　　　（b）嵌条固定　　　　（c）嵌钉固定　　　　（d）粘贴固定

图 6.12　玻璃饰面构造

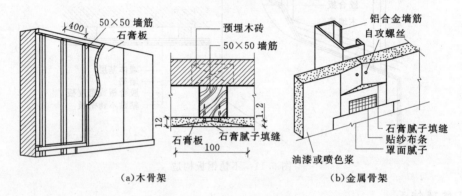

（a）木骨架　　　　　　　　　　　　　　　（b）金属骨架

图 6.13　石膏板饰面构造

用粘结剂粘贴法是将石膏板直接粘贴在墙面基层上，要求基层平整、洁净。

（2）塑料护墙板。塑料护墙板装修构造是，先在墙体上固定龙骨，然后用卡子或与板材配套的专门的卡入式连接件将护墙板固定在龙骨上即可，如图 6.14 所示。

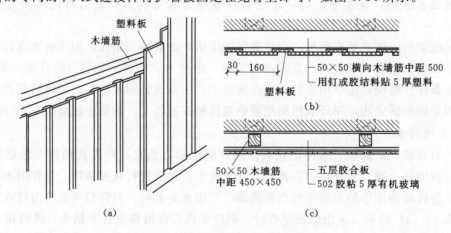

（a）　　　　　　　　　　　　　　（c）

图 6.14　塑料和有机玻璃饰面构造

（3）装饰吸声板。常用的装饰吸声板有石膏纤维装饰吸声板、软质纤维装饰吸声板、硬质纤维装饰吸声板、钙塑泡沫装饰吸声板、矿棉装饰吸声板、玻璃棉装饰吸声板、聚苯乙烯泡沫塑料装饰吸声板、珍珠岩装饰吸声板等，多用于室内墙面。装饰吸声板装修构造比较简单，一般方法是直接贴在墙面上或钉在龙骨上。

6.1.6 卷材类墙面装修构造

1. 壁纸

壁纸的种类很多，按外观装饰效果分为印花壁纸、压花壁纸、浮雕壁纸等；按施工方法分为现场刷胶裱贴壁纸和背面预涂胶直接铺贴壁纸；按使用功能分为防火壁纸、耐水壁纸、装饰性壁纸；按壁纸的所用材料分为塑料壁纸、纸质壁纸、织物壁纸、石棉纤维或玻璃纤维壁纸、天然材料壁纸等。

各种壁纸均应粘贴在具有一定强度、平整光洁的基层上，如水泥砂浆、混合砂浆、混凝土墙体、石膏板等。一般构造是：用稀释的107胶水涂刷基层一遍，进行基层封闭处理；壁纸预先进行涨水处理；用107胶水裱贴壁纸。若是预涂胶壁纸，裱糊时先用水将背面胶粘剂浸润，然后直接粘贴壁纸；若是无基层壁纸，可将剥离纸剥去，立即粘贴即可。裱贴工艺有塔接法、拼缝法等，应注意保持纸面平整、塔接处理和拼花处理，选择合适的拼缝形式。

2. 壁布饰面

壁布按所用材料分为玻纤贴壁布、无纺贴壁布、锦缎壁布、装饰壁布等卷材。

壁布可直接粘贴在墙面的抹灰层上，其裱糊的方法与纸基墙纸大体类同，但由于壁布的材性与纸基不同，故裱糊时宜用聚醋酸乙烯乳液作胶粘剂，壁布不需吸水膨胀；因壁布的盖底能力较差，当基层表面颜色较深时，应在胶粘剂中掺入10%的白色涂料（如白色乳胶漆）。

锦缎饰面构造做法与一般壁布有所不同。锦缎柔软光滑，极易变形，不易裁剪，故很难裱糊在各种基层表面上。由于锦缎在潮湿气候环境条件下易霉变，故锦缎饰面的防潮防腐要求较高。首先将墙面做防潮处理，即用20mm厚1:3水泥砂浆找平墙面，再刷冷底子油、做一毡二油防潮层，然后立木骨架，一般木骨架断面为50mm×50mm，双向间距450mm，木骨架固定于墙体的预埋防腐木砖上。把胶合板（衬板）钉入木骨架上，最后用108胶或壁纸胶将锦缎裱贴于胶合板上。

壁纸壁布装修构造如图6.15所示。

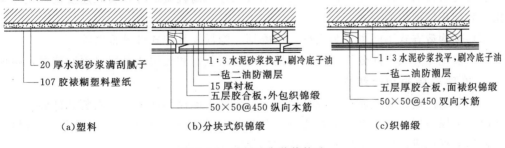

（a）塑料　　　　　　　（b）分块式织锦缎　　　　　　（c）织锦缎

图6.15　壁纸壁布装修构造

3. 皮革或人造革

皮革或人造革饰面构造做法与木护壁相似：一般应先进行墙面的防潮处理，抹 20mm 厚 1：3 水泥砂浆，涂刷冷底子油并粘贴油毡；然后固定龙骨架，一般骨架断面为（20～50）mm×（40～50）mm，钉胶合板衬底。

皮革里面可衬泡沫塑料做成硬底，或衬玻璃棉、矿棉等柔软材料做成软底。固定皮革的方法有两种：一种方法是采用暗钉将皮革固定在骨架上，最后用电化铝帽头钉按划分的分格尺寸在每一分块的四角钉入固定；另一种方法是木装饰线条或金属装饰线条沿分格线位置固定。皮革或人造革饰面的构造如图 6.16 所示。

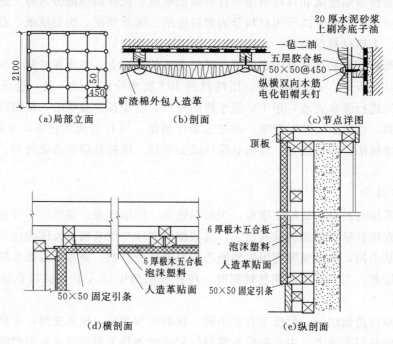

图 6.16 皮革或人造革饰面构造

6.1.7 建筑幕墙

1. 幕墙类型

（1）按幕面材料不同分为玻璃、金属、轻质混凝土挂板、天然花岗石板等幕墙。其中玻璃幕墙是当代的一种新型墙体，不仅装饰效果好，而且质量轻，安装速度快，是外墙轻型化、装配化较理想的型式。

（2）按构造方式不同可分为露框、半隐框、隐框及悬挂式玻璃幕墙等。

（3）按施工方式不同分为分件式幕墙（现场组装）和板块式幕墙（预制装配）两种。

2. 玻璃幕墙的构造组成

玻璃幕墙由玻璃和金属框组成幕墙单元，借助于螺栓和连接铁件安装到框架上。

（1）金属边框。有竖框、横框之分，起骨架和传递荷载作用。可用铝合金、铜合金、不锈钢等型材做成。铝合金边框的工程实例如图 6.17 所示。

（2）玻璃。有单层、双层、双层中空和多层中空玻璃，起采光、通风、隔热、保温等围护作用。通常选择热工性能好、抗冲击能力强的钢化玻璃、吸热玻璃、镜面反射玻璃、中空玻璃等。接缝构造多采用密封层、密封衬垫层、空腔三层构造层。

（3）连接固定件。有预埋件、转接件、连接件、支承用材等，在幕墙及主体结构之间以及幕墙元件与元件之间起连接固定作用，图 6.18 为幕墙骨架与主体的连接件。

图 6.17　铝合金边框的工程实例　　　　　图 6.18　幕墙骨架与主体的连接件

（4）装修件。包括后衬板（墙）、扣盖件及窗台、楼地面、踢脚、顶棚等构部件，起密闭、装修、防护等作用。

（5）密缝材。有密封膏、密封带、压缩密封件等，起密闭、防水、保温、绝热等作用。此外，还有窗台板、压顶板、泛水，防止凝结水和变形缝等专用件。

3. 玻璃幕墙细部构造

（1）竖向骨架与梁的连接如图 6.19 所示。

（2）竖向骨架与柱的连接如图 6.20 所示。

图 6.19　竖向骨架与梁的连接　　　　　图 6.20　竖向骨架与柱的连接

（3）竖向骨架与横向骨架的连接如图6.21、图6.22所示。

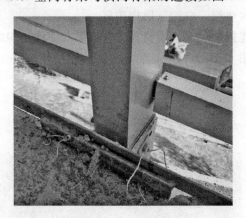

图6.21 竖向骨架与横向骨架的连接（一）

图6.22 竖向骨架与横向骨架的连接（二）

6.2 地面装修构造

6.2.1 概述

1. 楼地面装修的功能

（1）保护支承结构物。保护楼板或地坪是楼地面饰面应满足的最基本要求。

（2）保证正常使用要求。对房屋楼地面装修一般要求坚固、耐磨、平整、不易起灰和易于清洁等。对于居住和人们长时间停留的房间，要求面层有较好的蓄热性和弹性；对于厨房、卫生间等房间，则要求耐火和防水防潮。对于一些装饰标准要求较高的建筑室内地面，还会有隔声要求、吸声要求。

（3）满足美观要求。

2. 楼地面装修的构造组成及作用

楼地面构造基本上可以分为基层和面层两个主要部分。有时为了满足找平、防水、防潮、弹性、保温隔热及管线敷设等功能的要求，在基层和面层之间还要增加相应的附加构造层，又称为中间层。图6.23为楼地面的主要构造层示意图。

（1）基层。底层地面的基层是指素土夯实层。对于土质较差的，可加入碎砖、石灰等骨料夯实。夯填要分层进行，厚度一般为300mm。楼地面的基层为楼板。

（2）中间层。主要有垫层、找平层、隔离层（防水防潮层）、填充层、结合层等，应根据实际需要设置。各类附加层的作用不同，但都必须承受并传递由面层传来的荷载，因此要有较好的强度和刚度。

（3）面层。是楼地面的最上层，是供人们生活、生产或工作直接接触的结构层次，也是地面承受各种物理化学作用的表面层。根据不同的使用要求，面层的构造各不相同。

3. 楼地面装修的类型

（1）根据饰面层所采用材料不同可分为水泥砂浆地面、水磨石地面、大理石地面、木地板地面、地毯地面等。

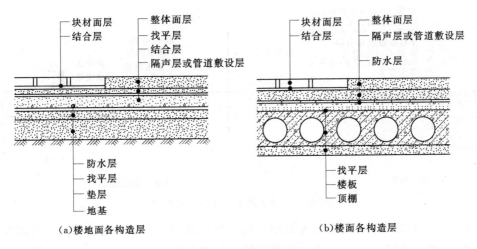

（a）楼地面各构造层　　　　　　　　　　（b）楼面各构造层

图 6.23　楼地面构造示意图

（2）根据施工方法的不同可分为整体式楼地面、块材式楼地面、木楼地面和铺贴式楼地面等。

6.2.2　整体式楼地面装修构造

1. 水泥砂浆地面与细石混凝土地面

水泥砂浆地面与细石混凝土地面的装饰档次低、效果单调、构造简单。水泥砂浆地面是以水泥砂浆为面层材料，其构造做法是抹一层 15～25mm 厚的 1：2.5 水泥砂浆或先抹一层 10～12mm 厚的 1：3 水泥砂浆找平层，再抹一层 5～7mm 厚的 1：（1.5～2）水泥砂浆抹面层。细石混凝土地面强度高，干缩性小，与水泥砂浆地面相比，耐久性和防水性更好，其构造做法可以直接铺在夯实的素土上或钢筋混凝土楼板上。一般是由 1：2：4 的水泥、砂、小石子配置而成的 C20 混凝土，厚度 35mm。

2. 现浇水磨石楼地面

现浇水磨石地面的构造一般分为底层找平和面层两部分：先在基层上用 10～15mm 厚 1：3 水泥砂浆找平，当有预满埋管道和受力构造要求时，应采用不小于 30mm 厚细石混凝土找平；为实现装饰图案，并防止面层开裂，在找平层上镶嵌分格条；用 1：1.5～1：3 的水泥石渣抹面，厚度随石子粒径大小而变化。

现浇水磨石楼地面的构造做法如图 6.24 所示。

6.2.3　块材式楼地面装修构造

块材式地面是指胶结材料将预制加工好的块状地面材料如预制水磨石板、大理石板、花岗岩板、陶瓷锦砖、水泥砖等，用铺砌或粘贴的方式，使之与基层连接固定所形成的地面。

块材式地面属于中、高档装饰，具有花色品种多样，可供拼图方案丰富；强度高、刚性大、经久耐用、易于保持清洁；施工速度快、湿作业量少等优点，但这类地面属刚性地面，不具有弹性、保温、消声等性能，又有造价偏高、工效偏低等缺点。

1. 预制水磨石地面

预制水磨石面层是在结合层上铺设的。一般是在刚性平整的垫层或楼板基层上铺

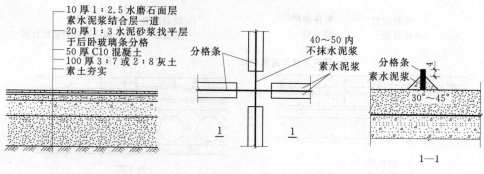

（a）地面构造　　　　　　　　　　（b）分格条镶固做法

图 6.24　现浇水磨石楼地面的构造

30mm 厚 1:4 水泥砂浆，刷素水泥浆结合层；然后采用 12～20mm 厚 1:3 水泥砂浆铺砌，随刷随铺，铺好后用 1:1 水泥砂浆嵌缝。预制水磨石楼地面构造如图 6.25 所示。

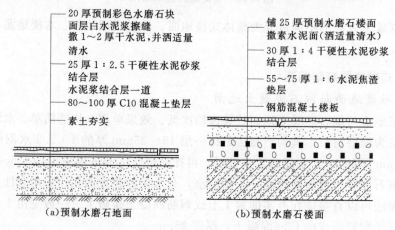

（a）预制水磨石地面　　　　　　　　（b）预制水磨石楼面

图 6.25　预制水磨石楼地面构造

2. 陶瓷锦砖（马赛克）地面

陶瓷锦砖楼地面的做法如图 6.26 所示。施工时，先在基层上铺一层厚 15～20mm 的

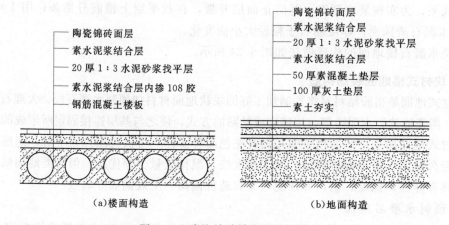

（a）楼面构造　　　　　　　　　　（b）地面构造

图 6.26　陶瓷锦砖楼地面的构造

1:3～1:4水泥砂浆，将拼合好后的陶瓷锦砖纸板反铺在上面，然后用滚筒压平，使水泥砂浆挤入缝隙。待水泥砂浆硬化后，用水及草酸洗去牛皮纸，最后用白水泥浆嵌缝即成。

3.陶瓷地面砖地面

陶瓷地面砖可分为普通陶瓷地面砖、全瓷地面砖及玻化地砖三大类。陶瓷地砖规格繁多，一般厚度8～10mm，正方形每块大小一般为300mm×300mm～800mm×800mm，砖背面有凹槽，便于砖块与基层粘结牢固。

陶瓷地面砖铺贴时，所用的胶结材料一般为1:3～1:4水泥砂浆，厚15～20mm，砖块之间3mm左右的灰缝，用水泥浆嵌缝，如图6.27所示。

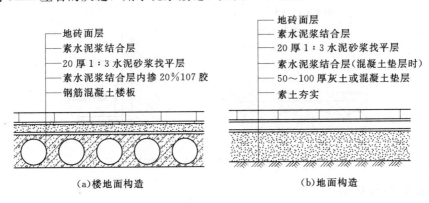

(a)楼地面构造　　　　　　　(b)地面构造

图6.27　陶瓷地面砖的构造

4.花岗岩、大理石楼地面

花岗岩板和大理石板楼地面面层是在结合层上铺设而成的。一般先在刚性平整的垫层或楼板基层上铺30mm厚1:4干硬性水泥砂浆结合层，赶平压实；然后铺贴大理石板或花岗岩板，并用水泥浆灌缝，铺砌后表面应加保护。其构造做法如图6.28所示。

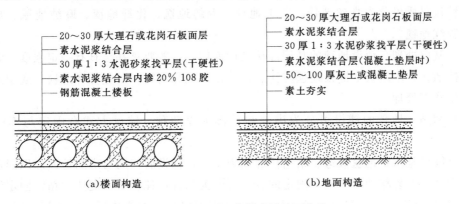

(a)楼面构造　　　　　　　(b)地面构造

图6.28　大理石、花岗岩楼地面构造

6.2.4　铺贴类楼地面装修构造

1.塑料地板楼地面

塑料地面是指用聚氯乙烯树脂塑料地板作为饰面材料铺贴的楼地面。

（1）基层处理。塑料地板的基层一般是混凝土及水泥砂浆类，基层应平整、干燥、有足够的强度、各个阴阳角方正、无油脂尘垢。当表面有麻面、起砂和裂缝等缺陷时，应用水泥腻子修补平整。

（2）铺贴。塑料地板的铺贴有两种方式：一种方式是直接铺贴（干铺），主要用于人流量小及潮湿房间的地面。铺设大面积塑料卷材要求定位截切，足尺铺贴，同时应注意在铺设前3～6天进行裁边，并留有0.5％的余量；另一种方式是胶粘铺贴，适用于半硬质塑料地板。胶粘铺贴采用胶粘剂与基层固定，胶粘剂多与地板配套供应。

塑料块材楼地面的装修构造如图6.29所示。

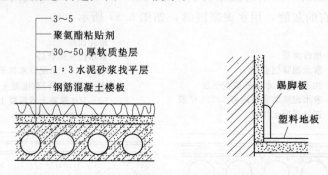

图6.29 塑料块材楼地面的构造

2．橡胶地毡楼地面

橡胶地毡表面有光滑和带肋两类，带肋的橡胶地毡一般用在防滑走道上。其厚度为4～6mm。橡胶地毡地板可制成单层或双层，也可根据设计制成各类颜色和花纹。

橡胶地毡与基层的固定一般用胶结材料粘贴的方法，粘贴在水泥砂浆或混凝土基层上。

3．地毯楼地面

地毯按材质可分为真丝地毯、羊毛地毯、混纺地毯、化纤地毯、麻绒地毯、塑料地毯、橡胶绒地毯。

（1）基层处理。铺设地毯的基层即楼地面面层，一般要求基层具有一定强度、表面平整并保持洁净；木地板上铺设地毯应注意钉头或其他突出物，以免挂坏地毯；底层地面的基层应做防潮处理。

（2）铺贴。地毯的铺设可分为满铺和局部铺设两种，铺设方式有固定与不固定式之分。

固定铺设是指将地毯裁边、粘结拼缝成为整片，铺设后四周与房间地面加以固定。固定式铺设地毯不易移动或隆起。固定的方法可分为两种：挂毯条固定法和粘贴固定法。

1）挂毯条固定法。常用的铝合金挂毯条兼具挂毯收口双重作用，既可用于固定地毯，也可用于两种不同材质的地面相接的部位。可采用自行制作简易倒刺板，即在4～6mm厚24～25mm宽的木板条上平行钉两行钉子，一般应使钉子按同一方向与板成夹角。挂毯条通常沿墙四周边缘顺长布置，固定在距墙面踢脚板外8～10mm处，以作地毯掩边之用。另外在地毯接缝及地面高低转折处沿长布置挂毯条。一般用合金钉将挂毯条固定在基层上。当地毯完全铺好后，用剪刀裁去墙边多出部分，再用扁铲将地毯边缘塞入踢脚板下预留的空隙中。地毯楼地面构造如图 6.30 所示。

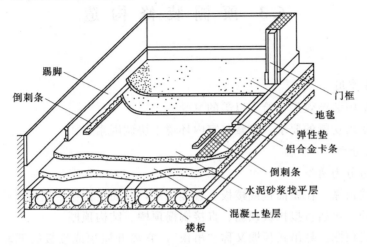

图 6.30 地毯楼地面构造

2）粘贴固定法。当采用粘贴固定地毯时，地毯应具有较密实的基地层。常见的基地层是在绒毛的底部粘上一层 2mm 左右的胶，如橡胶、塑胶、泡沫胶层等，不同的胶底层耐磨性能不同。有些重度级的专业地毯，胶的厚度 4～6mm，而且在胶的下面再贴一层薄毯片。

局部铺设地毯一般采用固定法，除可选用粘贴固定法和挂毯条固定法外，还可铜钉法即将地毯的四周与地面用铜钉予以固定，如图 6.31 所示。

6.2.5 涂料类楼地面装修构造

涂料类楼地面装修就是为改善水泥地面在使用和装饰质量方面的某些不足，在水泥楼地面面层之上加做的各种涂层饰面。

楼地面所用涂料主要有两大类：酚醛树脂地板漆等地面涂料和合成树脂及其复合材料等涂布无缝地面涂布材料。

涂料楼地面装修一般采用涂刮方式施工，

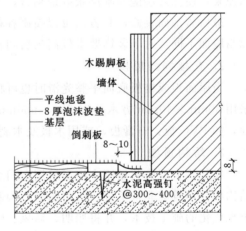

图 6.31 局部铺设地毯的固定构造

故对基层要求较高，基层必须平整光洁并充分干燥。基层的处理方法是清除浮砂、浮灰及油污，地面含水率控制在 6％以下（采用水溶性涂布材料者可略高）。为了保证面层质量，基层还应进行封闭处理，一般根据面层涂饰材料配调腻子，将基层孔洞及凸凹不平的地方填嵌平整，而后在基层满刮腻子若干遍，干后用砂纸打磨平整，清扫干净。面层根据涂饰材料及使用要求，涂刷若干遍面漆，层与层之间前后间隔时间应以前一层面漆干透为主，并进行相应处理。面层厚度均匀，不宜过厚或过薄，控制在 1.5mm 左右。

6.3 顶棚装修构造

6.3.1 概述

1. 顶棚的作用

(1) 增强室内装饰效果，给人以美的享受。

(2) 满足使用功能的要求，隐藏与室内环境不协调因素。

2. 顶棚的分类

顶棚按构造分为两类。

(1) 直接式顶棚。在屋面板或楼板上直接抹灰，或固定搁栅，然后再喷浆或贴壁纸等而达到装饰目的。包括直接抹灰顶棚、直接搁栅顶棚、结构顶棚。

(2) 悬吊式顶棚。悬吊式顶棚又称"吊顶"，它离开屋顶或楼板的下表面有一定的距离，通过悬挂物与主体结构联结在一起。包括整体式吊顶、板材吊顶和开敞式吊顶。

6.3.2 直接式顶棚的装修构造

1. 直接抹灰顶棚

这类顶棚是在上部屋面板的底面上直接抹灰，其做法是先在屋面板或楼板上刷一道纯水泥浆，使抹灰层能与基层很好地粘合，然后用 1 : 1 : 6 混合砂浆打底，再做面层抹灰。

最后做饰面装修，其方法可以喷刷各种内墙涂料或浆料，颜色可以与墙面相同，也可以与墙面不同，对于装饰要求较高的房间也可以裱糊壁纸或壁布。

2. 直接搁栅顶棚

当屋面板或楼板底面平整光滑时也可将搁栅直接固定在楼板的底面上，这种搁栅一般采用 30mm×40mm 方木，以 500～600mm 的间距纵横双向布置，表面再用各种板材饰面，如 PVC 板、石膏板，或用木板及木制品板材。

3. 结构顶棚

在某些大型公共场所中屋面采用空间结构，如网架结构、悬索结构、拱形结构，这些结构构件本身就非常美观，可将屋盖结构暴露在外，充分利用这些结构的优美韵律，体现出现代化的施工技术，并将照明、通风、防火、吸声等设备巧妙地结合在一起，形成统一的、优美的空间景观。

6.3.3 悬吊式顶棚的装修构造

悬吊式顶棚多数是由吊筋、龙骨和面板三大部分组成，如图 6.32 所示。悬吊式顶棚与结构层之间的距离，可根据设计要求确定。若顶棚内敷设各种管线，为其检修方便可根据情况不同程度地加大空间高度，并可增设检修走道板，以保证检修人员安全、方便，并且不会破坏顶棚面层。

(1) 吊筋是将吊顶部分与建筑结构连接起来的承重传力构件。吊筋的作用：①承担吊顶的全部荷载并将其传递给建筑结构层；②调整、确定顶棚的空间高度，以适应顶棚的不同部位需要。一般在建筑施工期间预埋吊筋或连接吊筋的埋件，或者装修时使用射钉和膨

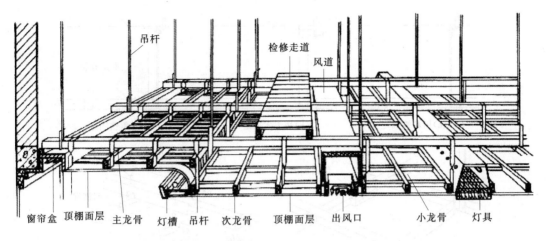

窗帘盒 顶棚面层 主龙骨 灯槽 吊杆 次龙骨 顶棚面层 出风口 小龙骨 灯具

图 6.32 悬吊顶棚

胀螺栓，将吊筋固定在建筑结构层上。

（2）龙骨包括主龙骨、次龙骨、横撑龙骨。它们是吊顶的骨架，对吊顶起着支撑的作用，使吊顶达到所设计的外形。龙骨的材料有木龙骨、金属龙骨。龙骨的类型有 U 形龙骨、T 形铝合金龙骨、T 形镀锌铁烤漆龙骨、嵌入式金属龙骨等。

（3）面板可分为抹灰饰面和板材饰面。抹灰类饰面一般包括板条抹灰、钢丝网抹灰、钢板网抹灰。常用的板材有植物板材如各种木条板、胶合板、装饰吸音板、纤维板、木丝板、刨花板等，矿物板包括石膏板、矿棉板、玻璃棉板和水泥板等，金属板包括铝板、铝合金板、薄钢板、镀锌铁等，新型高分子聚合物板材如 PVC 板。顶棚饰面板的作用是装饰室内空间，并有吸音、反射、保温、隔热等功能。

1. 木龙骨吊顶装修构造

（1）木龙骨吊顶构造。木龙骨吊顶分为有主龙骨木搁栅和无主龙骨木搁栅。有主龙骨木搁栅吊顶多用于比较大的建筑空间。无主龙骨木搁栅由次龙骨和横撑龙骨组成，吊筋也采用方木，这种做法是家庭装修采用较多的一种形式，如图 6.33 所示。

（2）木龙骨吊顶的饰面做法。

1）木条板饰面。木板做顶棚饰面，加工比较方便。条板的规格为 90mm 宽，1500～6000mm 长，条板的结合形式通常采用企口平铺、离缝平铺、嵌缝平铺和鱼鳞式斜铺等。

2）胶合板饰面。一般先在需要做曲面造型的部位做出龙骨骨架，再将胶合板包在龙骨表面做饰面。当顶棚表面需要与墙面装饰效果一致时，还可以用胶合板做胎板，做出各种造型，再在表面固定石膏板，然后再刮腻子刷涂料。

3）石膏板饰面。石膏板饰面与木龙骨可直接用自攻螺钉连接，螺丝帽沉入石膏板内2～3mm，钉帽刷防锈漆一道，用腻子膏找平，石膏板表面用接缝胶带粘好，刮腻子三遍刷乳胶漆三道，外观效果与乳胶漆墙面相同。

4）PVC 条板和铝合金条板饰面。PVC 条板和铝合金条板均可采用自攻螺钉与龙骨连接。

5）抹灰饰面。抹灰吊顶饰面做法是在龙骨下面钉一层板条，然后再挂钢丝网或钢板

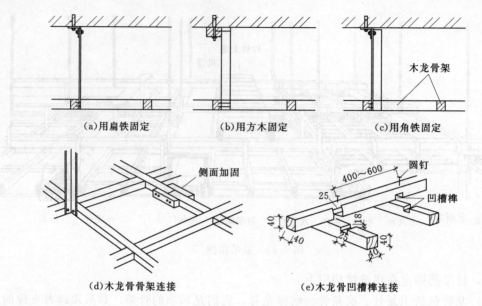

(a)用扁铁固定　　　　　(b)用方木固定　　　　　(c)用角铁固定

(d)木龙骨骨架连接　　　　　　　(e)木龙骨凹槽榫连接

图6.33　木龙骨构造示意图

网，最后抹灰形成饰面。

2. T 形金属龙骨吊顶构造

（1）T 形金属龙骨分类和构造。T 形金属龙骨按材料分包括 T 形铝合金龙骨和 T 形镀锌铁烤漆龙骨。

T 形龙骨的安装构造分为有主龙骨和无主龙骨两种形式，如图 6.34、图 6.35 所示。

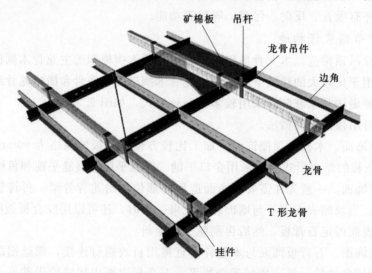

图6.34　T 形有主龙骨吊顶示意图

有主龙骨吊顶是在结构层下面安装吊筋，吊筋连接主龙骨吊挂件，主龙骨插入吊挂件内，次龙骨用钩挂件（金属钩）与主龙骨钩挂在一起，横撑龙骨与次龙骨插接在一起，靠墙部分采用 L 形靠墙龙骨固定在墙上。

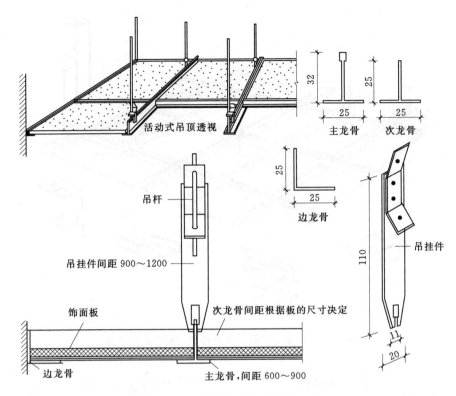

图 6.35 T 形有主龙骨吊顶构造图

无主龙骨吊顶是吊筋下面连接卡挂件，卡挂件直接将次龙骨卡挂吊起，再将横撑龙骨插入次龙骨上，其他做法与有主龙骨吊顶做法相同。

（2）T 形金属龙骨吊顶饰面做法。T 形龙骨面板材料可以是石膏板或石棉吸音板，安装分为露明龙骨吊顶、半隐蔽龙骨吊顶和隐蔽式龙骨吊顶安装。

露明龙骨吊顶的构造是将表面饰面板直接搁置在骨架网格的倒 T 形龙骨的翼缘上。

隐蔽式龙骨吊顶和半隐蔽龙骨吊顶是由于吊顶饰面板的板边做成卡口，饰面板卡入龙骨，将龙骨挡住而形成隐蔽龙骨吊顶。

3. U 形金属龙骨吊顶

（1）U 形金属龙骨吊顶构造。U 形金属龙骨是采用镀锌钢带压制而成的，因此又称为 U 形轻钢龙骨，承重部分由主龙骨、次龙骨、横撑龙骨及吊挂件和连接件组成，如图 6.36 所示。

主龙骨间距 800～1200mm，一般 800～1000mm 比较常见，次龙骨间距 500～600mm，横撑龙骨间距 500～600mm 或根据饰面板的规格确定，要求面板接缝要在龙骨上，构造如图 6.37 所示。

（2）U 形金属龙骨吊顶饰面。U 形龙骨属于隐蔽龙骨，在室内没有特殊要求时，使用最广泛的饰面材料是大石膏板。

石膏板的安装通常采用自攻螺钉固定，接缝处有明缝和暗缝两种处理方法。暗缝连接是在接缝处先粘贴胶带，然后刮腻子，表面刷乳胶漆或贴壁纸。

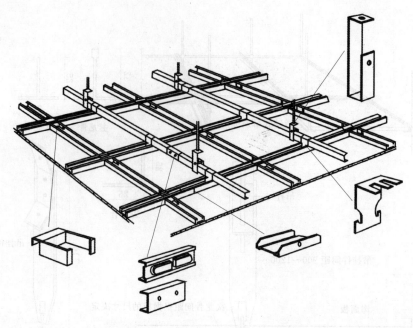

图 6.36 U形、C形吊顶龙骨主、配件组合示意

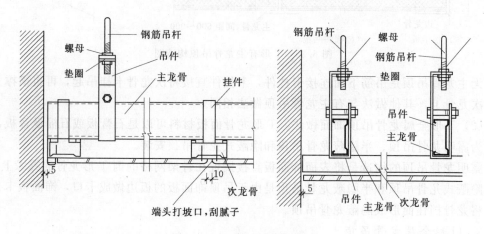

图 6.37 石膏板吊顶构造图

明缝连接是在接缝处加嵌条盖缝。当室内有防潮要求时可采用条形铝扣板或 PVC 条板，这两种饰面板与龙骨的连接均可采用自攻螺钉。

4. 其他吊顶的装修构造

(1) 金属饰面板吊顶。金属饰面板吊顶是用各种轻质金属板做饰面层。

常用的有压型薄钢板和铸轧铝合金型材两大类。板的形状有条形板与方形板，部分板材可以与 U 形龙骨或 T 形龙骨结合使用。龙骨的材料一般为镀锌铁或薄钢板，龙骨与饰面板的连接可采用嵌、卡、挂三种形式。这类龙骨可称为嵌入式龙骨。如图 6.38 所示。

(2) 开敞式顶棚。开敞式顶棚的饰面是由各类搁栅形成的。这些搁栅既可与 T 形龙骨结合，也可不加分格地将多个单体组装而成。开敞式顶棚搁栅形式如图 6.39 所示。

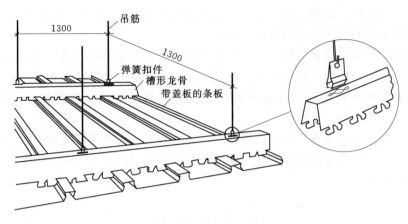

图 6.38　金属板与骨架

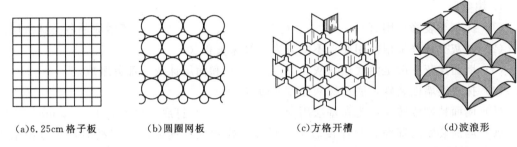

(a)6.25cm格子板　　　　(b)圆圈网板　　　　(c)方格开槽　　　　(d)波浪形

图 6.39　开敞式顶棚搁栅形式

搁栅的安装构造大体可分为两种类型：一种是将单体构件固定在可靠的骨架上，然后再用吊杆将骨架与结构连接；另一种方法是对于轻质高强的单体构件不用骨架支持，而直接用吊杆与结构相连接。

搁栅的材料有木搁栅、金属搁栅、灯饰搁栅。

（3）柔性吊顶。柔性吊顶是较为流行的一种新型吊顶。柔性吊顶由软膜、扣边条、铝合金龙骨等构成。软膜裁剪后与扣边条焊接，再安装在已固定好的铝合金龙骨之上，如图6.40所示。也可把织物按装饰要求悬挂在顶棚上。

图 6.40　柔性吊顶形式

本 章 小 结

（1）墙面装修对墙体有保护作用，可以改善墙体的使用功能，并提高建筑物的艺术效果。墙面装修的类型有室外装修和室内装修，按材料和施工方式的不同又有抹灰类墙面装修、涂料类墙面装修、贴面类墙面装修、铺钉类墙面装修、裱糊类墙面装修、幕墙装修等。不同装修方式有其不同构造组成和做法。

(2) 地面装修要求有足够的刚度,良好的吸声、消声和隔声性能,要满足保温要求,对有水作用的房间,地面应做好防水、防潮,还要满足室内装饰的美观要求。

地面装修按材料和构造做法有整体类地面、板材类地面、卷材地面、涂料地面等形式。

(3) 顶棚是屋面和楼板层下面的装饰层,顶棚的装饰处理能够改善室内的光环境、热环境和声环境,顶棚装修按装饰面层与屋面楼面结构基层的关系,可分为直接抹灰顶棚和悬吊式顶棚两大类。

复习思考题

1. 填空题

(1) 抹灰类装修是用 (   )、(   )、(   ) 等做成的各类抹灰层。

(2) 抹灰类装修根据使用要求不同分为一般抹灰和 (   )。

(3) 墙面抹灰一般是由底层抹灰、(   ) 和面层抹灰三部分组成。

(4) 抹灰类墙面装修,底层抹灰厚度一般 (   )。

(5) 墙面粘贴瓷砖时,先在基层用 (   ) 打底,厚度为 10～15mm。

(6) 墙面装修的饰面板材厚度较大,尺寸规格较大,铺贴高度较高时,应考虑采用 (   ) 相结合的方法,以保证粘贴更为可靠。

(7) 涂刷类饰面为了保证墙面色彩均匀,并满足耐久性、耐磨性等方面的要求,面层涂料最少应涂刷 (   ) 遍。

(8) 壁纸粘贴前,应用 (   ) 涂刷基层一遍,进行基层封闭处理。

(9) 玻璃幕墙由玻璃和金属框组成幕墙单元,借助于 (   ) 安装到框架上。

(10) 陶瓷地面砖铺贴时,所用的胶结材料一般为 (   ),厚 15～20mm,砖块之间留 (   ) mm 左右的灰缝,用水泥浆嵌缝。

(11) 塑料地板的铺贴有两种方式:(   ) 和 (   )。

(12) 顶棚按构造分为 (   ) 和 (   ) 两类。

(13) 悬吊式顶棚多数是由 (   )、(   ) 和 (   ) 三大部分组成。

(14) 顶棚饰面板可分为 (   ) 和 (   )。

2. 选择题

(1) 内墙抹灰可用石灰砂浆或混合砂浆,外墙抹灰不能用 (   )。

A. 水泥砂浆　　　　B. 石灰砂浆　　　　C. 混合砂浆　　　　D. 黏土砂浆

(2) (   ) 的构造是将表面饰面板直接搁置在骨架网格的倒 T 形龙骨的翼缘上。

A. 露明龙骨顶棚　　　　　　　　　　B. 隐蔽龙骨吊顶

C. 半隐蔽龙骨吊顶　　　　　　　　　D. 上述三种均可

(3) 普通抹灰是由 (   ) 构成。

A. 底层和面层   B. 底层、中间层和面层

C. 底层、多层中间层和面层   D. 中间层和面层

(4) 不宜直接镶贴在墙上的贴面材料是（   ）。

A. 瓷砖   B. 陶瓷锦砖   C. 预制水磨石板   D. 大理石板

(5) 木与木制品护壁构造要求在墙面上做（   ）。

A. 防潮层   B. 保温层   C. 隔音层   D. 防水层

(6) 在装饰过程中，壁纸材料按其功能划分可以分为（   ）。

①装饰性壁纸   ②压花壁纸   ③织物壁纸   ④耐水壁纸   ⑤防火壁纸

A. ①②③   B. ①④⑤   C. ①③④   D. ②③④

(7) 大理石在装饰工程应用中的特性是（   ）。

A. 疏松多孔，易加工   B. 吸水率低，易变形

C. 属酸性岩石，不适用于室外   D. 密实坚硬，可用于室外

(8) 铺设地毯一般采用固定法，下列属于铺设地毯的方法是（   ）。

①粘贴固定法   ②龙骨固定法   ③挂毯条固定法   ④铜钉法

A. ①②③   B. ①③④   C. ②③④   D. ①②③④

3. 简答题

(1) 简述建筑装修的作用。

(2) 绘图说明墙面砖饰面的构造做法。

(3) 涂刷类饰面构造分几层？分别说出各涂层的作用。

(4) 描述水泥砂浆地面与细石混凝土地面的构造做法。

(5) 绘图说明现浇水磨石地面的构造做法。

(6) 绘图说明陶瓷地面砖地面的构造做法。

(7) 描述直接抹灰顶棚的装修构造做法。

(8) 悬吊式顶棚的吊筋作用是什么？怎么固定吊筋？

(9) 常见的抹灰饰面和板材饰面有哪些？

第 7 章　工 业 建 筑 构 造

教学要求

　　要求掌握工业建筑的分类，单层厂房的结构类型、组成和厂房内部的起重运输设备；掌握柱网尺寸的含义及单层厂房纵横向定位轴线的定位方法；掌握单层工业厂房主要结构构件的作用、位置与构造；了解外墙的类型与构造，屋面类型、组成及排水、防水构造；了解矩形天窗、侧窗、大门、梯、地面、地沟等组成部分的构造。

7.1　工 业 建 筑 概 述

　　工业建筑是为满足工业生产需要而建造的各种不同用途的建筑物和构筑物的总称。直接用于工业生产的建筑物称为工业厂房，人们按生产工艺过程在工业厂房中进行各类工业产品的加工和制造。人们通常把按生产工艺要求完成某些工序或单独生产某些产品的单位称为生产车间。此外，还有作为生产辅助设施的构筑物，如烟囱、水塔、冷却塔、各种管道支架等。

7.1.1　工业建筑的分类

　　工业建筑通常按厂房的用途、车间内部生产状况、厂房层数进行分类。

　　1. 按厂房的用途分类

　　（1）主要生产厂房。指各类工厂的主要产品从备料、加工到装配等主要工艺流程的厂房，如机械制造厂的机械加工与机械制造车间，钢铁厂的炼钢、轧钢车间。在主要生产厂房中常常有较大的生产设备和起重运输设备。

　　（2）辅助生产厂房。为生产服务的厂房，如机修车间、工具车间、模型车间等。

　　（3）动力用厂房。为全厂提供能源和动力的厂房，如发电站、锅炉房、氧气站等。

　　（4）储存用房。为生产提供存储原料、半成品、成品的仓库，如炉料、油料、半成品、成品库房等。

　　（5）运输工具用房。为生产或管理用车辆存放与检修的用房，如汽车库、机车库等。

　　（6）其他。如解决厂房给水、排水问题的水泵房、污水处理站等。

　　2. 按车间内部生产状况分类

　　（1）冷加工车间。在常温状态下进行生产的车间，如机械加工车间、金工车间等。

　　（2）热加工车间。在高温和熔化状态下进行生产的车间，生产中散发大量余热、烟雾、灰尘、有害气体，如铸造、锻压、冶炼、热轧、热处理等车间。

　　（3）恒温恒湿车间。在恒温（20℃左右）、恒湿（相对湿度在 50%～60%）条件下进行生产的车间，如精密机械车间、纺织车间等。

（4）洁净车间。要求在高度洁净的条件下进行生产，防止大气中的灰尘及细菌的污染，如药品车间、集成电路车间等。

（5）其他特种状况的车间。产品生产对环境有特殊需要的车间，如防爆、防腐蚀、防放射性物质、防电磁波干扰等车间。

3. 按厂房层数分类

（1）单层厂房（图7.1）。只有一层的厂房。适用于生产工艺流程以水平运输为主，有大型设备及加工件、大型起重运输设备及较大动荷载的厂房。广泛用于机械、冶金等工业。

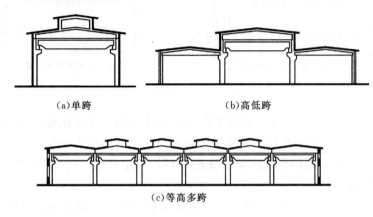

(a)单跨 　　　　　　　(b)高低跨

(c)等高多跨

图 7.1　单层厂房

（2）多层厂房（图7.2）。二层及二层以上的厂房。适用于竖向布置生产工艺流程，设备及产品较轻的厂房。主要用于电子、精密仪表、轻工、食品等工业。

 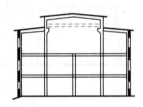 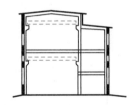

图 7.2　多层厂房

（3）混合层数的厂房（图7.3）。在同一厂房内既有单层又有多层。主要用于化工、电力等工业。

7.1.2　单层工业厂房的结构类型和构造组成

1. 单层工业厂房的结构类型

单层工业厂房的结构类型主要有墙承重结构、排架结构和刚架结构等形式。

（1）墙承重结构。墙承重结构（图7.4）采用砖墙、砖柱承重，屋架采用钢筋混凝土屋架或木屋架、钢木屋架。这种结构构造简单、造价低、施工方便，但承载力

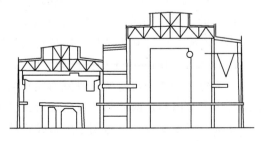

图 7.3　混合层次的厂房

低，只适用于无吊车或吊车荷载小于 5t 的厂房及辅助性建筑，其跨度一般在 15m 以内。

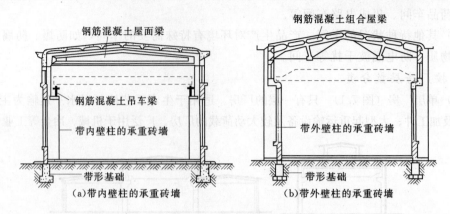

图 7.4 墙承重结构

（2）排架结构。排架结构是目前单层厂房中最基本的、应用比较普遍的结构形式。它的特点是把屋架看作一个刚度很大的横梁，屋架与柱子的连接为铰接，柱子与基础的连接为刚接（图 7.5）。排架结构的优点是整体刚度好，稳定性强。排架结构厂房按其用料不同主要有两种类型：

1）装配式钢筋混凝土结构（图 7.6）。这类排架结构采用的是钢筋混凝土或预应力钢筋混凝土构件，跨度可达 30m，高度可达 20m 以上，吊车起吊重量可达 150t，适用范围很广。

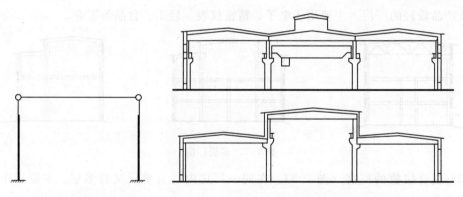

图 7.5 排架结构　　　　　图 7.6 装配式钢筋混凝土结构

2）钢屋架与钢筋混凝土柱组成的结构。它适用于跨度在 30m 以上，吊车起重量可达 150t 以上的厂房，如图 7.7 左半部分所示。

（3）刚架结构。刚架结构厂房按材料不同主要有两种类型：

1）装配式钢筋混凝土门式刚架（图 7.8）。这种结构是将屋架（或屋面梁）与柱子合并为一个构件，柱子与屋架（或屋面梁）的连接处为刚接，柱子与基础一般为铰接。目前单层厂房中常用的是两铰和三铰刚架形式。其优点是梁柱合一，构件种类少，结构轻巧，空间宽敞，但刚度较差，适用于屋盖较轻的无桥式吊车或吊车吨位不大、跨度和高度较小的厂房。

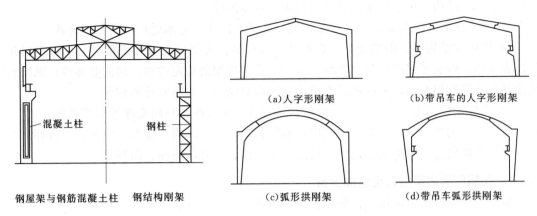

图 7.7 钢屋架结构   图 7.8 装配式钢筋混凝土门式刚架结构

2）钢结构刚架。这种结构的主要构件（屋架、柱、吊车梁等）都用钢材制作。屋架与柱做成刚接，以提高厂房的横向刚度。这种结构承载力大，抗震性能好，但耗钢量大，耐火性能差，适用于跨度较大、空间较高、吊车起重量大的重型和有振动荷载的厂房，如炼钢厂等，如图 7.7 右半部分所示。

2. 单层工业厂房的构造组成

装配式钢筋混凝土排架结构在单层工业厂房中应用较为广泛，如图 7.9 所示。现以之为例来说明单层厂房的构造组成。

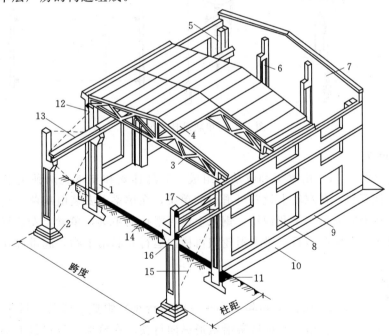

图 7.9 装配式钢筋混凝土排架结构单层厂房的构造组成

1—柱；2—基础；3—屋架；4—屋面板；5—端部柱；6—抗风柱；7—山墙；

8—窗洞口；9—勒脚；10—散水；11—基础梁；12—外纵墙；13—吊车梁；

14—地面；15—柱间支撑；16—连系梁；17—圈梁

（1）承重结构。单层厂房的承重结构由三部分组成。

1）横向排架。由基础、柱、屋架（或屋面梁）组成，它承受厂房的各种荷载。

2）纵向连系构件。由基础梁、连系梁、吊车梁、大型屋面板等组成。它们将横向排架连成一体，构成了坚固的骨架系统，保证了横向排架的稳定性和厂房的整体性；纵向连系构件还承受作用在山墙上的风荷载及吊车纵向制动力，并将它传给柱子。

3）支撑系统。为了保证厂房的刚度，还设置屋架支撑、柱间支撑等支撑系统。

（2）围护构件。单层工业厂房的围护构件包括外墙、屋顶、地面、门窗、天窗等。

（3）其他构造。如散水、地沟、坡道、吊车梯、室外消防梯、隔断等。

7.1.3 单层厂房内部的起重运输设备

吊车是单层厂房中使用广泛的起重运输设备，主要有以下三种。

1. 单轨悬挂式吊车

单轨悬挂式吊车（图7.10）由电葫芦（即滑轮组）和工字形钢轨组成。工字形钢轨悬挂在屋架下弦，电葫芦装在钢轨上，按钢轨线路运行及起吊。单轨悬挂吊车的起重量一般不超过5t。由于钢轨悬挂在屋架下弦，因此要求屋盖结构有较高的强度和刚度。

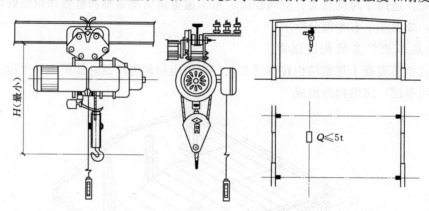

图7.10 单轨悬挂式吊车

2. 梁式吊车

梁式吊车（图7.11）由梁架和电葫芦组成。有悬挂式和支承式两种类型。悬挂式是在屋架下弦悬挂双轨，在双轨上设置可滑行的单梁，在单梁上安装电葫芦。支承式吊车是在排架柱的牛腿上安装吊车梁和钢轨，钢轨上设可滑行的单梁，单梁上安装滑轮组。梁式吊车的单梁可按轨道纵向运行，梁上滑轮组可横向运行和起吊重物，起重幅面较大，但起重量不超过5t。

3. 桥式吊车

桥式吊车（图7.12）由桥架和起重小车（或称行车）组成。通常在排架柱的牛腿上设置吊车梁，梁上安放轨道，上设桥架沿轨道纵向行驶。在桥架上设置起重小车，小车沿桥架上的轨道横向运行，小车上有供起重用的滑轮组。桥式吊车起重幅面较大，起重量也较大，起重范围为5～400t。桥式吊车一般由专职人员在桥架一端的司机室内操纵，厂房内应设置供人员上下的钢梯。

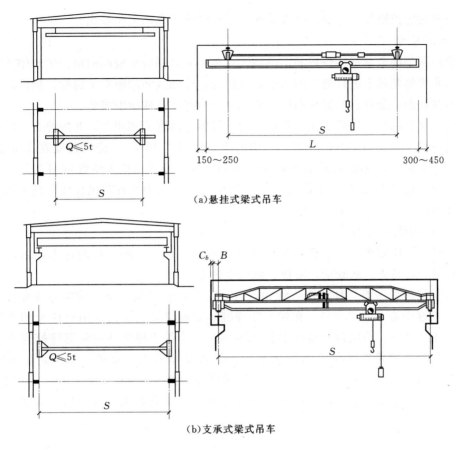

（a）悬挂式梁式吊车

（b）支承式梁式吊车

图 7.11　梁式吊车

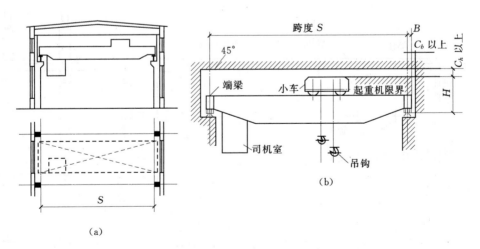

图 7.12　电动桥式吊车

7.1.4　单层工业厂房的定位轴线

单层厂房定位轴线是确定厂房主要承重构件位置及其标志尺寸的基准线，同时也是施工放线和设备安装的依据。定位轴线有纵向和横向之分。通常，与厂房横向排架平面相平行的称为横向定位轴线，与横向排架平面相垂直的称为纵向定位轴线。

1. 柱网尺寸

厂房柱网是确定承重柱位置的定位轴线在平面上排列所形成的网格。定位轴线的划分是在柱网布置的基础上进行的。因为承重柱纵向定位轴线间的距离是跨度，横向定位轴线间的距离是柱距，所以，厂房柱网尺寸实际上是由跨度和柱距组成的。

柱网尺寸的选择与生产工艺、建筑结构、材料等因素密切相关，并应符合《厂房建筑模数协调标准》（GB/T 50006—2010）中的规定（图 7.13）。厂房的跨度在 18m 或 18m 以下时，应采用扩大模数 30M 数列；在 18m 以上时，应采用扩大模数 60M 数列。单层厂房的柱距应采用扩大模数 60M 数列，一般采用 6m；厂房山墙处抗风柱柱距宜采用扩大模数 15M 数列。

2. 定位轴线的定位

（1）横向定位轴线。厂房横向定位轴线主要用来标定纵向构件的标志端部，如屋面板、吊车梁、连系梁、基础梁、墙板、纵向支撑等。

横向定位轴线一般与柱的中心线相重合，且通过柱基础、屋架的中心线及各纵向连系构件的接缝中心（图 7.14）。在横向伸缩缝、防震缝处的柱应采用双柱及两条横向定位轴线（图 7.15）。两定位轴线间加插入距 a_i，a_i 应等于伸缩缝或防震缝的宽度 a_e。柱的中心线均应从定位轴线两侧各移 600mm。在非承重墙山墙处，横向定位轴线应与墙内缘相重合，且端部柱的中心线应自定位轴线向内移 600mm（图 7.16）。在砌体承重山墙处，墙内缘与横向定位轴线间的距离应分别为半块或半块砌块的倍数或墙厚的一半（图 7.17）。

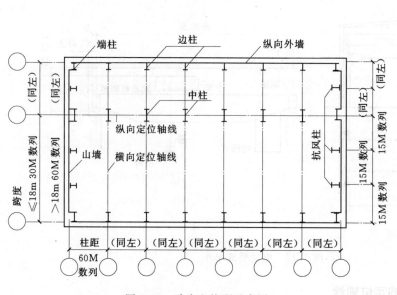

图 7.13 跨度和柱距示意图

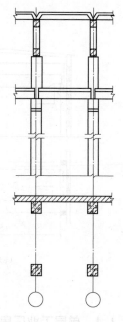

图 7.14 中间柱与横向定位轴线的定位

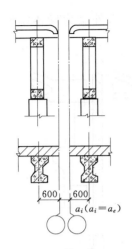

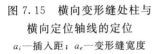

600 600

$a_i(a_i=a_e)$

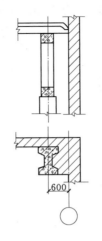

600

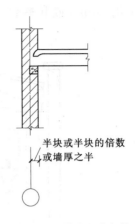

半块或半块的倍数
或墙厚之半

图 7.15　横向变形缝处柱与
横向定位轴线的定位

a_i—插入距；a_e—变形缝宽度

图 7.16　非承重山墙与
横向定位轴线的定位

图 7.17　承重山墙与横
向定位轴线的定位

（2）纵向定位轴线。纵向定位轴线主要用来标定屋架等横向构件的标志端部。厂房纵向定位轴线的定位应视其位置不同而具体确定。

1）外墙、边柱与纵向定位轴线的定位。在有吊车的厂房中，为使吊车规格与厂房结构相协调，规定二者的关系为

$$S=L-2e$$

式中　　L——厂房跨度，即纵向定位轴线间的距离；

　　　　S——吊车跨度，即吊车轨道中心线间的距离；

　　　　e——吊车轨道中心线至定位轴线间的距离（一般为 750mm，当构造需要或吊车起重量大于 75t 时为 1000mm）。

从图 7.18 中可以看出，e 值是由上柱截面高度 h，吊车侧方宽度尺寸 B（即轨道中心线至吊车端部外缘的距离），以及吊车侧方间隙 C_b（吊车运行时，吊车端部与上柱内缘间的安全间隙尺寸）等因素确定的。在实际工程中，由于各种条件的不同，外墙、边柱与纵向定位轴线的定位可出现封闭结合或非封闭结合两种情况，如图 7.19 所示。

封闭结合指纵向定位轴线、边柱外缘、外墙内缘三者相重合的定位方法，如图 7.19（a）所示。这样确定的轴线称为"封闭轴线"，此时 $e-(h+B)\geqslant C_b$。这种定位方法，采用整数块标准屋面板，即可铺到屋架的标志端部，屋面板与外墙内表面之间无缝隙，构造简单、施工方便。适用于无吊车或只设悬挂式吊车的厂房，以及柱距为 6m、吊车起重量不大于 20/5t 的厂房。

非封闭结合指纵向定位轴线与柱外缘、墙内缘不相重合，中间出现联系尺寸的定位方法，如图 7.19（b）所示。当柱距为 12m，吊车起重量不小于 30t 或上柱截面高度 h 不小于 500mm 时，都可能导致 $e-(h+B)<C_b$，如采用封闭结合，不能满足吊车运行所需的安全间隙。此时，需将边柱的外缘从定位轴线向外推移，即边柱外缘与定位轴线之间增设联系尺寸 a_c，使 $(e+a_c)-(h+B)\geqslant C_b$，以满足吊车运行所需的

安全间隙。当外墙为墙板时，a_c 应为 300mm 或其整数倍；当外墙为砌体结构时，a_c 可采用 50mm 或其整数倍。

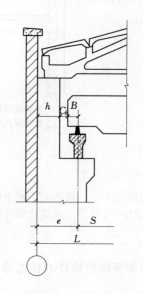

图 7.18 吊车跨度与厂房跨度的关系

h—上柱截面高度；B—吊车侧方

尺寸；C_b—吊车侧方间隙

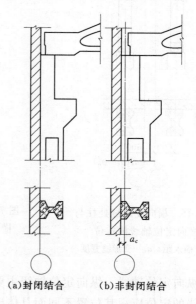

（a）封闭结合　　（b）非封闭结合

图 7.19 外墙、边柱与纵向定位轴线的定位

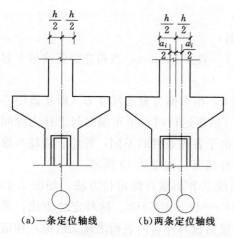

（a）一条定位轴线　　（b）两条定位轴线

图 7.20 等高跨中柱（无纵向变形缝）

h—上柱截面高度；a_i—插入距

2）中柱与纵向定位轴线的定位。等高跨厂房中柱无变形缝时宜设单柱和一条纵向定位轴线，柱的中心线宜与纵向定位轴线相重合 [图 7.20（a）]。如出现边柱采用非封闭结合或有其他构造要求需设置插入距时，中柱可采用单柱、两根纵向定位轴线 [图 7.20（b）]。柱中心线宜与插入距中心线相重合。其插入距 a_i 应采用 300mm 或其整数倍。当外墙为砌体结构时，a_i 可采用 50mm 或其整数倍。

当等高跨厂房设有纵向伸缩缝时，采用单柱并设两条纵向定位轴线。伸缩缝一侧的屋架或屋面梁应搁置在活动支座上，两轴线间插入距 a_i 等于伸缩缝宽 a_e（图 7.21）。等高跨厂房需设置纵向防震缝时，应采用双柱及两条纵向定位轴线。其插入距 a_i 应根据防震缝的宽度及两侧是否封闭结合，分别等于 a_e，或 $a_e + a_c$，或 $a_c + a_c$，如图 7.22 所示。

不等高跨中柱无变形缝时，根据高跨是否采用封闭结合，以及封墙与低跨屋面位置的高低等，分别采用单柱单轴线或单柱双轴线的几种定位方法，如图 7.23 所示。

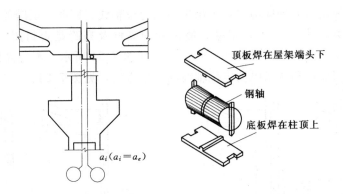

图 7.21　等高跨中柱（有纵向伸缩缝）的纵向定位轴线

a_e—伸缩缝宽；a_i—插入距

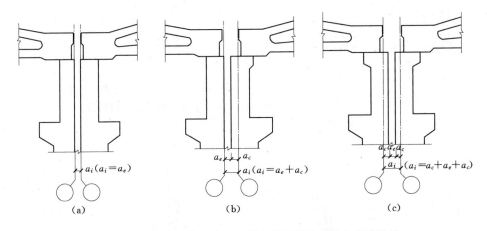

图 7.22　等高跨中柱双柱（有纵向防震缝）的纵向定位轴线

a_i—插入距；a_e—防震缝宽；a_c—联系尺寸

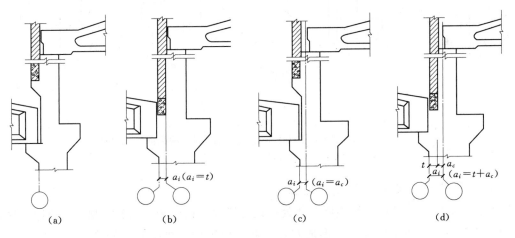

图 7.23　不等高跨中柱单柱（无纵向变形缝）的纵向定位轴线

a_i—插入距；t—封墙厚度；a_c—联系尺寸

不等高跨中柱设纵向伸缩缝时，采用单柱双定位轴线，同时，低跨的屋架或屋面梁应搁置在活动支座上。其插入距 a_i 根据封墙位置的高低及高跨是否封闭，分别为 $a_i = a_e$，或 $a_i = a_e + t$，或 $a_i = a_e + a_c$，或 $a_i = a_e + t + a_c$，如图 7.24 所示。不等高跨中柱处设纵向防震缝时，应采用双柱和两条纵向定位轴线的定位方法，见图 7.25。

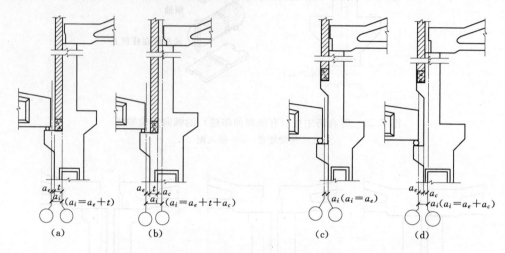

图 7.24　不等高跨中柱单柱（有纵向伸缩缝）的纵向定位轴线
a_i—插入距；a_e—伸缩缝宽；t—封墙厚度；a_c—联系尺寸

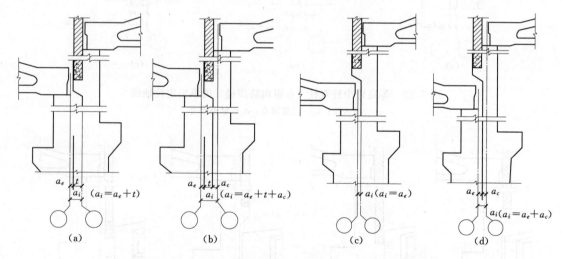

图 7.25　不等高跨中柱双柱（有纵向防震缝）的纵向定位轴线
a_i—插入距；a_e—防震缝宽；t—封墙厚度；a_c—联系尺寸

3. 纵横跨相交处定位轴线的定位

在有纵横跨的厂房中，纵横跨交接处应设变形缝，使两侧结构各自独立，所以纵横跨分别有各自的柱列和定位轴线，形成双柱、双定位轴线。纵横跨分别遵循各自的定位原则，先按山墙处柱横向定位轴线及边柱纵向定位轴线的定位方法定位，然后再组合起来。其插入距 a_i 应视单墙或双墙、封墙材料，以及横跨是否封闭结合和变形缝的跨度等因素确定，如图 7.26 所示。

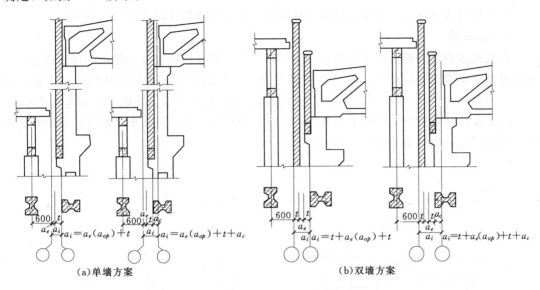

（a）单墙方案 （b）双墙方案

图 7.26 纵横跨相交处的定位轴线

7.2 单层工业厂房的主要结构构件

7.2.1 基础与基础梁

1. 基础

基础承受厂房结构的全部荷载，并传给地基，是工业厂房的重要构件之一。

装配式钢筋混凝土单层排架结构厂房的基础，一般采用独立基础，最常见的形式为杯形基础。杯形基础的剖面形状一般为椎形或阶梯形，顶部预留杯口，以便于插入预制柱并加以固定（图7.27）。杯形基础的构造要点如下。

（1）材料。基础所用的混凝土强度等级一般不低于 C15，钢筋采用 HPB235 或 HRB335 级钢筋。基础底面通常要先浇灌 100mm 厚 C7.5 的素混凝土垫层，垫层宽度一般比基础底面每边宽出 100mm，以便于施工放线和保护钢筋。

（2）杯口尺寸及安装构造。为了便于柱的安装，杯口顶应比柱子每边大出 75mm，杯口底应比柱子每边大出 50mm，杯口深度按结构要求确定。杯口底面与柱底面之间应预留 50mm 找平层，在柱子就位前用高强度等级的细石混凝土找平。杯口与四周缝隙用 C20 细石混凝土填实。基础杯

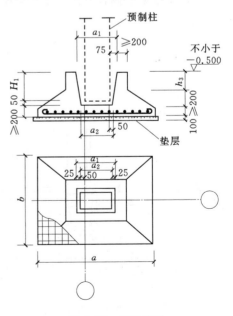

图 7.27 杯形基础

口底面厚度一般应不小于 200mm，基础杯壁厚度应不小于 200mm。

（3）杯口顶面标高。基础杯口顶面标高一般应在室内地坪以下至少 500mm。

2. 基础梁

在装配式钢筋混凝土排架结构的厂房中，墙体是仅起围护和分隔作用的自承重墙，一般设置基础梁来承受墙体的荷载，并将两端搁置在基础杯口上再传到杯形基础上去（图 7.28）。这样做，可以防止因两者不均匀沉降而导致的墙体开裂。基础梁的构造要点如下。

（1）基础梁的形状。基础梁的截面形状常用倒梯形，因为倒梯形基础梁的预制较为方便，可利用已制成的梁为模板（图 7.29）。

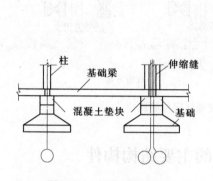

图 7.28　基础梁的支承

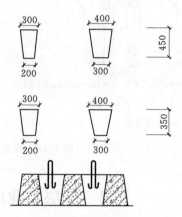

图 7.29　基础梁截面形式（G320、CG420）

（2）基础梁的位置。为了不影响开门并兼起防潮层的作用，基础梁顶面标高应低于室内地坪至少 50mm，高于室外地坪至少 100mm（图 7.30）。

（3）基础梁的搁置方式。基础梁搁置在杯形基础顶面的方式应视基础的埋深而定（图 7.31）。

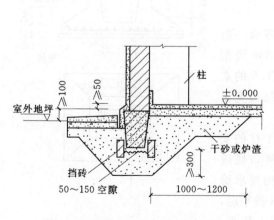

图 7.30　基础梁的位置与回填土构造

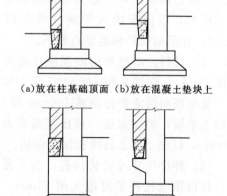

（a）放在柱基础顶面　（b）放在混凝土垫块上

（c）放在高杯口基础上　（d）放在柱牛腿上

图 7.31　基础梁的搁置方式

（4）基础梁下的回填土构造。为了使基础梁与柱基础一起沉降，基础梁下的回填土要虚铺，并留有 50～100mm 的空隙。寒冷地区要铺设较厚的干砂或炉渣等松散材料，以防地基土冻胀将基础梁及墙体顶裂。

7.2.2 柱

在装配式钢筋混凝土排架结构单层厂房中，柱有排架柱和抗风柱两类。

排架柱主要承受屋盖和吊车梁及部分外墙等传来的垂直荷载，以及风荷载和吊车制动力等水平荷载，是厂房结构的主要承重构件之一。

1. 柱的截面形式

钢筋混凝土柱可分为单肢柱和双肢柱两类。单肢柱的截面形式有矩形、工字形、单管圆形，如图 7.32 所示。双肢柱是由两肢矩形截面或圆形截面柱用平腹杆或斜腹杆连接而成。矩形柱外型简单、施工方便，但自重大，材料消耗多，主要用于截面尺寸较小的柱。工字型柱与矩形柱相比，自重轻，节省材料，受力较合理，但外形复杂、制作麻烦，一般用于截面尺寸较大的柱。当厂房高度很高或吊车起重量较大时，采用双肢柱较为经济合理。双肢柱的每个单肢主要承受轴向压力，能充分发挥混凝土的强度。同时，双肢间便于通过管道，节省空间，但施工时支模较复杂。

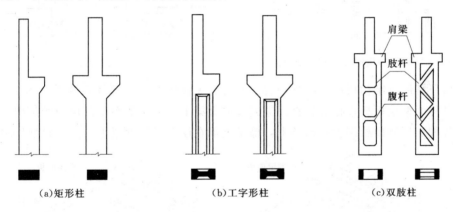

(a)矩形柱　　(b)工字形柱　　(c)双肢柱

图 7.32　钢筋混凝土柱

2. 柱的构造

（1）柱截面的构造尺寸与外形要求。一般工字形柱的翼缘厚度不宜小于 80mm，腹板厚度不宜小于 60mm，否则浇捣混凝土操作困难，同时，过薄在运输和安装过程中容易碰坏。为了加强吊装和使用时的整体刚度，在柱与吊车梁、柱间支撑连接处、柱顶处、柱脚处均应做成矩形截面（图 7.33）。

（2）柱的预埋件。柱的预埋件是指预先埋设在柱身上与其他构件连接用的各种铁件（如钢板、螺栓及锚拉钢筋等）。图 7.34 为柱的预埋件图。图中：M-1 与屋架焊接；M-2、M-3 与吊车梁焊接；M-4 与上柱支撑焊接；M-5 与下柱支撑焊接；2φ6 代表预埋钢筋与砖墙锚拉；2φ12 代表预埋钢筋与圈梁锚拉。

7.2.3 屋盖

屋盖由承重构件和覆盖构件组成。承重构件有屋架和屋面梁，覆盖构件有屋面板和檩条等。

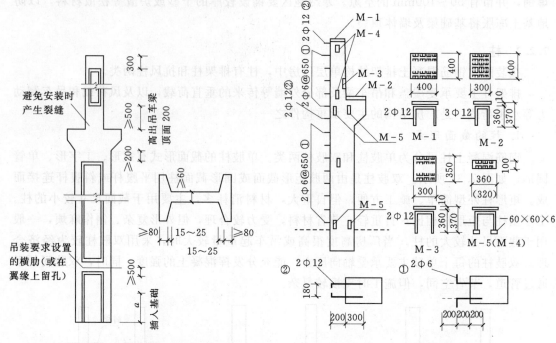

图 7.33 工字形柱的构造尺寸和外形要求

图 7.34 柱的预埋件

单层厂房屋盖结构根据其构件布置不同分为无檩体系和有檩体系两类（图 7.35）。无檩体系是将大型屋面板直接焊接在屋架或屋面大梁上，在一般单层厂房中最常用。有檩体系是将各种小型屋面板搁置在檩条上，檩条支承在屋架或屋面梁上，用于轻型厂房。

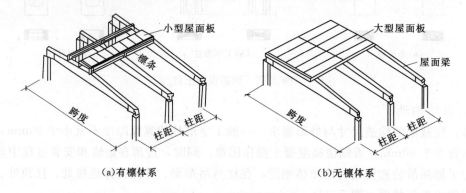

（a）有檩体系　　　　　　　　　（b）无檩体系

图 7.35 屋盖结构的形式

1. 屋面梁与屋架

屋面梁与屋架直接承受屋面荷载和安装在屋架上的悬挂吊车、管道及其他工艺设备的荷载以及天窗架荷载等。屋架和柱、屋面板连接起来，使厂房构成一个整体的空间结构，对于保证厂房的空间刚度起着重要作用。除了跨度很大的重型车间和高温车间采用钢屋架之外，一般多采用钢筋混凝土屋面梁和屋架。

（1）屋面梁。屋面梁主要用于跨度较小的厂房，有单坡和双坡之分，单坡仅用于边跨。截面有 T 形和工字形两种，因腹板较薄故常称其为薄腹梁（图 7.36）。屋面梁的特点是形状简单，制作和安装较方便，重心低、稳定性好，屋面坡度较平缓，但自重较大。

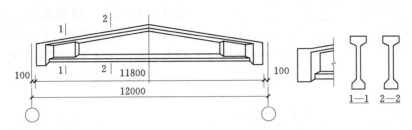

图 7.36　预应力钢筋混凝土工字形屋面梁

（2）屋架。

1）屋架的类型。钢筋混凝土屋架按其形式不同，有两铰拱或三铰拱屋架以及桁架式屋架两大类。当厂房跨度较大时，采用桁架式屋架较经济。桁架式屋架外形通常有三角形、梯形、拱形、折线形等几种（图 7.37）。

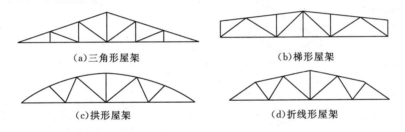

（a）三角形屋架　　　　　　　　　（b）梯形屋架

（c）拱形屋架　　　　　　　　　（d）折线形屋架

图 7.37　桁架式屋架的外形

2）屋架的端部形式。屋架端部形式按檐口及中间天沟的排水方式不同，分为自由落水、外天沟及内天沟等形式，如图 7.38 所示。

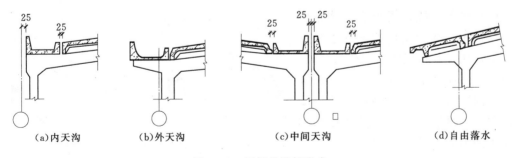

（a）内天沟　　　　（b）外天沟　　　　（c）中间天沟　　　　（d）自由落水

图 7.38　屋架的端部形式

3）屋架与柱的连接。屋架与柱的连接有螺栓连接和焊接两种方法，目前多采用焊接的方式，如图 7.39 所示。

2. 覆盖构件

覆盖构件主要包括屋面板、天沟板、檩条等。

（1）屋面板。屋面板分小型屋面板和大型屋面板两种。小型屋面板搁置在檩条上，用

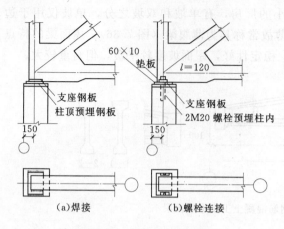

（a）焊接 　　（b）螺栓连接

图 7.39　屋架与柱的连接

于有檩体系屋盖；大型屋面板直接焊接在屋架或屋面梁上，用于无檩体系屋盖。单层厂房屋面板的形式很多，常用的屋面板如图 7.40 所示。目前采用最多的是预应力混凝土大型屋面板，它与屋架构成刚度较大、整体性较好的屋盖系统。预应力混凝土大型屋面板的外形尺寸常用 1.5m× 6.0m 规格。

（2）天沟板。天沟板主要用于采用有组织排水方式的屋面。天沟板的断面形状为槽形，两边肋高低不同，低肋依附在屋面板边，高肋在外侧（图 7.41）。

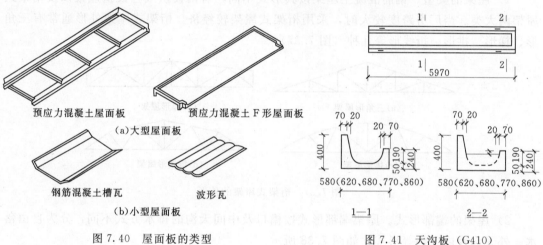

预应力混凝土屋面板　　预应力混凝土 F 形屋面板

（a）大型屋面板

钢筋混凝土槽瓦　　波形瓦

（b）小型屋面板

图 7.40　屋面板的类型

图 7.41　天沟板（G410）

（3）檩条。檩条用于有檩体系的屋盖结构中，起着支撑槽瓦等小型屋面板的作用，并将屋面荷载传给屋架。檩条应与屋架上弦连接牢固，以保证厂房纵向刚度。檩条有钢和钢筋混凝土的两种。钢筋混凝土檩条的截面形状常为倒 L 形和 T 形（图 7.42）。

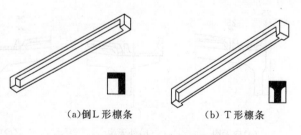

（a）倒 L 形檩条　　（b）T 形檩条

图 7.42　钢筋混凝土檩条的截面形状

3. 覆盖构件与屋架或屋面梁的连接

（1）屋面板与屋架或屋面梁的连接。屋面板与屋架或屋面梁的连接采用焊接。每块屋面板纵向主肋端底部的预埋铁件与屋架上弦相应处的预埋铁件相互焊接，焊接点应不少于三点（图 7.43）。板间缝隙用不低于 C15 的细石混凝土填实，以加强屋盖的整体刚度。

（2）天沟板与屋架的连接如图 7.44 所示。

（3）檩条与屋架的连接如图 7.45 所示，两根檩条的对应空隙用水泥砂浆填实。

图 7.43 大型屋面板与屋架焊接

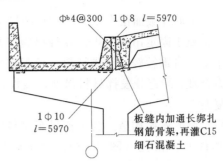

图 7.44 天沟板与屋架焊接

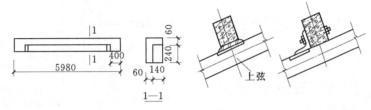

图 7.45 檩条与屋架焊接

7.2.4 吊车梁、连系梁与圈梁

1. 吊车梁

设有支承式梁式吊车或桥式吊车的厂房，为铺设轨道需设置吊车梁。吊车梁支承在排架柱的牛腿上，沿厂房纵向布置，是厂房的纵向连系构件之一。它直接承受吊车荷载（包括吊车自重、吊车起重量，以及吊车启动和刹车时产生的纵、横向水平冲力）并传递给柱子，同时对保证厂房的纵向刚度和稳定性起着重要作用。

（1）吊车梁的截面形式。吊车梁按外形和截面形状划分，有等截面的 T 形、工字形和变截面的鱼腹式吊车梁，如图 7.46 所示。

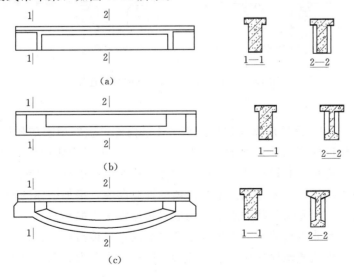

图 7.46 吊车梁的类型

155

T形、工字形等截面吊车梁是较常见的形式。T形吊车梁梁顶翼缘较宽，可增加梁的受压面积，也便于固定吊车轨道。这种梁施工简单，制作方便，但自重较大，用材料多。工字形吊车梁，自重较轻，节省材料。鱼腹式吊车梁的外形与梁的弯矩影响线包络图基本相似，受力合理，能充分发挥材料强度，腹板较薄，节省材料，可承受较大荷载，但构造和制作较复杂。

（2）吊车梁的连接构造。为了使吊车梁与柱、轨道便于连接及安装管线，在吊车梁上需设置预埋件及预留孔（图7.47）。吊车梁与柱的连接，多采用焊接连接的方法（图7.48）。吊车梁的对头空隙、吊车梁与柱之间的空隙均需用C20混凝土填实。

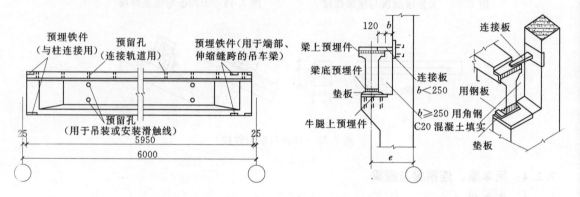

图7.47 吊车梁的预埋件　　　　　图7.48 吊车梁与柱的连接

（3）轨道的安装。吊车梁与轨道的连接方法一般采用螺栓连接，如图7.49所示。

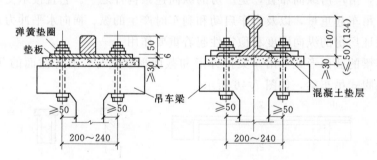

图7.49 吊车梁与吊车轨道的固定连接

2. 连系梁

连系梁（图7.50）是厂房纵向列柱的水平连系构件，主要用来增强厂房的纵向刚度，并传递风荷载至纵向柱列。连系梁的断面形式有矩形（用于一砖厚墙）及L形（用于一砖半厚墙）两种。连系梁有设在墙内与墙外两种，设在墙内的称为墙梁，墙梁有承重和非承重之分。非承重墙梁的主要作用是减少砖墙的计算高度，增加墙体的稳定性，同时承受墙体上的水平荷载，因此它与柱的连接应做成只传递水平力的构造，一般用螺栓或钢筋连接。承重墙梁除了起非承重墙梁的作用外，还将墙的重量传给柱子，因此它必须搁置在柱的牛腿上，并与柱焊接或螺栓连接。承重墙梁一般用于高度大、刚度要求高、地基土较差的厂房中。

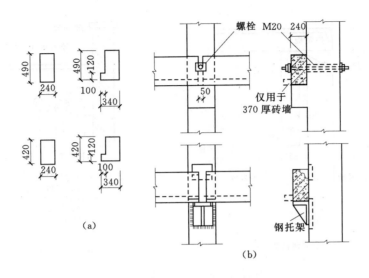

图 7.50 连系梁的断面形式及与柱的连接

3. 圈梁

圈梁是沿厂房外纵墙、山墙设置在墙内的连续封闭的梁。圈梁的作用是将墙体同厂房排架柱、抗风柱等箍在一起，以加强厂房墙体的稳定性和整体刚度。圈梁可现浇也可预制，并且应与柱子上的预留插筋拉接，如图 7.51 所示。

7.2.5 抗风柱与支撑系统

1. 抗风柱

单层工业厂房的山墙面积较大，所受到的风荷载也较大，因此在山墙上设置抗风柱，其作用是使风荷载一部分由抗风柱传至基础，另一部分则由抗风柱上端通过屋盖系统传到厂房的纵向排架中去。

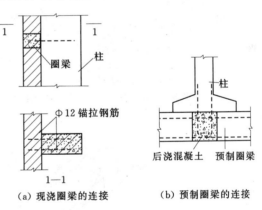

(a) 现浇圈梁的连接   (b) 预制圈梁的连接

图 7.51 圈梁与柱的连接

抗风柱一般采用钢筋混凝土柱，柱下端插入杯形基础，柱身伸出钢筋与山墙拉结。抗风柱与屋架的连接一般采用弹簧板做成柔性连接，如图 7.52（a）所示，以保证有效地传递水平风荷载，并在竖直方向允许屋架和抗风柱有相对的位移的可能。厂房沉降较大时，则宜采用螺栓连接的方法，如图 7.52（b）所示。

2. 支撑系统

支撑系统的主要作用是加强厂房结构的空间整体刚度和稳定性。同时能传递水平荷载，如山墙风荷载及吊车纵向制动力等。单层厂房支撑系统分屋盖支撑及柱间支撑两类。

（1）屋盖支撑。屋盖支撑包括横向水平支撑、纵向水平支撑、垂直支撑及纵向水平系

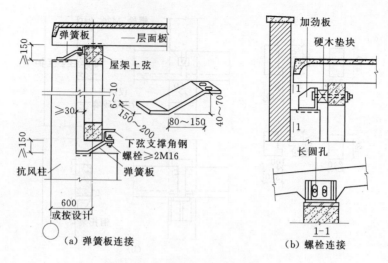

图 7.52　抗风柱与屋架的连接

杆（或称加劲杆）等（图 7.53）。屋盖支撑主要用以保证屋架上下弦杆件受力后的稳定，并保证山墙受到风力后的传递。

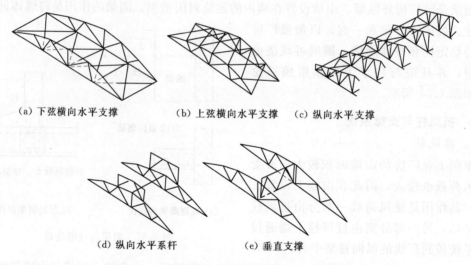

图 7.53　屋盖支撑的种类

（2）柱间支撑。柱间支撑的主要作用是加强厂房的纵向刚度和稳定性，一般设在横向变形缝区段的中部，或距山墙与横向变形缝处的第二柱间。位于吊车梁以上的称为上柱支撑，用以承受作用在山墙上的风荷载，并保证厂房上部的纵向刚度；位于下柱的称为下柱支撑，承受上柱支撑传来的力和吊车梁传来的吊车纵向刹车力，并传至基础。柱间支撑一般用型钢制作，多采用交叉式，支撑斜杆与柱上预埋件焊接。

当柱间需要通行、放置设备或柱距较大而不宜或不能采用交叉式支撑时，可采用门架式支撑（图 7.54）。

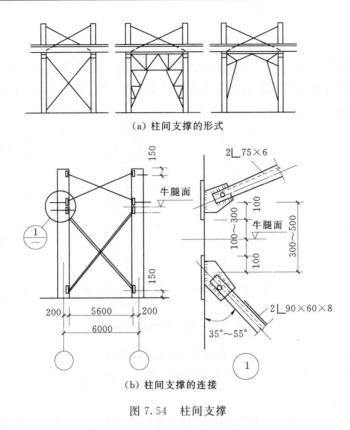

（a）柱间支撑的形式

（b）柱间支撑的连接

图 7.54 柱间支撑

7.3 单层工业厂房的墙体构造

7.3.1 厂房的外墙构造

1. 砖砌外墙

（1）承重砖墙。目前，我国单层厂房用砖砌外墙仍较多。承重砖墙是由墙体承受屋顶及吊车荷载，在地震区还要承受地震荷载。其形式可做成带壁柱的承重墙，墙下设条形基础，并在适当位置设置圈梁。承重砖墙只适用于跨度小于 15m、吊车吨位不超过 5t、柱高不大于 9m 以及柱距不大于 6m 的厂房。

（2）非承重砖墙。当吊车吨位重、厂房较高大时，一般均采用强度较高的材料（钢筋混凝土或钢）做骨架来承重，使承重与围护的功能分开，外墙只起围护作用和承受自身重量及风荷载。单层厂房非承重外墙一般不做带形基础，而是直接支撑在基础梁上，这样可以避免墙、柱基础相遇处构造处理复杂、耗材多，同时可加快施工速度。采用基础梁支撑墙体重量时，当墙体高度（240mm 厚）超过 15m 时，上部墙体由连系梁支撑，经柱牛腿传给柱子再传至基础，下部墙体重量则通过基础梁传至柱基础。砖墙与柱子（包括抗风柱）、屋架端部采用钢筋连接，由柱子、屋架沿高度每隔 500~600mm 伸出 2ϕ6 钢筋砌入砖墙水平缝内，以达到锚拉的作用。

单层厂房砖外墙表面或为清水墙，或为混水墙，视生产环境要求及经济条件而定，内表面一般应进行饰面处理。

2. 块材墙

为了改变砖墙存在的缺点，块材墙在国内外均得到一定的发展，与民用建筑一样，厂房多利用轻质材料制成块材或用普通混凝土制空心块砌墙，如图 7.55 所示。

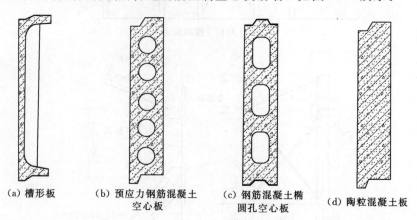

  (a) 槽形板 (b) 预应力钢筋混凝土 (c) 钢筋混凝土椭 (d) 陶粒混凝土板
         空心板   圆孔空心板

图 7.55 单一材料的墙板

块材墙的连接与砖墙基本相同，即块材之间应横平竖直、灰浆饱满、错缝搭接，块材与柱子之间由柱子伸出钢筋砌入水平缝内实现锚拉。块材墙的整体性与抗震性比砖墙好。

3. 板材墙

在单层工业厂房中，墙体围护结构采用墙板，能减轻墙体自重，改善墙体的抗震性能，有利于墙体改革，促进建筑工业化，简化、净化施工现场，加快施工速度。但板材墙目前还存在造价偏高，连接构件不理想，接缝不易保证质量，有时渗水、透风，保暖、隔音不能令人满意等缺点，有待逐步克服。

（1）墙板材料。墙板可以选用单一材料的外墙板，如钢筋混凝土槽形板、空心板，钢筋轻混凝土墙板等，也可以选用复合墙板、组合板、夹心板，经常采用的是在钢筋混凝土石棉板、塑料板、薄钢板、铝板的外壳内填一保温材料，如矿棉、泡沫塑料等制成的板材。

轻质板材墙仅起围护作用，墙板除传递水平风荷载外，不承受其他荷载，墙板的自重也由厂房的骨架承受。轻质板材墙一般用于不要求保温、隔热的热加工车间、防爆车间或仓库建筑的外墙。轻质板材墙可采用轻质的石棉水泥板、金属瓦楞板、塑料墙板、铝合金板等材料制作，目前采用较多的是波纹石棉水泥瓦、金属楞瓦等。

（2）墙板的规格。墙板的规格尺寸，应符合相关的模数，板材的长度为 6000mm、9000mm、12000mm；高度为 300mm 倍数，常用 900mm、1200mm、1500mm、1800mm。视厂房柱距、高度及洞口条件确定，应使类型尽量减少，便于成批生产及施工。板厚采用 160mm、180mm、200mm、220mm、240mm、260mm、280mm、300mm 等，以 20mm 递变，以适用钢模的使用。

墙板有一般板、山墙板、勒脚板、女儿墙板等。

（3）墙板的连接。大型板材与柱或梁应用金属件连接，一般有两种方案：柔性连接和刚性连接。

1）柔性连接。柔性连接指的是螺栓连接。在大型墙板上预留安装孔，同时在板的两侧的板距位置预埋铁件，吊装前焊接连接角钢，并安上螺栓钩，吊装后用螺栓钩将上下两块大型板连接起来，也可以在墙板外侧加压条，在用螺栓与柱子压紧、压牢。这种连接方法安装方便、维修容易，对地基下沉不均匀或有较大振动的厂房比较适宜，但用钢量大，金属连接件外露多，在腐蚀环境中需严加防护，此外，厂房的纵向刚度较差。拉紧螺栓钩后，板缝用水泥石棉砂浆嵌缝，或用防水油膏嵌缝。

2）刚性连接。刚性连接指的是焊接连接。其具体做法是在柱子侧边及墙板两端预留铁件，然后用型钢进行焊接连接。这种方法工序简单，安装比较灵活，连接用钢量少，连接刚度大，可以增加厂房的纵向刚度，但在地基不良或振动较大的厂房中，墙板容易开裂。因此不宜用于 7 度以上烈度的地震设防区，有可能产生不均匀沉降的厂房也不宜使用。

4. 压型钢板外墙

薄金属板经压制成波形断面后可大大改善力学性能，例如厚 0.8mm 的薄钢板压成波高 130mm 的 W 形屋面板，檩距可达到 5m。压型钢板一般均由施工单位在建房现场将成卷的薄钢板通过成型冷轧机压制而成，并可切成任一所需长度，从而大大减少了接缝处理与雨水渗透途径。压型钢板可根据设计要求采用不同的彩色涂层，既可增强防腐性能又有利于建筑艺术处理与总图以着色为标志的区段划分，如图 7.56 所示。

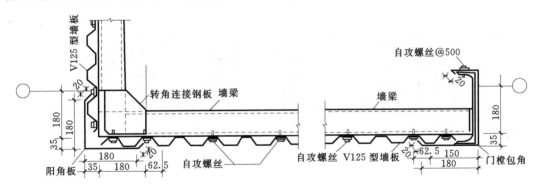

图 7.56　压型钢板外墙

7.3.2　隔板构造

在单层工业厂房中，根据生产状况的不同，需要进行分隔，有时因生产和使用的要求，也须在车间分隔出车间办公室、工具库、临时库房等。分隔用的隔断常采用 2100mm 高的木板、砖砌墙、金属网、钢筋混凝土板、混合隔断等，如图 7.57 所示。

（1）木隔断。这种隔断多用于车间内的办公室。由于构造的不同，可分木隔断和组合木隔断。木隔板、隔扇也可安装玻璃，但造价较高。

（2）砖隔断。砖隔断常采用 240mm 厚砖墙，或带有壁柱的 120mm 厚砖墙。这种做法造价较低，防火性能好。

（3）金属网隔断。金属网隔断由金属网和框架组成。金属网可用钢板网和镀锌铁

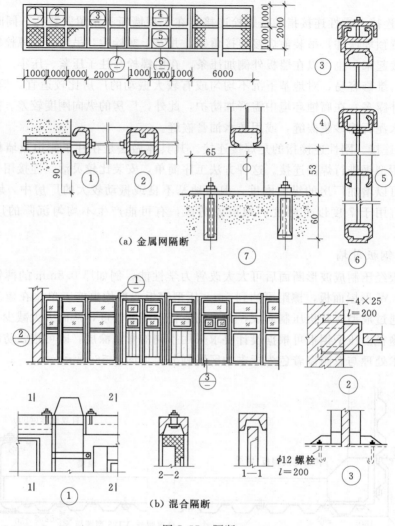

图 7.57 隔断

皮网。

（4）钢筋混凝土隔断。这种隔断多为预制装配式，施工方便，适用于火灾危险性大和湿度大的车间。

（5）混合隔断。混合隔断的下部用 1m 左右的 120mm 厚砖墙，上部用玻璃木隔扇或金属网隔扇组成。隔断的稳定性靠砖柱来保证。砖柱距为 3m 左右。

7.4　单层工业厂房的其他组成与构造

7.4.1　侧窗

在工业建筑中，侧窗不仅要满足采光和通风的要求，还要满足生产工艺方面的其他特殊要求。例如：有爆炸危险的车间，侧窗应便于泄压；要求恒温的车间，侧窗应有足够的保温隔热性能；洁净车间要求侧窗防尘和密闭，等等。而且工业建筑侧窗面积较大，如果处理不当，容易产生变形损坏和开关不便，不但给生产带来不良影响，还会增加维修费用，因此在进行侧窗构造设计时，应在坚固耐久、开关方便的前提下，节省材料，降低造价。

1. 侧窗的层数

为节省材料和造价，工业建筑侧窗一般情况下采用单层窗，只有在严寒地区，在 4m 以下高度或生产有特殊要求的车间（如恒温、恒湿、洁净车间），才部分或全部采用双层窗。双层窗冬季保温、夏季隔热，而且防尘密闭性能均较好，但造价高，施工复杂。

2. 侧窗的种类

（1）侧窗的材料种类。按所用材料不同分，工业建筑侧窗有木侧窗、钢侧窗及塑料窗。木侧窗、塑料窗的构造与民用建筑中的构造基本相同。由于钢侧窗坚固耐久、防火、耐湿、关闭相对紧密、遮光少等优点，因此目前工业建筑中大量采用。钢侧窗分为实腹和空腹薄壁钢窗两种。

工业厂房钢窗侧窗多采用 32mm 高的标准钢窗型钢，它适用于中悬窗、固定窗和平开窗。洞口尺寸以 300mm 为模数。为便于运输和制作，基本钢窗扇的高度为：固定窗及中悬窗带固定窗不大于 2.4m；平开窗带固定窗不大于 2.1m；宽度不大于 1.8m。一樘较大面积的钢侧窗由数个基本窗拼接而成，其间要设中竖梃和中横梃，拼接方法与民用建筑钢侧窗基本相同。考虑侧窗应具有一定的刚度以抵抗风荷载及使用中不易变形等因素，标准组合窗的高度一般不超过 4.8m，宽度可达 6m。

空腹薄壁钢侧窗质量轻、刚度大、外形美观，比实腹钢侧窗可省钢材 40%～50%，但不宜用于有酸碱介质侵蚀的车间。

（2）侧窗的构造种类。按侧窗的开启方式分，有中悬窗、平开窗、固定窗和垂直旋转窗。

1）中悬窗。窗扇沿水平轴转动，开启角度大，有利于泄压，便于机械开关或绳索手动开关，常用于外墙上部。中悬窗缺点是构造复杂、开关扇周边的缝隙易漏雨和不利于保温。

2）平开窗。构造简单、开关方便，通风效果好，并便于组成双层窗。多用于外墙下部，作为通风的进气口。

3）固定窗。构造简单、节省材料，多设于外墙中部，主要用于采光。对有防尘要求的车间，其侧窗也多做成固定窗。

4）垂直旋转窗。又称立转窗。窗扇沿垂直轴转动，并可根据不同的风向调节开启角度，通风效果好，多用于热加工车间的外墙下部，作为通风的进气口。

根据厂房和通风的需要，厂房外墙的侧窗，一般将中悬窗、平开窗、固定窗等组合在一起，如图 7.58 所示。

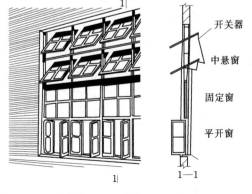

图 7.58 侧窗组合实例

7.4.2 天窗构造

在大跨度或多跨的单层厂房中,为了满足天然采光和自然通风的要求,常在厂房的屋顶上设置各种类型的天窗。按天窗的作用分有采光天窗、通风天窗和采光兼通风天窗;按天窗的形式分有矩形天窗、锯齿形天窗、M形天窗、平天窗、下沉式天窗等。

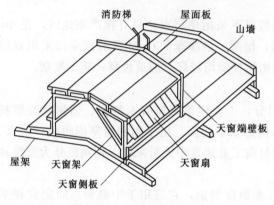

图 7.59 矩形天窗的组成

1. 矩形天窗

矩形天窗既可采光又可通风,而且防雨和防太阳辐射均较好,所以在单层工业厂房中被广泛应用。但矩形天窗的天窗架支撑在屋架上弦,增加了房屋的荷载,增大了建筑物的体积和高度。

矩形天窗主要由天窗架、天窗端壁、天窗扇、天窗檐口、天窗侧板等组成,如图 7.59 所示。

矩形天窗沿厂房纵向位置,在厂房屋面两端和变形缝两侧的第一柱间常不设天窗,一方面可以简化构造,另一方面还可作为屋面检修和消防的通道。在每一段天窗的端部应设置上天窗屋面的消防检修梯。

(1) 天窗架。天窗架是天窗的承重结构,它直接支承在屋架上,天窗架的材料一般与屋架一致,常用的有钢筋混凝土天窗架、钢天窗架。天窗架的宽度根据采光、通风要求一般为厂房跨度的 1/2~1/3。考虑屋面板的尺寸,以及尽可能将天窗架支承在屋架的节点上,目前所采用的天窗架宽度为 3m 的倍数,即 6m、9m、12m。天窗架的高度根据所需天窗扇的排数和每排窗扇的高度来确定,多为天窗架跨度的 0.3~0.5 倍。

钢筋混凝土天窗架有 Π 形、W 形和 Y 形等,如图 7.60 所示。钢天窗架的形式有多压杆式和桁架,如图 7.61 所示。

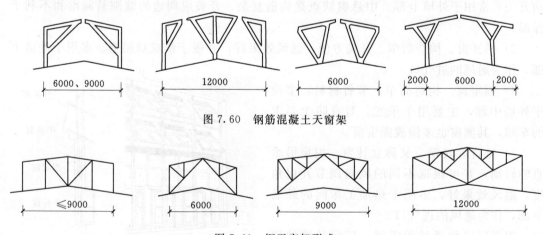

图 7.60 钢筋混凝土天窗架

图 7.61 钢天窗架形式

(2) 天窗端壁。矩形天窗两端的承重围护结构构件称为天窗端壁。通常采用预制钢筋混凝土端壁，如图 7.62 所示，或钢天窗架石棉瓦端壁，如图 7.63 所示。前者用于钢筋混凝土屋架，后者多用于钢屋架。钢筋混凝土端壁板常做成肋形板，并可代替钢筋混凝土天窗架。端壁板及天窗架与屋架的连接均通过预埋铁件焊接。寒冷地区的车间需要保温时，应在钢筋混凝土端壁板内表面加设保温层。

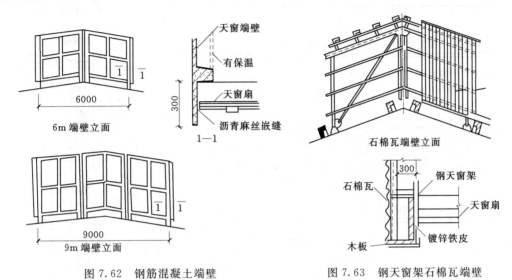

图 7.62　钢筋混凝土端壁　　　　图 7.63　钢天窗架石棉瓦端壁

（3）天窗扇。天窗扇由钢材、木材、塑料等材料制作。钢天窗扇具有耐久、耐高温、质量轻、挡光少、使用过程中不易变形、关闭严密等优点。因此，钢天窗被广泛采用。钢天窗扇的开启方式有上悬式和中悬式两种。上悬式钢天窗最大开启角度为 45°，所以通风效果差，但防雨性能较好。中悬式钢天窗扇开启角度可达 60°～80°，所以通风性能好，但防水较差。

1）上悬式天窗扇。我国 J815 定型上悬钢天窗扇的高度有三种：900mm、1200mm、1500mm（标志尺寸）。根据需要可以组合成不同高度的天窗。上悬钢天窗扇可布置成通长和分段两种，见图 7.64。

无论是通长天窗扇，还是分段天窗扇，其开启扇与开启扇之间均设固定扇，该固定扇起窗框的作用，防雨要求较高的厂房应在固定扇的后侧设置倾斜的挡雨扇，以防止开启扇两侧飘入雨水，见图 7.65 中大样①和大样②。

上悬钢天窗扇的构造见图 7.64 中①～⑦大样图，它是有上梃、下梃、边梃、窗芯盖缝板及玻璃组成。在钢筋混凝土天窗架上部预埋铁板，用角钢与预埋铁件焊接，再将通长角钢∟100×8 焊接在短角钢上，用螺栓将弯铁固定在通长角钢∟100×8 上，而上悬钢天窗扇的槽钢上梃则悬挂在弯铁上。窗扇的下梃为异形断面的型钢，天窗关闭时，下梃位于横档或侧板外缘以利于排水。为控制天窗开启角度，在边梃及窗芯上方设止动板。

2）中悬式钢天窗。中悬式钢天窗因受天窗架的阻挡和受转轴位置的影响，只能分段设置。定型中悬式钢天窗扇的高度及组合同上悬式天窗扇，中悬式钢天窗扇的上梃、下梃及边梃均为角钢，窗芯为⊥形钢，窗扇转轴固定在两侧的竖框上，如图 7.65 所示。

（4）天窗檐口。天窗檐口构造有两类。

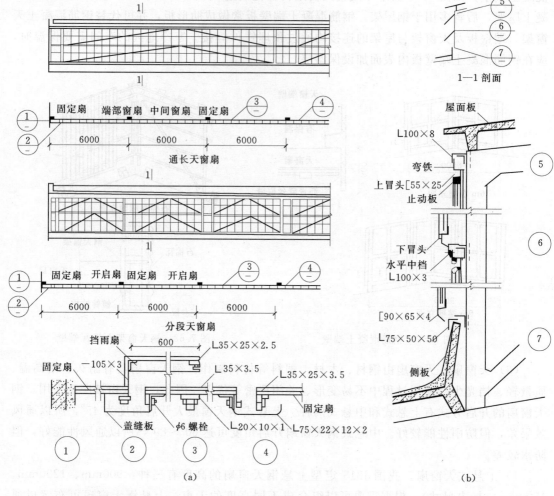

图 7.64 钢筋混凝土端壁

1）带挑檐的屋面板无组织排水的挑檐出挑长度一般为 500mm。若采用上悬式天窗扇，因防水较好，故出挑长度可小于 500mm；若采用中悬式天窗时，因防雨较差，其出挑长度可大于 500mm，见图 7.66（a）。

2）设檐沟板有组织排水可采用带檐沟屋面板，见图 7.66（b）。或者在钢筋混凝土天窗架端部预埋铁件焊接钢牛腿，支撑天沟，见图 7.66（c）。

（5）天窗侧板。在天窗扇下部需设置天窗侧板，侧板的作用是防止雨水溅入及防止因屋面积雪挡住天窗。从屋面到侧板上缘的距离，一般为 300mm，积雪较深的地区，可采用 500mm。侧板的形式应与屋面板相适应，如图 7.67 所示。采用钢筋混凝土Ⅱ形天窗架和钢筋混凝土大型屋面板时，则侧板采用长度与天窗架间距相同的钢筋混凝土槽板，它与天窗架的连接方法是在天窗架下端相应位置预埋铁件，然后用短角钢焊接，将槽板置于角钢上，再将槽板的预埋件与角钢焊接，见图 7.67（a）。该车间需要保温，所以屋面板及天窗屋面板均设有保温层，侧板也应设保温层。图 7.67（b）是采用钢筋混凝土小板，小

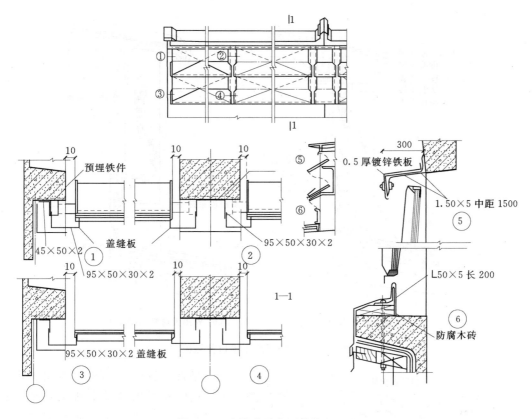

图 7.65 中悬式天窗（单位：mm）

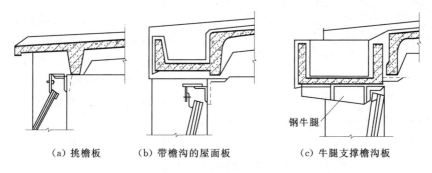

（a）挑檐板　　　　（b）带檐沟的屋面板　　　　（c）牛腿支撑檐沟板

图 7.66 钢筋混凝土檐口构造

板的一端支撑在屋面上，另一端靠在天窗框角钢下档的外侧。当屋面为有檩体系时，侧板可采用水泥石棉瓦、压型钢板等轻质材料。

2. 矩形通风天窗

矩形通风天窗是在矩形天窗两侧加挡风板构成，如图 7.68 所示。

矩形通风天窗挡风板，其高度不宜超过天窗檐口的高度，一般应比檐口稍底，E 为 $(0.1 \sim 0.5)h$。挡风板与屋面板之间应留空隙，D 为 $50 \sim 100\text{mm}$，便于排出雨雪和积尘。在多雪的地区不大于 200mm，因为缝隙过大，风从缝隙吹入，产生倒灌风，影响天窗的通风效果。挡风板的端部必须封闭，防止平行或倾斜于天窗纵向吹来的风，影响天窗排

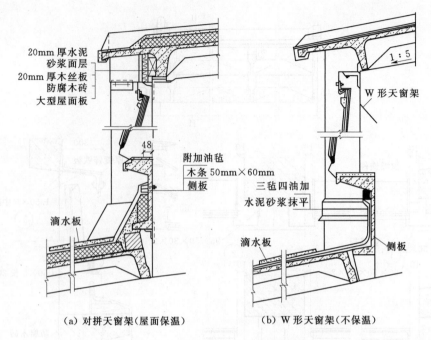

20mm 厚水泥砂浆面层
20mm 厚木丝板
防腐木砖
大型屋面板

48

W 形天窗架

附加油毡
木条 50mm×60mm
侧板

滴水板

三毡四油加
水泥砂浆抹平

滴水板

侧板

（a）对拼天窗架（屋面保温）　　　　（b）W 形天窗架（不保温）

图 7.67　钢筋混凝土檐口及侧板

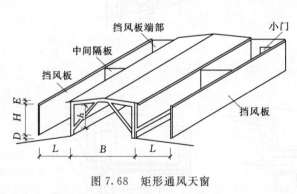

挡风板端部
中间隔板
挡风板
小门
挡风板

图 7.68　矩形通风天窗

气。是否设置中间隔板，根据天窗长度、风向和周围环境等因素而定。在挡风板上还应设置供清灰和检修时通行的小门。

（1）风板的形式及构造。挡风板形式有立柱式（直或斜立柱式）、悬挑式（直或斜悬挑式），如图 7.69 所示。

挡风板由面板和支架两部分组成。面板材料常采用石棉水泥瓦、玻璃钢板、压型钢板等轻质材料。支架的材料主要采用型钢及钢筋混凝土。

立柱式是将立柱支撑在屋架上弦的柱墩上，用支撑与天窗加以连接，结构受力合理，但挡风板与天窗之间的距离受屋面板排列的限制，立柱式防水处理比较复杂。悬挑式的支架固定在天窗架上，挡风板与屋面板完全脱开，处理灵活，适用各种屋面，但增加了天窗架的荷载，对抗震不利。

（2）水平口挡雨片的构造。水平口挡雨板片由挡雨片及其支承部分组成。挡雨片可用石棉水泥瓦、钢丝网水泥、钢筋混凝土、薄钢板等制作。支承部分有组合檩条、型钢支架、钢檩条、钢筋混凝土格架、钢格架等。为了增大挡雨片的透光系数，可采用铅丝玻璃、钢化玻璃、玻璃钢等透光材料，如图 7.70 所示。

3. 平天窗

（1）平天窗的类型。平天窗的类型有采光板、采光罩、采光带及三角形天窗等。

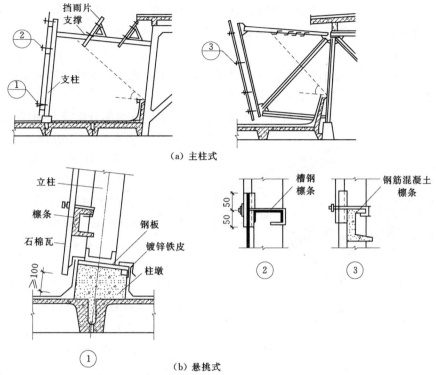

（a）主柱式

（b）悬挑式

图 7.69 钢筋混凝土檐口及侧板

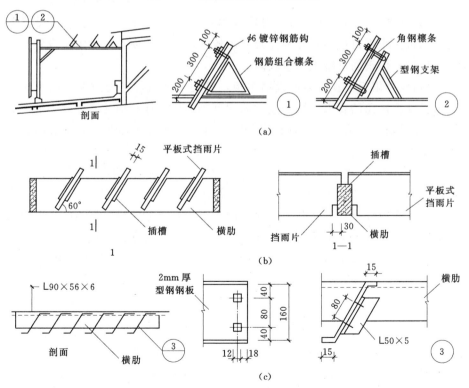

图 7.70 矩形天窗挡雨片构造

（2）平天窗的构造。平天窗类型虽然很多，但构造要点是基本相同的，即井壁、横档、透光材料的选择，防眩光、安全防护、通风措施等。

4．井式天窗

井式天窗是下沉式天窗的一种，下沉式天窗是利用屋架上、下弦之间的高差形成的天窗，其形式有横向下沉、纵向下沉及井式天窗。

井式天窗主要有井底板、空格板、挡风侧墙及挡雨设施四部分组成，如图7.71所示。

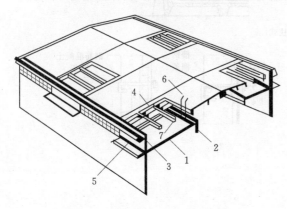

图7.71　边井式天窗构造组成
1—井底板；2—檩条；3—檐沟；4—挡雨设施；
5—挡风侧墙；6—铁梯；7—空格板

（1）井底板。井底板的布置方式有两种：横向布置和纵向布置。

1）横向布置。横向布置只指井底板长边方向平行于屋架的布置。

2）纵向布置。纵向布置是指井底板长方向垂直于屋架的布置。

（2）挡雨设施。井式天窗的挡雨板设施有五种做法：井口做挑檐、井口设挡雨片、垂直口设挡雨板、垂直口设窗扇、水平口设窗扇。

1）井口作挑檐。在井口处设挑檐板，遮挡雨水飘入室内，挑檐板的出挑长度应满足设计飘雨角度的要求。

2）井口设挡雨片。为了使井口获得较多的采光通风面积，而在水平口设置搁置在空格板上的挡雨板。水平口设挡雨片采光及通风较好，吊装方便。同时由于设置空格板使屋顶纵向刚度增加，但钢筋混凝土用量较多。

3）垂直口设挡雨板。在垂直口设挡雨板，既便于通风，又能防雨。挡雨板的尺寸及层数应满足设计飘雨角的要求。其构造常采用型钢支架上挂石棉瓦或预制钢筋混凝土板。

4）垂直口设窗扇。沿厂房纵向的垂直口呈矩形，窗扇开启方式可以采用上悬式或中悬式。

5）水平口设窗扇。水平口设置的窗扇有中悬式和推拉式两种，因中悬式窗扇支承在空格板或檩条上，开启角度可任意调整，故采用较多。

（3）边井式天窗外排水。在井式天窗的屋架上弦及下弦铺设屋面板时，既要考虑上弦部位的屋面排水，又要考虑下弦部位的屋面排水，因此，排水设计比较复杂。设计时应根据井式天窗的位置、厂房的高度、车间内部产生灰尘量及年降水量和暴雨量的大小等因素，选择排水方式。

7.4.3　大门

工业厂房的大门主要是供日常车辆和人通行，以及紧急情况疏散之用。因此它的尺寸应根据所需运输工具类型、规格、运输货物的外形并考虑通行方便等因素来确定。一般门的宽度应比满载货物时的车辆宽600～1000mm，高度应高出400～600mm。

一般大门的材料有木、钢木、普通型钢和空腹薄壁钢等几种。门宽1.8m以内时采用木制门，当门洞尺寸较大时，为了防止门扇变形和节约木料，常采用型钢做骨架的钢木大门或钢板门。高大的门洞采用各种钢门或空腹薄壁钢门。

大门按开启方式有平开、推拉、升降、上翻、卷帘等，如图 7.72 所示。

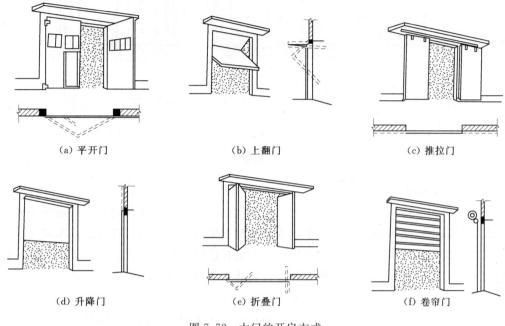

（a）平开门　　　　　　　（b）上翻门　　　　　　　（c）推拉门

（d）升降门　　　　　　　（e）折叠门　　　　　　　（f）卷帘门

图 7.72　大门的开启方式

1. 一般大门

（1）平开门。平开门构造简单，门扇常向外开，门洞应设雨棚。当运输货物不多，大门不需经常开启时，可在大门扇上开设供人通行的小门。平开门受力状态较差，易产生下垂或扭曲变形，故门洞大时不易采用。门洞尺寸一般不宜大于 3.6m×3.6m。当门的面积大于 5 ㎡时，宜采用角钢骨架。当门洞宽大于 3m 时，设钢筋混凝土门框，在安装铰链处预埋铁件。洞口较小时可采用砖砌门框，墙内砌入有预埋件的混凝土块，砌块的数量和位置应与门扇上铰链的位置相适应。一般是每个门扇设两个铰链。

（2）推拉门。推拉门的开关是通过滑轮沿着导轨左右推拉，门扇受力状态较好，构造简单，不易变形，常设在墙的外侧。雨篷沿墙的宽度最好为门宽的 2 倍。工业厂房中广泛采用推拉门，但不宜用于密闭要求高的车间。

（3）折叠门。折叠门由几个较窄的门扇相互间以铰链连接组合而成。开启时通过门扇上下滑轮沿着导轨左右移动。这种形式在开启时可使几个门扇折叠在一起，占用的空间较少，适用于较大门洞。

折叠门一般分为侧挂式、侧悬式、中悬式三种，如图 7.73 所示。侧挂折叠门可用普通铰链，靠框的门扇如为平开门，在它侧面一般只挂一扇门。不适于较大的洞口。侧悬式和中悬式折叠门，在洞口上方设有导轨，各门扇间除下部用铰链连接外，在门扇顶部还装有带滑轮的铰链，下部装地槽滑轮，折叠门开闭是上下滑轮沿导轨移动，带动门扇折叠。它们适用于较大的门洞。滑轮铰链安装在门扇侧边为侧悬式，开关较灵活。中悬式折叠门式是滑轮铰链装在门扇中部，门扇受力较好，但开关比较费力。

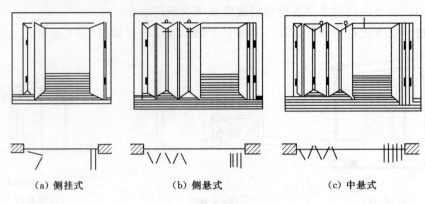

（a）侧挂式　　　　　　（b）侧悬式　　　　　　（c）中悬式

图 7.73　折叠门的种类

2. 特殊要求的门

（1）防火门。防火门用于加工易燃品的车间或仓库。根据车间对防火门耐火等级的要求，门扇可以采用钢板，也可采用木板外贴石棉板再包以镀锌铁皮，或木板外直接包镀锌铁皮。当采用后两种方式做防火门时，考虑被烧时木材的炭化会放出大量气体，因此在门扇上应设泄气孔。室内有可燃液体时，为防止液体流淌，扩大火灾蔓延，防火门下宜设门槛，高度以液体不流淌到门外为准。

（2）保温门、隔声门。保温门要求门扇具有一定热阻值和门缝密闭处理，故常在门扇两层板间填以轻质疏散的材料（如玻璃棉、矿棉、岩棉、软木、聚苯板等）。隔声门的隔声效果与门扇的材料和门缝的密闭有关，虽然门扇越重隔声越好，但门扇过重开关不便，五金也易损坏，因此隔声门常采用多层复合结构，即在两层面板之间填吸声材料（如矿棉、玻璃棉、玻璃纤维板等）。

7.4.4　金属梯

厂房中，由于生产操作和检修需要，常设置各种钢梯，如到达操作平台的工作梯，到达吊车操作室的吊车梯及消防检修梯等。金属梯一般宽为 600～800mm，其形式有直梯和斜梯两种。金属梯构件断面尺寸视生产状况不同有所差异，如车间相对湿度较大，或有腐蚀性介质作用时构件断面尺寸应加一级。除 90° 的直梯外，其他扶梯均应设有栏杆扶手。

1. 作业平台梯

作业平台梯多用钢梯，坡度一般为 45°、54°、73°、140°等，宽度有 600mm 和 800mm 两种，如图 7.74 所示。

2. 吊车梯

吊车梯是供司机上下吊车而设置，应设置便于上下吊车操作室的位置，一般多设在端部第二个柱距的柱边，如车间有两台吊车，则应设置两个吊车梯。吊车梯均采用斜梯，梯段有单跑和双跑两种，其坡度应不大于 60°，如图 7.75 所示。

3. 消防检修梯

单层厂房屋顶高度不大于 10m 时，应有专用梯自室外的地面通至屋顶，以及从厂房屋面至

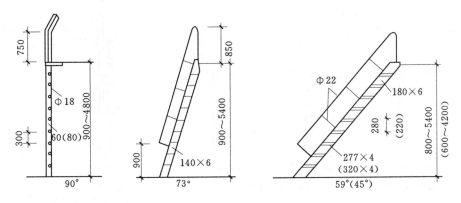

图 7.74　作业平台梯

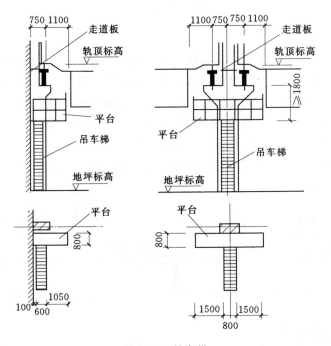

图 7.75　吊车梯

天窗屋面，以作为消防检修之用。相邻厂房高差在 2m 以上时，也应该设消防检修梯。

消防检修梯一般沿外墙设置，且多设于端部山墙上，其位置应按防火规范的规定设置。消防检修梯多为直梯，梯的底端应高出室外地面 1.0~1.5m，以防止无关人员攀登。钢梯与墙之间相距应不小于 250mm。梯梁用焊接的角钢埋入墙内，墙内应预留 240mm×240mm 的孔洞，深度最小为 240mm，然后用 C15 混凝土嵌固；也可作成带角钢的预埋块随墙砌筑，再将梯梁焊接在角钢上，如图 7.76 所示。

4. 走道板

走道板是为维修吊车轨道及检修吊车而设。走道板均沿吊车梁顶面铺设。走道板设置在边柱和中柱均可。其构造一般由支架、走道板及栏杆组成。支架和栏杆均采用钢材，走道板所用材料有木板、钢板及钢筋混凝土板等。

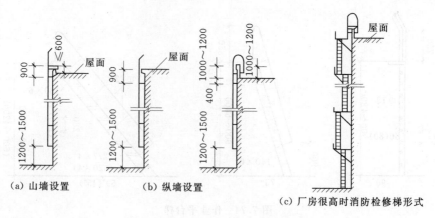

（a）山墙设置　　　　（b）纵墙设置

（c）厂房很高时消防检修梯形式

图 7.76　消防梯

7.4.5　地面

单层厂房地面的面积较大，应具有抵抗各种破坏作用的能力，以满足各种生产使用的要求。如防尘、防潮、防水、抗腐蚀、耐冲击、耐磨等。另外，由于车间内各工段生产要求的不同，往往会采用几种不同类型的地面，增加了地面构造的复杂性。一般厂房地面约占厂房总造价的 10%～30%，应合理设计厂房地面，使其既满足使用要求，又经济合理。厂房地面的组成与民用建筑基本相同，一般由面层、垫层和基层组成。当面层材料为块状材料或地面有特殊使用时，还应增加一些附加层，如结合层、防水层、防潮层、保温层和防腐蚀层等，如图 7.77 所示。

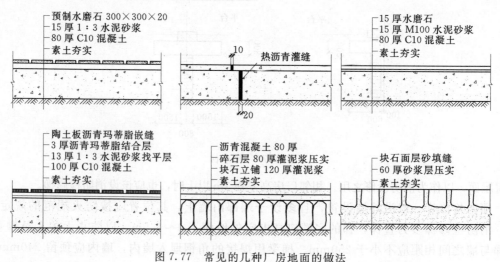

图 7.77　常见的几种厂房地面的做法

7.4.6　地沟、坡道、散水

1. 地沟

在厂房建筑中，地沟是为了容纳各种管道，如电缆、采暖压缩空气蒸汽等管道而设置的。地沟由底板、沟壁和盖板组成，常用的材料由砖和混凝土。砖砌沟壁一般为 120～140mm，厚度一般不小于 240mm，应做防潮处理。地沟的沟宽和沟深应根据敷设和检修管线的需要而定。盖板一般采用钢筋混凝土或铸铁，盖板上应装活络拉手，以便开启，其表面应与地面平齐。当有地下水影响时，常将地沟底板与沟壁做成现浇整体混凝土，如图7.78所示。

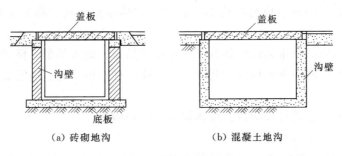

（a）砖砌地沟　　　　　　　　　（b）混凝土地沟

图 7.78　地沟及盖板

2. 坡道

厂房的室内外高差一般为150mm左右，为便于各种车辆通行，一般在厂房门外设混凝土坡道。坡道的坡度一般为8%～15%，大于10%时坡面应做齿槽防滑。坡道左右应宽出大门300～500mm，比雨篷宽度小150mm左右。坡道与墙体交接处应留出10mm的缝隙。

3. 散水

为排除雨水及保护地基不受雨水侵袭，在厂房四周应做散水，其宽度应比无组织排水挑檐宽出300mm左右，通常为600～1000mm，湿陷性黄土地区宽度应不小于1200mm，坡度为3%～5%。

4. 交接缝

交接缝指建筑中不同材料的地面交接处。由于缝两边材料的不同，接缝处易遭破坏，故需在构造上采取措施。当面层为水泥砂浆等脆性材料时，常在边缘处预埋角钢作护边处理，如图7.79（a）所示。当接缝两边均为砂、矿渣等非刚性垫层时常设置混凝土块进行加固，如图7.79（b）所示。

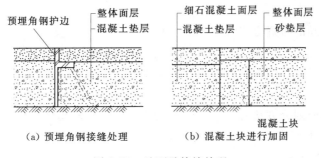

（a）预埋角钢接缝处理　　　　　　　（b）混凝土块进行加固

图 7.79　地面及接缝处理

本　章　小　结

（1）工业建筑是指从事各类工业生产及直接为工业生产需要服务而建造的各类房屋。

工业建筑属于生产性建筑，其特点由生产性质和实用功能所决定。本章主要讲述工业建筑的设计特点及单层厂房的各部构造。

（2）工业建筑的分类：主要按用途、生产状况和层数等进行分类。

（3）单层工业厂房的组成与结构类型：主要墙体承重结构、排架结构和刚架结构等形式。

（4）单层厂房内部起重运输设备有单轨悬挂式吊车、梁式吊车、桥式吊车。

（5）单层工业厂房的重要构件：基础、基础梁、柱；吊车梁、连系梁、圈梁、支撑系统、屋盖。

（6）单层工业厂房的外墙构造：墙体构造、墙板构造。

（7）单层工业厂房的其他构造。

1）侧窗：主要是满足采光和通风的要求，并根据生产工艺的特点，满足其他特殊要求。

2）天窗：按天窗的作用可分为采光天窗、通风天窗和采光兼通风的天窗；按天窗的形式分，常见的天窗有矩形天窗、M形天窗、平天窗、下沉式天窗等。

3）钢梯：在厂房中根据生产操作和检修的需要，常设置各种钢梯，如到达操作平台的工作梯，到达吊车操作室的吊车梯以及消防检修梯等。

4）地面：单层厂房地面的面积较大，应具有抵抗各种破坏作用的能力，以满足各种生产使用要求如防尘、防潮、防水、抗腐蚀、耐冲击、耐磨等。

（8）地沟、坡道、散水。在厂房建筑中，地沟是为了容纳各种管道而设置的，如电缆、采暖、压缩空气、蒸汽等管道。厂房的室内外高差一般为 150mm 左右，为便于各种车辆通行，一般在厂房门外设混凝土坡道。为排除雨水及保护地基不受雨水侵袭，在厂房四周应做散水。交界缝指建筑中不同材料的地面交接处的处理。

复 习 思 考 题

1. 填空题

（1）厂房生活间的布置方式（　　　　）、（　　　　）及（　　　　）。

（2）单层厂房的高度是指（　　　　　　　）的高度。

（3）根据采光口在外围护结构的位置分为（　　　　）、（　　　　）及（　　　　）三种方式。

（4）厂房外墙面划分方法有（　　　　）、（　　　　）及（　　　　）。

（5）矩形天窗主要由（　　　）、（　　　）、（　　　）、（　　　）及（　　　）等构件组成。

（6）平天窗的类型有（　　　）、（　　　）、（　　　）及（　　　）天窗等四种。

（7）大板建筑外墙板的接缝防水构造措施有（　　　）和（　　　）。

（8）单层厂房的支撑包括（　　　）和（　　　）。

（9）厂房生活间的不置方式有（　　　）生活间、（　　　）生活间和

（　　　　）生活间。

2. 选择题

（1）单厂抗风柱与屋架的连接传力应保证（　　）。

A. 垂直方向传力，水平方向不传力

B. 垂直方向不传力，水平方向传力

C. 垂直方向和水平方向均传力

D. 垂直方向和水平方向均不传力

（2）装配式单厂抗风柱与屋架的连接传力应保证（　　）。

A. 垂直方向传力，水平方向不传力

B. 垂直方向不传力，水平方向传力

C. 垂直方向和水平方向均传力

D. 垂直方向和水平方向均不传力

（3）下列关于装配式单厂的构造说法正确的是（　　）。

A. 基础梁下的回填土应夯实

B. 柱距为12m时必须采用托架来代替柱子承重

C. 矩形避风天窗主要用于热加工车间

D. 矩形天窗的采光效率比平天窗高

3. 简答题

（1）工业建筑的主要特点是什么？

（2）什么是工业建筑、工业厂房、车间和构筑物？

（3）工业建筑的是如何分类的？

（4）什么是柱网？如何确定柱网的尺寸？扩大柱网有哪些特点？

（5）厂房高度如何确定？为什么要进行厂房的高度调整？

（6）单层工业厂房的结构组成有哪些？简述其作用。

（7）吊车梁的种类及特点。

（8）圈梁、连系梁有什么不同？它们在布置、搁置以及连接构造上有什么要求？

（9）什么是工业建筑？工业建筑如何进行分类？

（10）什么是柱网？确定柱网的原则是什么？常用的柱距、跨度尺寸有哪些？

（11）如何确定厂房高度？室内外高差宜取多少？为什么？

（12）定位轴线的含义和作用是什么？绘图表示横向定位轴线、纵向定位轴线及纵横跨交接处定位轴线是如何划分的。

第 二 篇

建 筑 识 图

第8章 建筑施工图

学习提纲

了解房屋建筑施工图设计阶段、设计成果、内容、用途、图示方法和查阅方法，区别房屋施工图与建筑施工图的不同。掌握建筑总平面图、建筑平面图、建筑立面图、建筑剖面图的形成、内容、图示和识读方法，了解建筑详图的内容和作用。

8.1 概　　述

8.1.1 建筑设计与房屋施工图

建造房屋要经过设计与施工两个阶段。

房屋施工图是建造房屋的技术依据。一般要经过初步设计阶段、技术设计阶段（各专业间协调阶段）和施工图设计阶段才会形成完整的、详细的全套房屋施工图。

一套房屋施工图组成及编排顺序是：首页、建筑施工图、结构施工图、设备施工图（水、暖、电等）等。各专业施工图纸又具体分为基本图（全面性内容的图纸）和详图（某构件或详细构造和尺寸等）两部分。各专业施工图编排依施工的先后、图纸的主次、全面与局部关系而定。

首页是整套施工图的概括和必要补充，包括图纸目录、门窗统计表、标准图统计表及设计总说明等。

1. 图纸目录

一般均以表格形式列出各专业图纸的图号及内容，以便查阅。如"建施1"、"1层平面图"、"标准层平面图"、"正立面图"、"背立面图"、"右侧立面图"、"详图"、"屋面排水平面图"、"剖面图"、"结构设计说明"、"基础结构平面图"等。

2. 门窗统计表

一般将该建筑物的门、窗列成表格，可直观反映各编号门、窗的规格、数量、材料类型等。如 M1 门，规格 1300mm×2000mm、数量 4、电控门；如 C1 窗，规格 2400mm×1700mm、数量 10、图集编号 92SJ704（一）等。

3. 标准图统计表

一般将该建筑施工过程中所用的建筑标准图以表格形式作出统计，以便施工技术人员及施工管理人员等准备和查阅。标准图有国标、省标、院标等形式。

4. 设计总说明

内容一般有本施工图的设计依据、工程地质情况、工程设计的规模与范围、设计指导思想、技术经济指标（表 8.1）等。图纸未能详细注写的材料、构造作法等也可写入说明中。对于较简单的施工图纸也可不设首页而将设计总说明等排在建筑施工图中。

表 8.1　　　　　　　　　　　　　　　　主要技术经济指标表

序号	名　　称	单位	数　量	备　　注
1	总用地面积	m²		
2	总建筑面积	m²		地上、地下部分可分列
3	建筑基底总面积	m²		
4	道路广场总面积	m²		含停车场面积，并应注明停车泊位数
5	绿地总面积	m²		可加注公共绿地面积
6	容积率			（2）/（1）
7	建筑密度	%		（3）/（1）
8	绿地率	%		（5）/（1）
9	小车停车泊位数	辆		室内、室外应分列
10	其他			

8.1.2　建筑施工图的内容与用途

建筑施工图（简称建施）根据其内容与用途可分为：总平面图、建筑平面图、建筑立面图、建筑剖面图及详图等。

（1）建筑总平面图是新建房屋在基地范围内的总体布置图，可以反映某区域的建筑位置、层数、朝向、道路规划、绿化、地势等。

（2）建筑平面图主要反映建筑物各层的布置状况（各层房间的分隔和联系、出入口、走廊、楼梯等的位置）、平面形状和大小，门、窗的类型和位置等。

（3）建筑立面图用以表示建筑物外型、建筑风格、局部构件在高度方向的相互位置关系，室外装修方法等。

（4）建筑剖面图反映房屋全貌、构造特点、建筑物内部垂直方向的高度、构造层次、结构形式等。

（5）建筑详图可以表达构配件的详细构造，如材料、规格、相互连接方法、相对位置、详细尺寸、标高等。

8.1.3　建筑施工图的图示方法

绘制与识读建筑施工图，应根据投影原理并遵守《房屋建筑制图统一标准》（GB/T 50001—2001）及《建筑制图标准》（GB/T 50104—2001）规定。

1. 图线

建筑专业制图所采用的各种图线应符合表 8.2 的规定。

表 8.2　　　　　　　　　　　建筑专业制图采用的各种图线

名称		线　型	线宽	一　般　用　途
实线	粗		b	平、剖面图中被剖切的主要建筑构件（包括构配件）的轮廓线，建筑立面图的外轮廓线，建筑构配件详图（被剖切的主要部分）的轮廓线，建筑构配件详图中的外轮廓线，平、立、剖面图的剖切符号
	中		$0.5b$	平、剖面图中被剖切的次要建筑构件（包括构配件）的轮廓线，建筑平、立、剖面图的外轮廓线，建筑构造、建筑构配件详图中的一般轮廓线
	细		$0.25b$	小于 $0.5b$ 的图形线、尺寸线、尺寸界线、图例线、索引线符号、标高符号、详图材料做法引出线等
虚线	粗		b	建筑构造详图及建筑构配件不可见的轮廓线，机械轮廓线，拟扩建的轮廓线
	中		$0.5b$	图例线、小于 $0.5b$ 的不可见轮廓线
	细		$0.25b$	不可见轮廓线、图例线
单点长划线	粗		b	起重机轮廓线
	细		$0.25b$	中心线、对称线等
折段线			$0.25b$	不需画全的断开界限
波浪线			$0.25b$	不需画全的断开界限、构造层次的界限

2. 比例

建筑专业制图选用的比例，宜符合表 8.3 的规定。

表 8.3　　　　　　　　　　　　比　　例

图　　名	比　　例
建筑物或构筑物的平面图、立面图、剖面图	1∶50　1∶100　1∶150　1∶200　1∶300
建筑物或构筑物的局部放大图	1∶10　1∶20　1∶25　1∶30　1∶50
配件及构造图	1∶1　1∶2　1∶5　1∶10　1∶15　1∶20　1∶25　1∶30　1∶50

3. 标高

标高反映建筑物中某部位与所确定的水准基点的高差，可分为绝对标高和相对标高。绝对标高是以我国青岛附近黄海平均海平面为零点的标高，用于总平面图的标注；相对标高是为了避免施工图中采用绝对标高的数字繁琐、不直观的缺点，通常把底层室内主要地坪高度定为零点的标高，用于除总平面图以外其他施工图的标注。

标高符号是用直角等腰三角形表示并用细实线绘制，总平面图室外地坪标高符号用涂黑的三角形表示。标高尖端一般应向下，当位置不够时也可向上。标高数字应注写在标高符号的左侧以米为单位，注写到小数点以后第 3 位。在总平面图中，可标注到小数点以后第 2 位。零点应注写为 ±0.000，正数标高不注写"＋"，负数标高应注写"－"。在图样同一位置表示几个不同标高时，标高数字应按下图所示注写。具体画法见图 8.1。

4. 定位轴线及编号

定位轴线是施工定位、放线的依据，也是确定主要构件位置的基线。依规定轴线应用细点划线绘制，编号应注写在轴线端部的圆内，圆采用直径为 8mm 的细实线绘制。对于

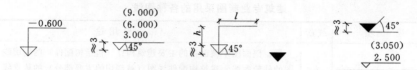

图 8.1 标高的标注方法

详图，轴线圆直径可增加为 10mm，且圆内不注写轴线编号。

　平面图上定位轴线的编号，横向轴线编号用阿拉伯数字，从左至右顺序注写；竖向轴线用大写拉丁字母从下至上顺序注写。应注意拉丁字母中的 I，O，Z 不得用于轴线编号，以免与阿拉伯数字中的 1，0，2 相混。字母不够时，可增用双字母或单字母加数字脚注，如 AA，BB 或 A_1，B_1 等。

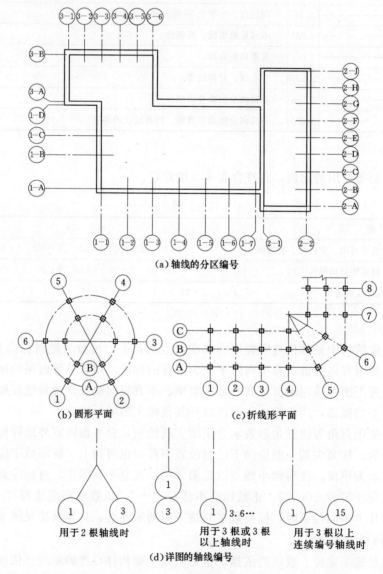

(a) 轴线的分区编号

(b) 圆形平面　　　　　　　(c) 折线形平面

用于 2 根轴线时　　用于 3 根或 3 根　　用于 3 根以上
　　　　　　　　以上轴线时　　　　连续编号轴线时

(d) 详图的轴线编号

图 8.2 定位轴线及编号

对于与主要构件联系的次要构件，它的轴线可采用附加轴线。附加轴线编号用分数来表示，分母表示前一轴线编号，分子表示附加轴线编号（用阿拉伯数字按顺序编写）。Ⓐ号轴线前附加轴线分母用⓪Ⓐ表示，①号轴线前的附加轴线分母用⓪①表示，分子用阿拉伯数字表示。一个详图适用几根轴线时，应同时注明各有关轴线编号。具体方法见图8.2、图8.3。

图 8.3 附加轴线

8.1.4 建筑构配件标准图的查阅方法

1. 标准图

标准图是把许多建筑物所需的各类构件和配件按照统一模数设计成几种不同规格的标准图集，这些统一的构件及配件图集，经国家建筑部门审查批准后称标准图。

（1）建筑构件是指建筑物骨架的单元，承受荷载的物件，如柱子、梁、板等，简称构件。在标准图集中常用代号"G"表示。如96G101为混凝土结构施工图平面整体表示方法、制图规则和构造详图标准图。

（2）建筑配件是指建筑物中起维护、分割、美观等作用的非承重物件，如门、窗等（简称配件）。在标准图集中常用代号"J"表示。如99J201（一）为平屋面建筑构造标准图。

2. 构配件标准图的分类

（1）经国家建设部门批准的全国通用构件、配件图可在全国范围内使用，简称"国标"。

（2）由各省、市、自治区批准的通用构件、配件图可供各地区使用，简称"省标"。

（3）各设计单位编绘的图集，仅供各单位内部使用，简称"院标"。

3. 标准图的查阅方法

（1）根据说明，先找图集。先根据施工图中的设计说明、图纸目录或索引符号上所注明的标准图集的名称、编号查找选用的图集。

（2）明确要求，注意细则。根据选用的标准图集的总说明，明确其各项要求及注意事项等。

（3）了解含义，查找目标。了解选用图集的代号、编号含义和表示方法。代号和编号表明构件和配件的类型、规格及大小。

（4）选中所需，对号入座。根据所选标准图集的目录和构件、配件的代号与编号，在本图集内查到所需详图。

8.2 建 筑 总 平 面 图

8.2.1 概述

1. 建筑总平面图的形成

建筑总平面图是利用平行正投影的方法，在地形图上画出原有、拟建、拆除的建筑物或构筑物以及新旧道路等的平面轮廓，一般采用1∶500、1∶1000、1∶2000的比例绘制。

2. 建筑总平面图的内容

主要表达内容有新建建筑的名称、定位及坐标、朝向、标高，占地范围（红线）、外轮廓形状、层数，与原有建筑、道路、铁路的相对位置，各类管线的坐标及尺寸，绿化布置和地形地貌，指北针及风玫瑰图等内容。

3. 建筑总平面图的作用

建筑总平面图是新建房屋与其他相关设施定位的依据，是土方工程、场地布置以及给排水、暖、电、煤气等管线总平面布置图和施工总平面布置图的依据。

8.2.2 总平面图的定位

表明新建建筑物或构筑物与周围地形、地物间的位置关系，是总平面图的主要任务之一。一般从以下三个方面描述。

1. 定向

在总平面图中，指向可用指北针或风向频率玫瑰图表示。

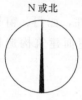

（a）指北针　　（b）风向频率玫瑰图

图 8.4　指北针和风向频率玫瑰图

指北针的形状如图 8.4 (a) 所示，它的外圆直径为 24mm，由细实线绘制，指北针尾部的宽度为 3mm。若有特殊需要，指北针亦可以较大直径绘制，但此时其尾部宽度也应随之改变，通常应使其为直径的 1/8。

风由外面吹过建设区域中心的方向称为风向。风向频率是在一定时间内某一方向出现风向的次数占总观察次数的百分比。风向频率是用风向频率玫瑰图（简称风玫瑰图）表示的，如图 8.4 (b) 所示，图中细线表示的是 16 个罗盘方位，粗实线表示常年的风向频率，细实线则表示夏季六月、七月、八月三个月的风向频率。在风玫瑰图中所表示的风向，是从外面吹向该地区中心的。

2. 定位

新建建筑物的定位一般采用两种方法，一是按原有建筑物或原有道路定位；二是按坐标定位。采用坐标定位又分为采用测量坐标定位和施工坐标定位两种。

（1）根据原有建筑物定位。以周围其他建筑物或构筑物为参照物进行定位是扩建中常采用的一种方法。实际绘图时，可标出新建建筑物与其他附近的房屋或道路的相对位置尺寸。

（2）根据坐标定位。以坐标表示新建建筑物或构筑物的位置。当新建建筑物所在地比较复杂时，为了保证施工放样的准确性，可使用坐标表示法。常采用的方法有以下两种。

1）测量坐标。国土管理部门提供给建设单位的红线图，是在地形图上用细线画成交叉十字线的坐标网，南北方向的轴线为 X，东西方向的轴线为 Y，这样的坐标称为测量坐标。坐标网常采用 100m×100m 或 50m×50m 的方格网。一般建筑物的定位标记有两个墙角的坐标。

2）施工坐标。一般在新开发区，房屋朝向与测量坐标方向不一致时采用。

施工坐标是将建筑区域内某一点定为 "0" 点，采用 100m×100m 或 50m×50m 的方格网，沿建筑物主墙方向用细实线画成方格网通线，横墙方向（竖向）轴线标为 A，纵墙方向的轴线标为 B。施工坐标与测量坐标的区别如图 8.5 所示。图中 X 为南北方向轴线，X 的增量在 X 轴线上；Y 为东西方向轴线，Y 的增量在 Y 轴线上。A 轴相当于测量坐标网中的 X 轴，B 轴相当于测量坐标网中的 Y 轴。

通常，在总平面图上应标出新建建筑物的总长和总宽，按规定该尺寸以 m 为单位。

3. 定高

在总平面图中，用绝对标高表示高度数值，其单位为 m。建筑总平面图的常用图例见表 8.4。

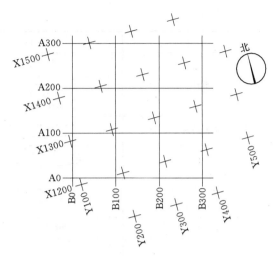

图 8.5　坐标网络图

表 8.4　　　　　　　　　　　　建筑总平面图的常用图例

名　称	图　例	说　明
新建筑物	8　▲	用粗实线表示，需要时，可用▲表示出入口，可在图形内右上角用点数或数字表示层数
原有建筑物		细实线
计划扩建的预留地或建筑物		中虚线
拟拆建筑物		细实线加交叉
新建的地下建筑物或构筑物		粗虚线
铺砌地面		细实线
冷却塔（池）		中实线
水塔、储罐		轮廓线用中实线，轴线用细点划线
水池、坑槽		细实线且部分涂黑
围墙及大门		上图用于实体性质围墙，下图用于通透性质围墙
挡土墙		被挡土在图例虚线一侧
台阶		箭头指向表示向下

名　称	图　例	说　明
坐标	X105.00 / Y425.00	测量坐标
	A131.51 / B278.25	建筑坐标
填挖边坡		1. 边坡较长时，可在一端或两端局部表示；
护坡		2. 下边线为虚线时表示填方
室内设计标高（注到小数点后二位）	151.00（±0.00）	
室外标高	▼ 143.00	
针叶乔木		
阔叶乔木		
花卉		
修剪的树篱		
草地		
花坛		
原有道路		
拟建道路		
拟拆道路		
公路涵管涵洞		
公路桥		

8.2.3　建筑总平面图的识读

以图 8.6 为例，介绍建筑总平面图的识读方法。

（1）了解工程性质、图纸比例，阅读文字说明，熟悉图例。由于总平面图要表达的范围比较大，所以要用较小的比例画出。总平面图标注的尺寸以 m 为单位。从图 8.6 中可知，该图的比例是 1∶300，要建的是一座商场。

（2）了解新建建筑的基本情况、用地范围、四周环境、道路布置等。

总平面图用粗实线画出新建建筑的外轮廓，从图 8.6 中可知，该商场的平面形状基本上为矩形，主入口处为圆形造型。商场①轴至⑧轴的长度为 46.2m，Ⓐ轴至Ⓔ轴的长度为 20m，由图中标注的数字可知该商场的层数，除圆形造型处为 5 层外，其余各处为 4 层。

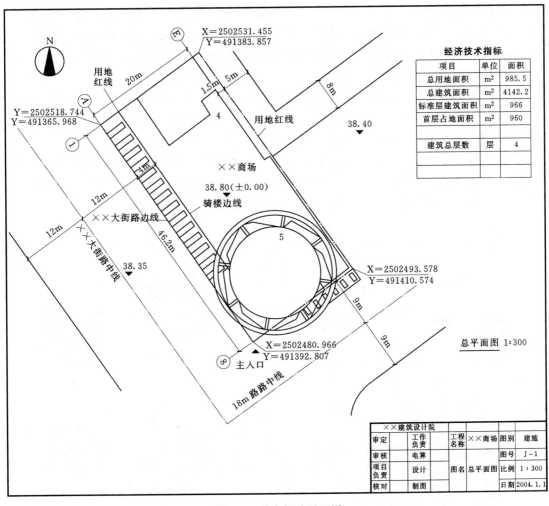

图 8.6　某商场总平面图

从图 8.6 的用地红线可了解该商场的用地范围。由商场用地范围四角的坐标可确定用地的位置。商场三面有道路，西南面是 24m 宽大街，东南面是 18m 宽道路，东北面是 5m 宽和 8m 宽的道路。

由标高符号可知，24m 大街路中地坪的绝对标高为 38.35m，商场室内地面的绝对标高为 38.80m。

（3）了解新建建筑物的朝向。根据图中指北针可知该商场的朝向大致为坐东北向西南。

（4）了解经济技术指标。从经济技术指标表可了解该商场的总用地面积、总建筑面积、标准层建筑面积、首层占地面积、建筑总层数等指标。

8.3　建　筑　平　面　图

8.3.1　建筑平面图的形成和内容

假想用一个水平的剖切平面（为视线高），沿着房屋的门窗洞口处将房屋剖切开，对

189

剖切平面以下部分所作的水平投影图，称为建筑平面图，简称平面图。平面图上与剖切平面相接触的墙、柱等的轮廓线用粗实线画出，断面画上材料图例（当图纸比例较小时，砖墙断面可不画出图例，钢筋混凝土柱和钢筋混凝土墙的断面涂黑表示）；门的开启扇、窗台边线用中实线画出，其余可见轮廓线和尺寸线等均用细实线画出。

建筑平面图主要反映建筑物各层的平面形状和大小，各层房间的分隔和联系（出入口、走廊、楼梯等的位置），墙和柱的位置、厚度和材料，门、窗的类型和位置等情况。建筑平面图是施工放线、砌墙、安装门窗、编制预算、备料等的基本依据。

一般情况下，房屋有几层，就应画出几层的平面图，并在图下方标明图名，如首层平面图、二层平面图、三层平面图等。对于平面布置完全相同的楼层，可共用一平面图，称为"×-×层平面图"或"标准层平面图"。常用构造及配件图例见表 8.5。

表 8.5 　　　　　　　　　　　常用构造及配件图例

名称	图 例	名称	图 例	名称	图 例	名称	图 例
坡道		墙内单扇推拉门		卷门		单层内开下悬窗	
孔洞							
坑槽		单扇双面折叠门					
墙顶留洞	宽×高或直径			单扇固定窗		单层外开平开窗	
墙顶留槽	宽×高×深或直径	对开折叠门					
烟道				单层内开上悬窗		左右推拉窗	
通风道		双面弹簧门					
楼梯顶层				单层内开上悬窗			
楼梯标准层		单扇门				上推窗	
楼梯首层	上			单层中悬窗			
电梯		双扇门					

8.3.2　建筑平面图的识读

以图 8.7 为例，介绍建筑平面图的识读方法。

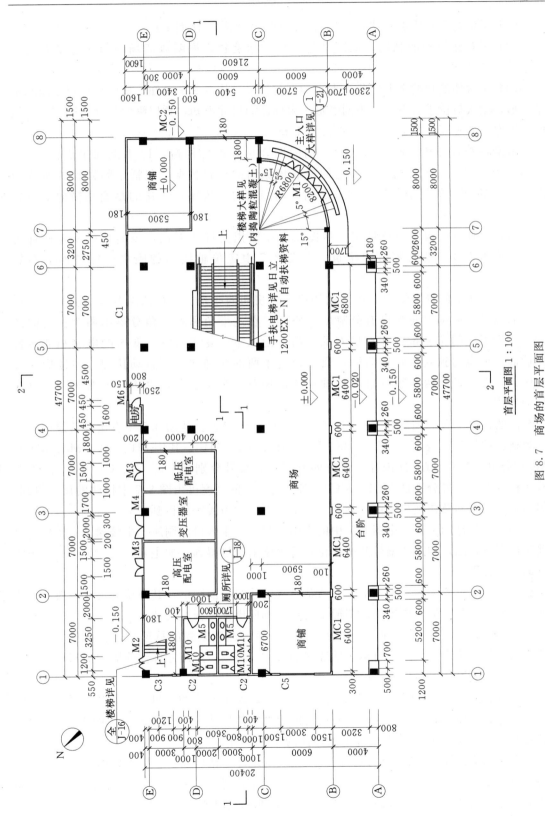

图 8.7 商场的首层平面图

（1）了解图名和比例。图 8.7 是商场的首层平面图，比例 1 ∶ 100。

（2）了解建筑物的朝向。从图纸左上角的指北针，说明该商场的朝向是坐东北向西南。

（3）了解建筑物的平面形状、大小和剖切情况。从图 8.7 可知，该商场首层平面基本是矩形，主入口位于右下角，为圆弧形。由标注的尺寸可知，首层纵向长度为 47.7m，横向长度左、右不同，左边 20.4m，右边 21.6m。

由剖切符号可知，该商场有两个剖面图表达其内部构造，1—1 剖切平面位于ⓒ、ⓓ轴之间，剖切后向后投影，表达的是商场纵向的布置情况，包括中间楼梯的布置情况。2—2 剖切平面位于④轴、⑤轴之间，剖切后向左投影，表达的是商场横向的布置情况。

（4）了解承重构件布置情况。从图 8.7 中涂黑的柱块看出，该商场的承重构件为柱，没有剪力墙，是框架结构建筑。由图 8.7 中定位轴线间的距离可知柱网的布置情况。

（5）了解房间分隔情况、房间的用途、各房间的联系、门窗的配置等。从图 8.7 可知，商场首层内部主要为设有分隔的大空间，在左下角和右上角分隔出两个独立的商铺，男女卫生间相邻布置在首层左面，高压配电室、变压器室、低压配电室相邻布置在后面，配电房独立布置在后面，商场设置了两部楼梯和一部自动扶梯，主楼梯布置在中部，在主楼梯两旁布置自动扶梯，次楼梯布置在左上角，由楼梯的图例可了解楼梯的走向。

门的代号是 M，窗的代号是 C，门连窗的代号是 MC。从图 8.7 中看出，首层门有七种规格，编号分别是 M1、M2、M3、M4、M5、M6、M10，其中 M1、M2、M3、M4 和 M6 向外开，M5、M10 向内开。窗有四种规格，编号分别是 C1、C2、C3、C5。门连窗有两种规格，编号分别是 MC1、MC2。各种门、窗的宽度可由图 8.7 中标注的尺寸得到，但高度、材料和具体做法要由立面图、门窗详图、门窗表等处得到。

（6）了解详图情况。由图 8.7 中的索引符号可知主入口、厕所、主楼梯、次楼梯、自动扶梯都有详图，详图的编号和所在位置可由索引符号得到，如主入口大样见 J - 21 号图纸的 1 号详图。

（7）了解尺寸和标高。上下、左右都对称的建筑平面图形，其外墙的尺寸一般注在平面图形的下方和左侧，如果平面图形不对称，则四周都要标注尺寸。

1）外部尺寸。一般标注三道尺寸，最外一道标注建筑物的总尺寸，表示建筑物两端外墙面之间的距离；中间一道标注轴线间的尺寸；最内一道尺寸标注外墙的细部尺寸，如门窗洞口的宽度、窗间墙的宽度等。

2）内部尺寸。用来补充外部尺寸的不足，如标注内墙的长度，内墙上门窗的宽度、定位尺寸、墙厚、其他构配件、主要设备的定型定位尺寸等。由图 8.7 中可知，该层内外墙均厚 180mm，各房间的大小都可由标注的尺寸得到。

平面图中标注的标高是相对标高，是室内外地坪、楼地面、台阶等处相对于标高零点的相对高度。由图 8.7 中看出，标高零点为首层室内地坪，室外台阶标高为 −0.020，即比室内地坪低 0.02m；室外地坪标高 −0.150，即比室内地坪低 0.15m。

以上是对首层平面图的识读，其余各层平面图的识读方法基本一样，而屋顶平面图表达的是屋顶的形状，屋面排水方向及坡度，天沟或檐沟的位置，女儿墙、屋脊线、雨水管、上人孔及水箱的位置，屋面构造层次（防水层、隔热层、保温层等）的做法等。

8.4　建　筑　立　面　图

8.4.1　建筑立面图的形成和内容

建筑立面图是在与建筑物立面平行的投影面上所作的正投影图。建筑立面图主要表达建筑物的外形特征，门窗洞、雨篷、檐口、窗台等在高度方向的定位和外墙面的装饰。建筑立面图应包括投影方向可见的建筑外轮廓和墙面线脚、构配件、墙面做法及必要的尺寸和标高等。

有定位轴线的建筑物，根据两端定位轴线编号命名立面图，如①至⑧立面图、Ⓐ至Ⓔ立面图等；无定位轴线的建筑物可按建筑物各面的朝向命名，如南立面图、东立面图等。

8.4.2　建筑立面图识读

以图 8.8 为例，介绍建筑立面图的识读方法。

（1）了解图名和比例。图 8.8 是商场的①至⑧立面图，比例 1：100。

（2）了解建筑物的立面外貌，门窗、雨篷等构件的形式和位置。建筑物的外形轮廓用粗实线表示，室外地坪线用特粗线表示；门窗、阳台、雨篷等主要部分的轮廓线用中实线表示，其他如门窗、墙面分格线等用细实线表示。由图 8.8 中看出，建筑物①至⑧立面基本上也是矩形，首层 MC1 是玻璃门连窗，其余各层在该立面上设有玻璃窗，没有门。图 8.8 中表达了门窗、玻璃幕墙的形状，但开启扇没表示，将在门窗详图中表示。

（3）了解尺寸和标高。立面图的尺寸主要为竖向尺寸，有三道，最外一道是建筑物的总高尺寸；中间一道是层高尺寸；最内一道是房屋的室内外高差，门窗洞口高度，垂直方向窗间墙、窗下墙、檐口高度等细部尺寸。水平方向要标出立面最外两端的定位轴线和编号。由图 8.8 可知，该商场各层的高度为：首层 6m，二层至五层每层都是 4.2m，总高 23.25m。室内外高差 0.15m。

立面图的标高表示主要部位的高度，如室内外标高、各层层面标高、屋面标高等。由图 8.8 中看出，标高零点定于首层室内地面，室外地坪标高−0.150，二层楼板面标高 6.000，三层楼板面标高 10.200，依此类推。

（4）了解外部装饰做法。图 8.8 对立面的装饰做法有较详细的表达。如入口处雨篷的形状和饰面，饰面砖、铝板、大理石等材料的颜色和位置，广告牌、广告灯箱的位置和形状，装饰柱的尺寸，玻璃幕墙的用料等都有表达。

（5）了解详图情况。由索引符号了解详图情况。图 8.8 中显示屋顶节点、栏杆、装饰柱都有大样，具体位置和详图编号在索引符号中注明。如屋顶节点大样在 J−20 的 1 号详图中表示，栏杆大样见标准图集。

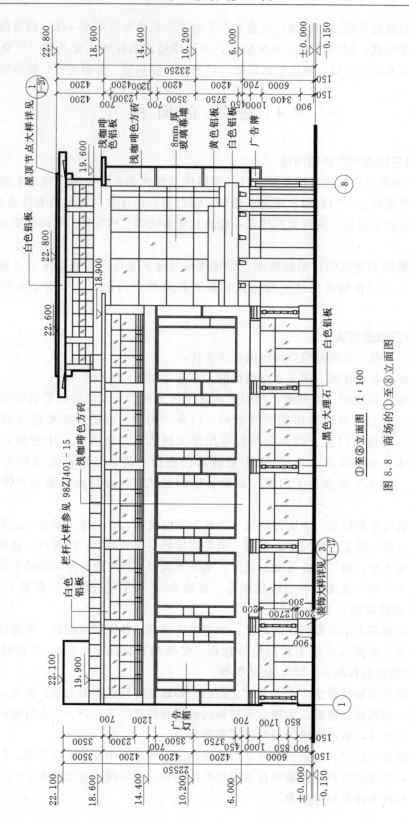

图 8.8 商场的①至⑧立面图

①至⑧立面图 1:100

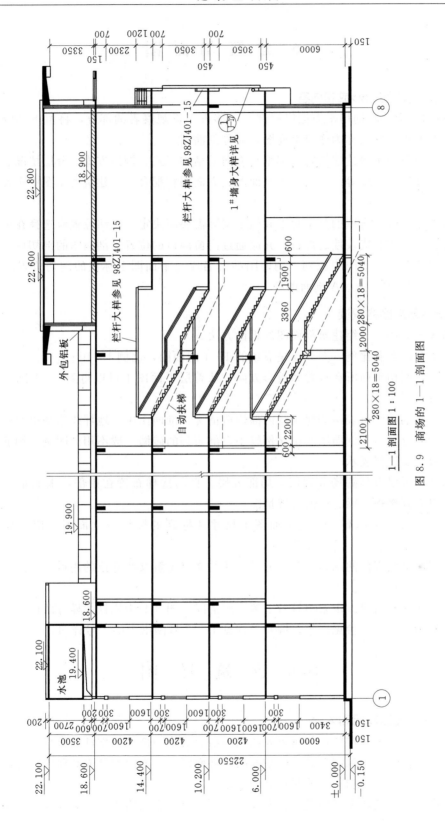

1—1剖面图 1：100

图8.9 商场的1—1剖面图

8.5 建筑剖面图

8.5.1 建筑剖面图的形成和内容

假想用一个垂直剖切平面把房屋剖开，移去靠近观察者的部分，将留下部分作正投影，所得到的正投影图称为建筑剖面图，简称剖面图。

建筑剖面图用来表达建筑物内部垂直方向的结构形式、构造方式、分层情况、各部分的联系、各部位的高度等。它与建筑平面图、立面图相配合，是建筑施工图中重要的图样之一。

剖面图数量根据房屋的复杂程度和施工实际需要而决定。剖切位置应选择在内部结构和构造比较复杂或有代表性的部位，并应通过门窗洞口的位置。剖面图的剖切位置和投影方向，可以从首层平面图中找到。剖面图的命名应与平面图上标注的剖切位置的编号一致，如1—1剖面图、A—A剖面图等。

8.5.2 建筑剖面图的识读

以图8.9为例，分绍建筑剖面图的识读方法。

（1）了解图名和比例。图8.9是商场的1—1剖面图，比例1：100。

（2）了解剖切平面所在位置和投影方向。从首层平面图中可以得到1—1剖切平面所在的位置及投影方向。

（3）了解剖面图所表达的建筑物内部构造情况。剖面图中，地坪线用特粗线表示，一般不画基础部分。由于剖面图所用比例较小，剖切到的砖墙一般不用画图例，钢筋混凝土柱、梁、板、墙涂黑表示。

由图8.9可以看到商场分四层，局部五层。自动扶梯布置在中部，水池布置在左上方。还可以看到楼板、梁、墙的布置情况。

（4）了解尺寸和标高。建筑剖面图中尺寸和标高的标注与立面图类似，这里不再重复。

（5）了解某些部位的用料说明。通过标注的文字了解某些部位的用料，如图8.9中所说明的"外包铝板"等。

（6）了解详图情况。由索引符号了解详图情况。图8.9中栏杆大样有两种，一种用于楼梯，一种用于窗台，参见图集；墙身大样见J-17号图纸中的1号详图。

8.6 建 筑 详 图

8.6.1 建筑详图的作用和内容

建筑详图，也称大样图，是用较大比例画出建筑物细部或构配件的形状、大小、材料和做法的正投影图。建筑详图是建筑平面图、立面图、剖面图的补充和深化，是建筑工程细部施工、建筑构配件制作及编制预算的依据。

建筑详图主要表达在平面图、立面图、剖面图或文字说明中无法交代或交代不清的建筑细部或构配件的构造，如檐口、窗台、明沟、楼梯、楼地面、屋面、栏杆、门窗等的形式、做法、用料、尺寸等。

8.6.2 建筑详图的识读

下面以楼梯详图（图 8.10、图 8.11）为例，介绍建筑详图的识读方法。

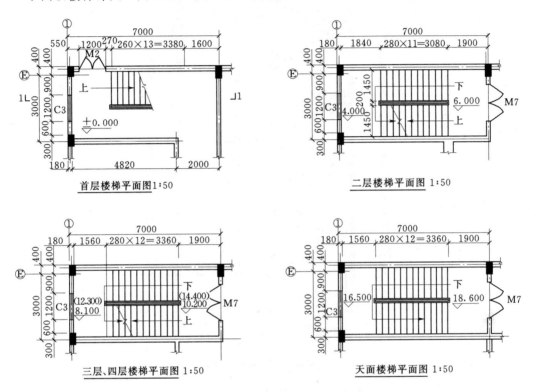

图 8.10　楼梯平面图

楼梯详图包括楼梯平面图和楼梯剖面图。楼梯平面图是用一水平剖切平面，在该层往上走的第一梯段（休息平台下）的任一位置将楼梯剖切开，然后向下投影所得的剖面图。剖切到的梯段用 45°折断线表示。一般每一层都要画一个楼梯平面图，如果中间几层的楼梯构造、结构、尺寸等均相同时，可只画出底层、中间层、顶层三个楼梯平面图。楼梯平面图可表达楼梯间的开间、进深、梯段的水平投影长度、梯级踏面的宽度、楼梯的级数、休息平台的宽度和标高等内容。楼梯剖面图可表达层高、每跑梯段的高度和级数、梯级踢面的高度、休息平台的标高、栏杆（板）的形式和高度等内容。

（1）了解图名和比例。图 8.10 是首层至屋面楼梯平面图，比例是 1∶50。注意各层楼梯平面图的区别。图 8.11 是商场的首层楼梯 1—1 剖面图，比例 1∶50，剖切平面的位置和投影方向在首层楼梯平面图中表示。

（2）了解楼梯的类型和走向。该楼梯首层为三跑楼梯，其余层为双跑楼梯，由标注的"上"、"下"箭头可知楼梯的走向。

（3）了解楼梯间的尺寸。由图 8.10 中标注的尺寸可知，楼梯间的开间为 3000mm，进深为 7000mm。

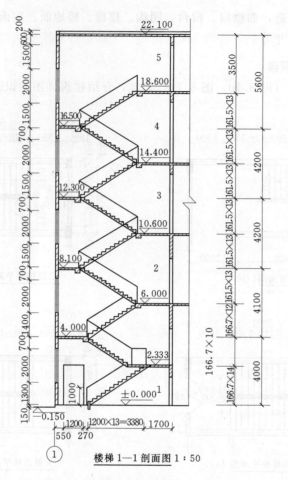

楼梯 1—1 剖面图 1：50

图 8.11 商场的首层楼梯 1—1 剖面图

（4）了解休息平台的宽度和标高。休息平台分为中间平台和楼层平台。如三层楼梯平面图中，中间平台净宽 1560mm，楼层平台宽 1900mm；二层、三层之间的中间平台标高为 8.10m，楼层平台的标高是 10.20m。

（5）了解梯段的级数、水平长度和踏步面的宽度、高度。这些数据都可以由图 8.10 中标注的尺寸得到。如三层楼梯平面图中标注"280×12＝3360"，说明这一梯段共 12＋1＝13（级），每级踏步面的宽度是 280mm，所以这一梯段的水平长度是 3360mm。对应剖面图中该段的尺寸标注为"161.5×13＝2099.5≈2100"，说明这一梯段共 13 级，每级踏步的高度是 161.5mm，这一梯段的高度是 2100mm。

本 章 小 结

（1）房屋施工图是建造房屋的技术依据，一般要经过初步设计阶段、技术设计阶段和施工图设计阶段形成。建筑施工图依用途和内容可分为首页、总平面图、建筑平面图、建筑立面图、建筑剖面图及详图等。

（2）首页通常包括图纸目录、门窗统计表、标准图统计表及设计总说明等；建筑总平面图一般采用较小比例绘制，包括地形、地物、坐标网、建筑物和构筑物的定位、平面形状、层数、道路、管线、指北针、建筑红线、高程系统等。

（3）建筑平面图是用假想平面剖切整个房屋，其下部分的水平正投影。一般剖切面取在一层、标准层、顶层等，主要作为施工放线、墙体砌筑、门窗安装、室内装修及编制施工图预算方面的重要依据。包括图名、比例、朝向、定位轴线及编号、平面各部分尺寸、门窗编号等，其中定位轴线是作为施工定位、放线的依据及确定主要构件、配件位置的重要依据。

（4）建筑立面图是在与房屋立面平行的投影面上所做的正投影图。一般分为正立面、背立面、两个侧立面，用以表示建筑物外形与局部构件在高度方向的相互位置关系。如门、窗、檐口、阳台、雨篷、引条线、台阶和主要室外装修等。

（5）建筑剖面图是用一个假想的垂直剖切面剖切房屋移去剖切平面与观察者之间的部分，将剩余部分按剖视方向所做的正投影图。剖切位置一般标注在底层平面图上（应选在能反映房屋全貌、构造特点和有代表性的位置），它用来表示建筑内部垂直方向构造层次、结构形式等，如建筑物总高、层高、室内外地坪标高、门窗的高度、主要构件间的构造联系、屋顶的形式及排水坡度等。

（6）建筑详图是用于弥补平面图、立面图、剖面图由于受图幅和比例小而无法表达的细部、构配件详细构造等的不足，而选用大比例绘制的施工图。如外墙、檐口、泛水、阳台、雨篷、勒脚、饰面、楼梯、厨房、卫生间、烟道、及室内装修等，有时可选用有关标准图集。

复 习 思 考 题

1. 填空题

（1）首页图放在全套施工图的首页，一般包括（   ）、（   ）、（   ）、（   ）等。

（2）总平面图是用正投影的方法绘制，采用（   ）中的图例。

（3）除总平面图外，其他建筑施工图中采用相对标高，数字保留到小数点后（   ）位，单位为（   ）。

（4）建筑平面图中，散水在（   ）图中识读，雨篷在（   ）图中识读，雨水管的布置在（   ）图中识读。

（5）建筑详图可分为（   ）和（   ）两类。

（6）新建建筑的层数通常用（   ）标注在建筑的右上角。

（7）剖面图在竖向应由内到外标注（   ）、（   ）及建筑总高三道尺寸。

2. 选择题

（1）建筑总平面图常用的比例有（   ）。

A.1∶100   B.1∶200   C.1∶500   D.1∶1 000

（2）新建建筑的朝向可由（   ）确定。

A. 风向玫瑰频率图   B. 雨篷位置   C. 指北针   D. 建筑入口方向

（3）建筑平面图中被剖切到的墙、柱等主要建筑构造的轮廓线用（　　　）。

A. 细实线　　　　B. 中粗实线　　　　C. 粗实线　　　　D. 加粗实线

（4）建筑平面图中剖切符号应画在（　　　）中。

A. 底层平面图　　B. 标准层平面图　　C. 顶层平面图　　D. 屋顶平面图

（5）在底层平面图中可识读的内容有（　　　）。

A. 雨篷　　　　　B. 踏步高　　　　　C. 散水　　　　　D. 雨水管

（6）建筑外墙面采用的装修材料可由（　　　）图中识读。

A. 建筑总平面　　B. 建筑平面　　　　C. 建筑立面　　　D. 建筑剖面

（7）建筑剖面图中被剖切到的墙、梁、楼地层等主要构造的轮廓线用（　　　）绘制，被剖切到的楼地面、屋面的面层线及未被剖切到的女儿墙、门窗洞口等轮廓线用（　　　）绘制，踢脚线、材料图例、尺寸线等用（　　　）绘制。

A. 细实线、中粗实线、粗实线　　　　　B. 中粗实线、细实线、粗实线

C. 粗实线、中粗实线、细实线　　　　　D. 中粗实线、粗实线、细实线

3. 问答题

（1）房屋施工图包括哪些内容？

（2）建筑施工图包括哪些内容？

（3）什么是绝对标高、相对标高、建筑红线？

（4）什么是定位轴线？如何进行编号？

（5）总平面图包括哪些内容？

（6）建筑平面图是如何得来的？如何识读？

（7）建筑立面图是如何得来的？如何识读？

（8）建筑剖面图是如何得来的？如何识读？

4. 实训练习题

（1）识读以下图例，如图 8.12 所示，将其名称写在其下的（　　　）内。

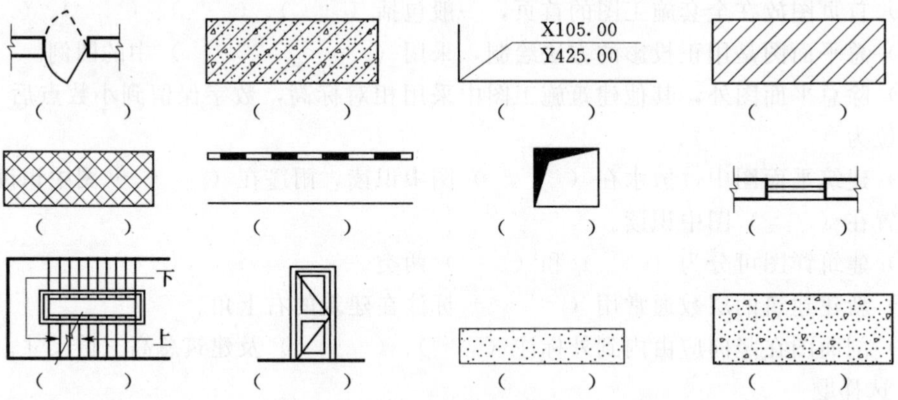

（　　　）　　　　（　　　）　　　　（　　　）　　　　（　　　）

（　　　）　　　　（　　　）　　　　（　　　）　　　　（　　　）

（　　　）　　　　（　　　）　　　　（　　　）　　　　（　　　）

图 8.12　图例

（2）在总图中 ▭8 表示（　　　），其右上角的"8"表示（　　　）。

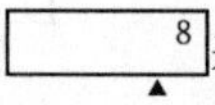

第9章 结构施工图

学习提纲

了解结构施工图的主要内容、用途和常用构件施工图的表示方法；熟悉混凝土、钢筋混凝土和钢结构的基本概念；掌握钢筋混凝土结构平面整体表示法、钢筋混凝土楼梯、钢结构的连接方式及图示方法；熟读施工图。

9.1 概　　述

结构施工图主要表示房屋结构系统的结构类型、结构布置、构件种类及数量、构件的内部构造和外部形状大小以及构件间的连接构造等，是建筑结构施工的技术依据。通常简称"结施"。在建筑工程中，常用的结构形式有钢筋混凝土结构、钢结构、砖混结构等，不同的结构，其表达方法也不同。

9.1.1 结构施工图的主要内容和用途

1. 结构施工图的主要内容

（1）结构设计说明。包括选用结构材料的类型、规格、强度等级，地基情况，施工注意事项，选用标准图集等。

（2）结构布置平面图。包括基础平面图，楼层结构布置平面图，屋面结构平面图。

（3）结构详图。包括板、梁、柱及基础结构详图，楼梯结构详图，屋架结构详图，其他详图等。

2. 结构施工图的用途

结构施工图是结构设计的最终成果图，也是结构施工的指导性文件。它是进行构件制作、结构安装、编制预算和安排施工进度的依据。

9.1.2 常用构件的表示方法

为了简明扼要地图示各种结构构件，《建筑结构制图标准》（GBJ 105—87）规定了各种常用构件的代号，见表9.1。表9.1中的代号是用构件名称中主要单词的汉语拼音的第一个字母或几个主要单词的汉语拼音的第一个字母组合表示的。

表 9.1   **常用构件代号（GBJ 105—1987）**

名 称	代 号	名 称	代 号	名 称	代 号
板	B	吊车梁	DL	基础	J
屋面板	WB	圈梁	QL	设备基础	SJ
空心板	KB	过梁	GL	桩	ZH
槽形板	CB	连系梁	LL	柱间支撑	ZC
折板	ZB	基础梁	JL	垂直支撑	CC
密肋板	MB	楼梯梁	TL	水平支撑	SC
楼梯板	TB	檩条	LT	梯	T
盖板或沟盖板	GB	屋架	WJ	雨篷	YP
挡雨板或檐口板	YB	托架	TJ	阳台	YT
吊车安全走道板	DB	天窗架	CJ	梁垫	LD
墙板	QB	框架	KJ	预埋件	M
天沟板	TGB	刚架	GJ	天窗端壁	TD
梁	L	支架	ZJ	钢筋网	W
屋面梁	WL	柱	Z	钢筋骨架	G

9.2 钢筋混凝土构件简介

9.2.1 混凝土和钢筋混凝土

混凝土是由水泥、石子、砂和水按一定比例配合，经搅拌、捣实、养护而成的一种人造石。混凝土是脆性材料，抗压强度高，抗拉强度低，在受拉状态下容易断裂。在混凝土里加入一定数量的钢筋就成为钢筋混凝土。钢筋抗拉强度高，而且能与混凝土良好粘结，可弥补混凝土的缺点，因此，钢筋混凝土构件的承载能力大为提高。

混凝土的强度等级一般分为 C10、C15、C20、C25、C30、C35、C40、C45、C50、C60、C65、C70、C75、C80 十四个等级，数字愈大，混凝土的抗压强度愈高。

混凝土可塑性强，可按要求浇筑成不同形状和尺寸的构件，也可在其表面制成各种花饰图案，使其具有装饰效果。

9.2.2 钢筋

1. 钢筋的分类和作用

在钢筋混凝土结构中配置的钢筋按其作用不同可分为以下几种，见图 9.1。

（1）受力筋。承受拉、压作用的钢筋。用于梁、板、柱、剪力墙等钢筋混凝土构件中。

（2）架立筋。用于梁内，作用是固定箍筋位置，使梁内钢筋骨架成型。

（3）箍筋。梁、柱中承担剪力的钢筋，同时起固定受力筋和架立筋形成钢筋骨架的作用。

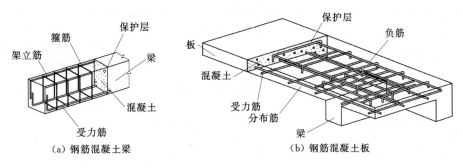

图 9.1 钢筋混凝土构件中钢筋的种类

（4）分布筋。分布筋布置于板中，与受力筋垂直，主要作用是固定受力筋的位置，并将板面上的荷载均匀地传给受力筋。同时还可抵抗由于混凝土硬化收缩和温度变化而产生的变形。

（5）其他类型钢筋。指按构件的构造要求和施工安装要求而配置的构造筋，如腰筋、吊筋等。

2. 钢筋的等级和代号

建筑工程中常用钢筋的等级和代号见表 9.2。

表 9.2　　　　　　　　　　　　　　常用钢筋的等级和代号

种　类		代　号	种　类		代　号
热轧钢筋	Ⅰ	ϕ	冷拉钢筋	Ⅰ	ϕ^l
	Ⅱ	Φ		Ⅱ	Φ^l
	Ⅲ	Φ		Ⅲ	Φ^l
	Ⅳ	Φ		Ⅳ	Φ^l
热处理钢筋		Φ^{ht}	冷拔低碳钢筋		ϕ^a

3. 保护层和弯钩

为保护钢筋、防蚀防火，并加强钢筋与混凝土的粘结力，钢筋至构件表面应有一定厚度的混凝土，这层混凝土称为保护层。保护层的厚度要符合规范规定，梁、柱的保护层最小厚度为 25mm，板、墙的保护层厚度为 10～15mm。

为了使钢筋与混凝土具有良好的粘结力，应在光圆钢筋两端做成半圆弯钩或直弯钩；带纹钢筋与混凝土的粘结力强，两端可不做弯钩。箍筋两端在交接处也要做出弯钩。

9.2.3　钢筋混凝土结构施工图的图示特点

钢筋混凝土结构施工图中，为了突出钢筋的配制状况，剖到或可见的墙身和基础的轮廓线用中实线表示，可见的钢筋混凝土构件轮廓线用细实线表示。在结构平面图中，不可见的构件、墙身轮廓线用中虚线表示。钢筋用粗实线表示，在剖面图和断面图中，钢筋的断面用黑圆点表示。钢筋的具体表示方法见表 9.3。

表 9.3   钢 筋 表 示 方 法

序号	名 称	图 例	说 明
1	钢筋横断面	·	表示长短钢筋投影重叠时可在短钢筋的端都用 45°短划线表示
2	无弯钩的钢筋端部		
3	带直钩的钢筋端部		
4	带丝扣的钢筋端部		
5	带丝扣的钢筋端部		
6	无弯钩的钢筋搭接		
7	带半圆弯钩的钢筋搭接		
8	带直钢筋搭接		
9	套管接头（花兰螺丝）	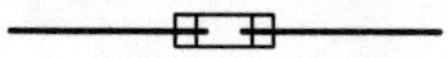	
10	在平面图中配置双层钢筋时，底层钢筋弯钩应向上或向左，顶层钢筋则向下或向右	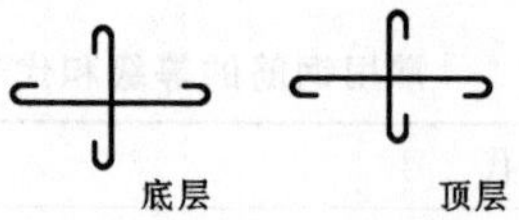 底层　　　顶层	
11	配双层钢筋的墙体，在配筋立面图中，面钢筋的弯钩应向上或向右，而近面钢筋则向下或向右（GM：近面；YM：远面）	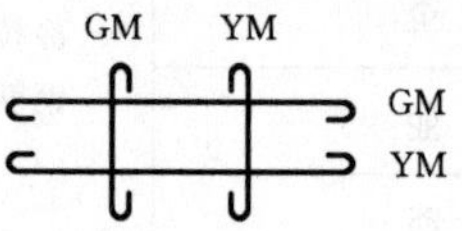 GM　YM　　GM YM	
12	如在断面图中不能表示清楚钢筋布置，应在断面图外增加钢筋大样图	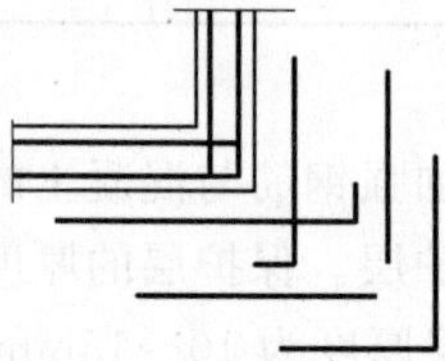	
13	图中所表示的箍筋、环筋，如布置复杂，应加画钢筋大样及说明	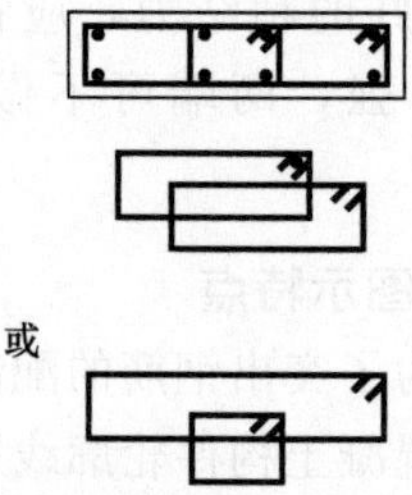 或	

钢筋的标注方法有两种形式。第一种是标注钢筋的根数、级别和直径，如"3Φ20"，

其中"3"表示钢筋根数为 3 根，"Φ"表示钢筋为Ⅱ级钢筋，"20"表示钢筋直径为 20mm，"3Φ20"即表示 3 根直径 20mm 的Ⅱ级钢筋；第二种是标注钢筋的级别、直径和间距，如"Φ8@200"，其中"Φ"表示钢筋为Ⅰ级钢筋，"8"表示钢筋直径为 8mm，"@"是钢筋相等的中心距符号，"200"表示 200mm，"Φ8@200"即表示直径 8mm 的Ⅰ级钢筋间距 200mm。

9.3 楼层结构平面图

9.3.1 楼层结构平面图的形成和表示方法

楼层结构平面图是假想用一个平行于水平面的剖切平面沿楼面板剖切得到的全剖面图。用来表示楼板配筋情况及其下方的墙、梁、柱等承重构件的平面布置。

楼层结构平面图一般应分层画出。对于结构相同的楼层，可共用一张结构平面图，称为"标准层结构平面图"或"×—×层结构平面图"。在楼板结构平面图中，楼板轮廓线用中实线表示，楼板下方不可见的墙、梁、柱等轮廓线用中虚线表示；被剖切到的柱的断面轮廓用粗实线表示，并画上材料图例（当图样比例较小时，钢筋混凝土材料可涂黑表示）；用粗实线画出板中钢筋，每一种钢筋只画一根，同时画出一个重合断面，表示板的形状、厚度和标高；配筋相同的板，可画出其中一块板的配筋，并标出该类板的编号，如 B1、B2 等，其余板不需再重复标注配筋；楼梯间的结构布置一般不在楼层结构平面图中表示，只用双对角线表示，其内容在楼梯详图中表示。楼层结构平面图（局部）见图 9.2。

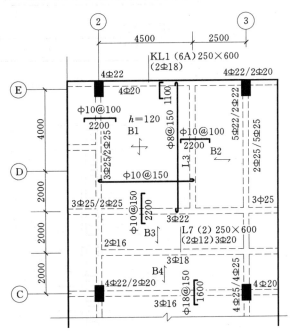

图 9.2 楼层结构平面图（局部）

9.3.2 钢筋混凝土梁结构详图

如图 9.3 所示，立面图表示梁的立面轮廓，断面图表示梁的断面形状。由立面图和断面图可知，该梁轴线长度为 3500mm，断面宽度为 200mm，断面高度为 300mm。梁下部纵向受力钢筋为 3 根直径为 14mm 的Ⅱ级钢筋，其中一根钢筋弯起布置；梁上部纵向钢筋为 2 根直径为 10mm 的和一根直径为 14mm 的Ⅰ级钢筋；双肢箍筋为直径 6mm 的Ⅰ级钢筋；两端加密区（长度为 750mm）间距 100mm，中间非加密区（长度为 2000mm）间距为 200mm；钢筋的编号及下料长度如图 9.3 所示。

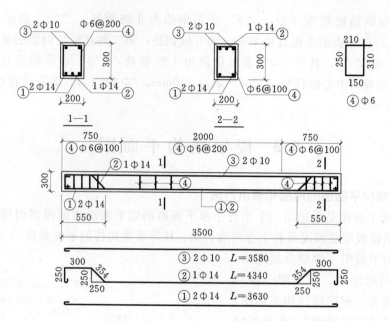

图 9.3　梁配筋详图

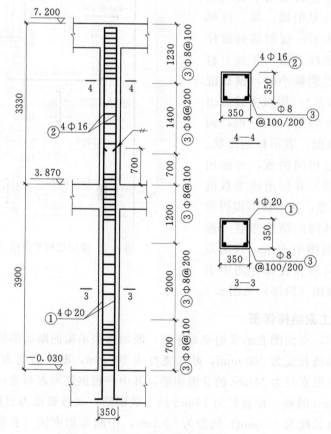

图 9.4　柱配筋详图

9.3.3 钢筋混凝土柱构造详图

如图 9.4 所示为现浇钢筋混凝土柱的立面图和断面图。该柱从 -0.030m 起直通顶层标高为 7.200m 处。柱为正方形断面，断面边长为 350mm；受力筋由 3—3，4—4 断面可知上柱断面为 4 根直径 16mm 的 II 级钢筋，下柱断面为 4 根直径 20mm 的 II 级钢筋；箍筋为直径 8mm 的 I 级钢筋，加密区箍筋的间距为 100mm，加密区长度分别为 700mm、1900mm、1230mm，非加密区箍筋的间距为 200mm，非加密区长度分别为 2000mm和 1400mm。

9.3.4 平面整体表示法的制图规则

结构施工图平面整体表示方法简称平法，《混凝土结构施工图平面整体表示方法整体规则和构造详图》（96G101）图集是国家建筑标准设计图集，在全国推广使用。所谓"平法"是把结构构件的尺寸和配筋等，按照平面整体表示方法的制图规则，直接表达在各类构件的结构平面布置图上，再与标准构造详图相配合，构成一套新型完整的结构施工图。这样做改变了传统的将构件从结构平面布置图中索引出来，再逐个绘制配筋详图的繁琐方法。

1. 柱平法施工图的表示方法

柱平法施工图在柱平面布置图上采用列表注写方式或截面注写方式表达。

（1）列表注写方式。用列表注写方式来表示柱平法施工图，是指在柱平面布置图上，分别在同一编号的柱中选择一个或几个截面标注几何参数代号，在柱表中注写柱号、柱段起止标高、几何尺寸（含柱截面对轴线的偏心情况）与配筋的具体数值，并配以各种柱截面形式及其箍筋类型图的方法，见图 9.5。

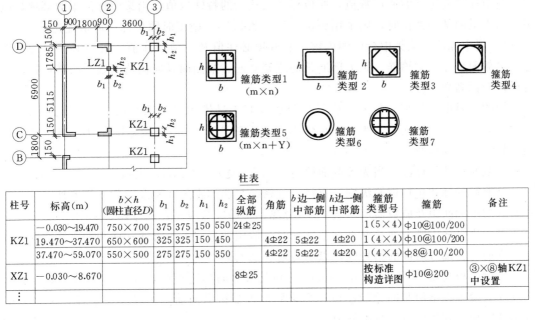

柱表

柱号	标高(m)	$b \times h$ （圆柱直径D）	b_1	b_2	h_1	h_2	全部纵筋	角筋	b边一侧中部筋	h边一侧中部筋	箍筋类型号	箍筋	备注
	$-0.030\sim19.470$	750×700	375	375	150	550	24Φ25				1(5×4)	φ10@100/200	
KZ1	$19.470\sim37.470$	650×600	325	325	150	450		4Φ22	5Φ22	4Φ20	1(4×4)	φ10@100/200	
	$37.470\sim59.070$	550×500	275	275	150	350		4Φ22	5Φ22	4Φ20	1(4×4)	φ8@100/200	
XZ1	$-0.030\sim8.670$						8Φ25				按标准构造详图	φ10@200	③×⑧轴KZ1中设置
⋮													

图 9.5 柱平法施工图列表注写方式

m、$n\sim h$、b 两个方向的箍筋数

（2）截面注写方式。用截面注写方式来表达柱平法施工图，是指在按标准层绘制的柱平面布置图上，分别在同一编号的柱中选择一个截面，以直接注写截面尺寸和配筋具体数值的方式，见图 9.6。

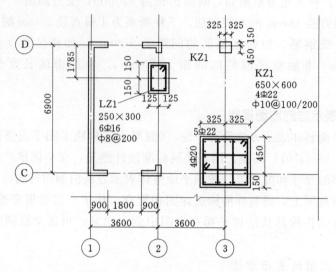

图 9.6 柱平法施工图截面注写方式

2. 梁平法施工图的表示方法

梁平法施工图在梁平面布置图上可采用平面注写方式或截面注写方式表达。

（1）平面注写方式。平面注写方式是指在梁平面布置图上，分别在不同编号的梁中各选一根梁，在其上注写截面尺寸和配筋具体数值的方式。平面注写包括集中标注和原位标注。集中标注表达梁的通用数值，原位标注表达梁的特殊数值。当集中标注中的某项数值不适用于梁的某个部位时，则采用原位标注（图 9.7），施工时原位标注取值优先。

1）集中标注。梁集中标注的内容，有五项必注值及一项选注值。五项必注值为梁编号、梁截面尺寸、梁箍筋、梁上部通长筋或架立筋、梁侧面纵向构造筋或受扭筋，选注值为梁顶面标高高差。

梁的编号由梁类型、代号、序号、跨数及有无悬挑代号几项组成，如 WKJ12（3A）表示屋面框架梁、12 号、3 跨、一端悬挑，括弧中"A"表示一端悬挑，"B"表示两端悬挑，悬挑不计入跨数。

梁截面尺寸的标注，当为等截面梁时，用 b（宽）$\times h$（高）表示。

梁箍筋的标注包括钢筋级别、直径、加密区与非加密区间距及肢数。箍筋加密区与非加密区的不同间距及肢数需用斜线"/"分隔，箍筋肢数应写在括号内，见图 9.8。

当同排纵筋中既有通长筋又有架立筋时，应用加号"+"将通长筋和架立筋相联，并将架立筋写在加号后面的括号内，以示与通长筋的区别。

当梁腹板高度 h_w 不小于 450mm 时，须配置纵向构造钢筋，以大写字母"G"打头，连续注写设置在梁两侧的总配筋值；当梁侧配置受扭纵向筋时，以大写字母"N"打头，连续注写配置在梁两侧的总配筋值。

梁顶面标高的高差，指梁顶面标高相对于结构层楼板面标高的高差值，对于结构夹层

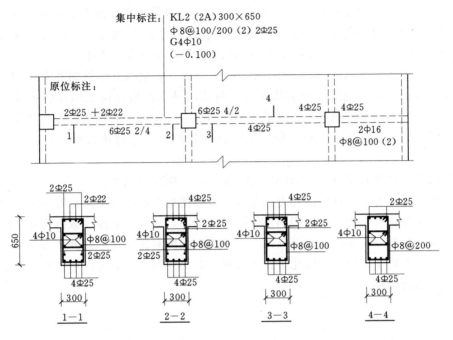

图 9.7 梁平面注写方式

注：本图四个梁截面采用传统表示方法绘制，用于对比按平面图注写方式表达的同样
内容。实际采用平面注写方式表达时，不用绘制梁截面配筋图和相应截面符号。

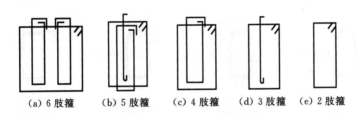

图 9.8 箍筋的形式

的梁，则指相对于结构夹层楼面标高的高差。有高差时，写入括号内，无高差时不注。

图 9.7 中的集中标注，其含义如下：框架梁 KL2 共两跨，一端有悬挑；梁截面尺寸
为 300mm 宽、650mm 高；箍筋用直径 8mm 的 I 级钢筋，加密区箍筋间距 100mm，非加
密区箍筋间距 200mm，箍筋用 2 肢箍；梁上部有 2 根直径 25mm 的 II 级钢筋作通长筋；
梁两侧面共配置 4 根直径 10mm 的 I 级钢筋作纵向构造钢筋，每侧面各配置 2 根；梁顶面
标高比结构层楼面标高低 0.100m。

2）原位标注。梁支座上部纵筋的标注包含贯通筋在内的所有纵筋。当上部纵筋多于
一排时，用斜线"/"将各排纵筋自上而下分开。如梁支座上部纵筋注写为"6 Φ 25 4/2"，
表示梁上部纵筋是 6 根直径 25mm 的 II 级钢筋，分两排布置，上排 4 根，下排 2 根。当同
排纵筋有两种直径时，用加号"+"将两种直径的纵筋相联，注写时将角部纵筋写在前
面。当梁中间支座两边的上部纵筋不同时，须在支座两边分别标注配筋值；当梁中间支座
两边的上部纵筋相同时，可仅在支座的一边标注配筋值，另一边省去不注。梁下部纵筋的

表示方法与上部纵筋的表示方法基本相同。当梁下部纵筋不全部伸入支座时，将梁支座下部纵筋减少的数量写在括号内。例如，梁下部纵筋注写为"6Φ25（-2)/4"时，表示上排纵筋为 2Φ25，且不伸入支座，下排纵筋为 4Φ25，全部伸入支座。

以图 9.7 中框架梁 KL2 第一跨的原位标注为例，梁左端支座纵筋共有 4 根，其中 2 根是直径 25mm 的Ⅱ级钢筋，分别放在两端角部，另 2 根是直径 22mm 的Ⅱ级钢筋；右端支座（支座左右两端配筋相同）纵筋为 6 根直径 25mm 的Ⅱ级钢筋，分两排布置，上排 4 根，下排 2 根；梁底部有 6 根直径 25mm 的Ⅱ级钢筋，分两排布置，上排 2 根，下排 4 根。

附加箍筋或吊筋直接画在平面图中的主梁上，注明总配筋值。

（2）截面注写方式。截面注写方式是指在按标准层绘制的梁平面布置图上，分别在不同编号的梁中各选择一根梁，指用剖面号引出配筋图，并在其上注写截面尺寸和配筋具体数值的方式，将图 9.9 中的断面图与图 9.7 中的断面图对比可见，这种截面注写方式的配筋数值的标注省略了指引线，简化了作图过程。截面注写方式既可以单独使用，也可与平面注写方式结合使用。

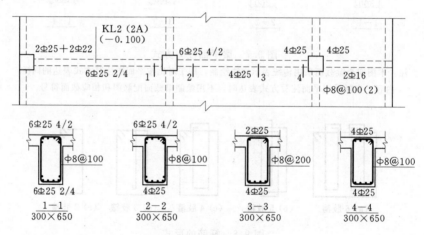

图 9.9　截面注写方式

9.3.5　楼层结构平面图的识读

图 9.10 是某商场的二层结构平面图，其识读方法一般可分为以下几个步骤。

（1）了解图名和比例。由图 9.10 可知，该图是商场的二层楼板结构平面图，比例 1：100。

（2）了解楼板所用混凝土的强度等级。由图 9.10 中说明的第 1 条可知，楼板所用的混凝土强度等级为 C20。

（3）了解楼板的厚度。B1 板厚为 120mm，其余没标厚度的板由图 9.10 中说明的第 2 条可知，这些板厚为 100mm。

（4）了解楼板的配筋情况。B1 板底部钢筋双向布置，短向钢筋为直径 10mm 的Ⅰ级钢筋，间距 150mm；长向钢筋为直径 8mm 的Ⅰ级钢筋，间距 150mm；B1 板与 B2 板交接处支座钢筋为直径 10mm 的Ⅰ级钢筋，长度 2200mm，间距 100mm；B2 板、B3 板、B4

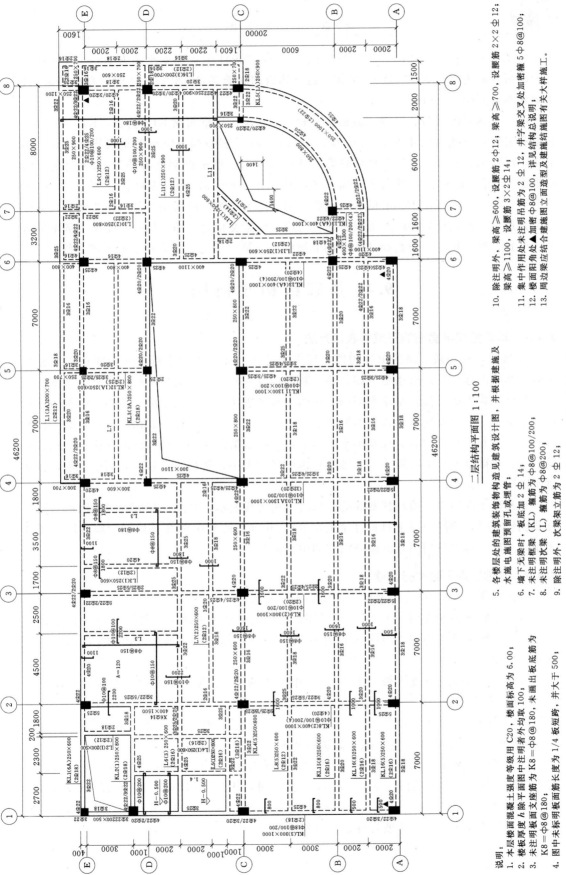

二层结构平面图 1:100

说明：
1. 本层楼面混凝土强度等级用 C20，楼面标高为 6.00；
2. 楼板厚度 h 除平面图中注明者外均取 100；
3. 未注明板面支座筋为 K8=Φ8@180，未画出板底筋为 K8=Φ8@180；
4. 图中未标明板面筋长度为 1/4 板短跨，并大于 500；
5. 各楼层处的建筑装饰物构造见建筑设计图，并根据施工水施电施图预留孔或埋管；
6. 墙下无梁时，板底加 2 Φ14；
7. 未注明框架梁（KL）箍筋为 Φ8@100/200；
8. 未注明次梁（L）箍筋为 Φ8@200；
9. 除注明外，次梁架立筋为 2 Φ12；
10. 除注明外，梁宽≥600，设腰筋 2Φ12；梁高≥700，设腰筋 2×2 Φ12；梁高≥1100，设腰筋 3×2 Φ14；
11. 集中作用处未注明吊筋为 2 Φ12，井字梁交叉处加密箍 5 Φ8@100；
12. 楼面阴角处加▲加密箍 Φ8@100，详见结构总说明；
13. 周边梁应结合建施图立面造型及建施图有关大样施工。

图 9.10　商场的二层结构平面图

板底筋图中没有标明，按图 9.10 中说明的第 3 条 "未注明板面支座筋为 K8＝Φ8@180，未画出板底筋为 K8＝Φ8@180" 可知，这三块板的底筋都是 Φ8@180，即用直径 8mm 的 Ⅰ 级钢筋，间距 180mm。

（5）了解梁的编号、跨数、截面尺寸和配筋情况。以框架梁 KL1 为例，KL1 共 6 跨，一端有悬臂，梁截面尺寸为 250mm 宽、600mm 高；2 根直径 18mm 的钢筋作架立筋，箍筋图中没注明，按图 9.10 中说明的第 7 条可知，未注明的框架梁箍筋为 Φ8@100/200，即箍筋为直径 8mm 的 Ⅰ 级钢筋，加密区箍筋间距 100mm，非加密区箍筋间距 200mm；梁底部钢筋为 4 根直径 20mm 的 Ⅱ 级钢筋；第二跨梁与第一跨梁交接处（即②轴处）支座上部钢筋为 4 根直径 22mm 的 Ⅱ 级钢筋，与第三跨梁交接处（即③轴处）支座上部钢筋分两排布置，第一排为 4 根直径 22mm 的 Ⅱ 级钢筋，第二排为 2 根直径 20mm 的 Ⅱ 级钢筋。

9.4 基础结构平面图

9.4.1 基础结构平面图的形成和表示方法

基础是建筑物最下部的承重构件，其作用是将上部结构的全部荷载连同自重传递给地基。基础的常见形式有条形基础、独立基础、桩基础等，其类型和构造详见第 2 章。

基础结构平面图简称基础平面图，是用于水平投影面平行的面沿建筑物基础剖切得到的全剖面图。主要反映基础构件的型式、做法、位置、尺寸、标高、构件编号及墙、柱的位置、尺寸和编号等内容。在基础平面图中，只画出被剖切到的墙和柱的断面、基础底面轮廓线、基础梁及其中心线等。基础的具体形状、大小、材料等在基础详图中表示，在基础平面图中可以不画。

在基础平面图中，墙和柱断面的轮廓线用粗实线表示，并画上相应的材料图例（当图样比例较小时，钢筋混凝土材料可涂黑表示）；基础底的轮廓线和基础梁轮廓线用中实线表示，基础梁也可只用粗点画线画出它的中心位置。

9.4.2 基础结构平面图的识读

下面以图 9.11 为例介绍基础平面图的识读方法。

（1）了解图名和比例。由图 9.11 可知，该图是桩基础平面图，比例 1：100。

（2）了解基础的类型。由图 9.11 中说明第 2 条可知，该建筑物采用的是锤击预应力管桩，桩直径 400mm。

（3）了解混凝土强度等级。由图 9.11 中说明的第 3、第 5 条可知，桩承台混凝土为 C30，垫层混凝土为 C10，桩身混凝土为 C80。

（4）了解施工要求。由图 9.11 中说明第 4 条、第 6 条、第 7 条、第 8 条、第 9 条、第 10 条可了解到对施工质量、施工做法的要求。

（5）了解基础的平面布置情况。由图 9.11 可知，每根柱下都有桩基础，桩基础的编号有 ZJ1、ZJ1a、ZJ2、ZJ2a、ZJ3、ZJ3a、ZJ4 7 种，ZJ1 和 ZJ1a 承台下布置 1 根桩，ZJ2 和 ZJ2a 承台下布置 2 根桩，ZJ3 和 ZJ3a 承台下布置 3 根桩，ZJ4 承台下布置 4 根桩。桩孔的中心位置可由图 9.9 中所标注的尺寸得到。

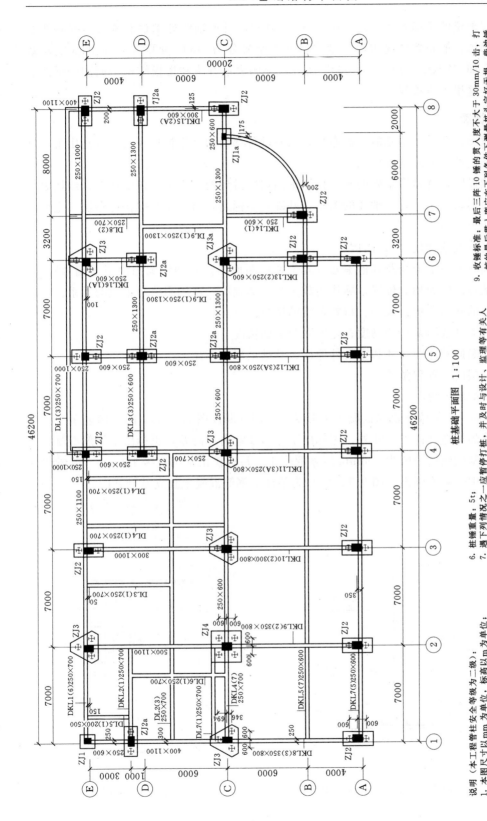

桩基础平面图 1:100

图 9.11 桩基础平面图

说明（本工程管桩计安全等级为二级）：
1. 本图尺寸以mm为单位，标高以m为单位；
2. 本工程采用锤击预应力管桩，桩径400；
3. 桩承台混凝土强度等级C30，垫层混凝土C10，垫层厚100，周边各种伸出100；
4. 本工程单桩竖向承载力特征值为1400kN，桩身混凝土强度等级为C80；
5. 桩长暂定35m，桩身混凝土强度等级为C80。

6. 桩锤重量：5t；
7. 遇下列情况之一应暂停打桩，并及时与设计、监理等有关人员研究处理，贯入度突变；桩头混凝土剥落、破碎，桩身突然倾斜、跑位，地面明显隆起，邻桩上浮或严重移位不规则；桩身回弹曲线不规则。第10条规定；
8. 每根桩的总锤击数及最后1m沉锤击数应符合下列规定：PC桩身回弹曲线不应超过2000，最后1m沉锤击数不宜超过250；

9. 收锤标准：最后三阵10锤的贯入度不大于30mm/10击，打桩的最后贯入度应在下列条件下测量桩头完好无损，柴油锤跳动正常，桩锤，桩帽，送桩器及桩身中心线重合；桩帽衬垫厚度等正常，打桩结束前立即测定贯入度和规程处理。机具要求等级选择，施工相关规范执行；
10. 预应力混凝土管桩的打桩，应按现行规范执行。

（6）了解地梁的平面布置情况。由图 9.11 可知，每根轴线处都设有地梁；在轴线之间，根据上部墙体的布置情况也设有地梁。地梁编号分为 DKL 和 DL，并注明梁的跨数及截面尺寸。如"DKL5（7）250×600"等。地梁的表示方法和楼板结构平面图中梁的表示方法一样，这里不再重复。

9.4.3 基础详图

基础平面图只表示了基础的平面布置，而基础各部分的详细构造还没有表达出来，这就需要画出其他各部分的基础详图。

所谓基础详图，就是沿基础的某一处铅垂剖切所得到的断面图，该断面图详细地表示出基础的断面形状、尺寸，与轴线的关系，基础底面标高，材料及其他构造做法。主要内容包括以下几个方面。

（1）图名（或基础代号）、比例。

（2）基础断面图中轴线及其他编号（若为通用断面图，则轴线圆圈内不予编号）。表明轴线与基础各部位的相对位置，标注出放大脚、基础墙。基础圈梁与轴线的关系。

（3）基础的断面形状、大小、材料及配筋情况。

（4）基础梁（或圈梁）的高度、宽度以及配筋情况。

（5）基础断面的详细尺寸和室内外地面、基础垫层的标高。

（6）防潮层的位置和做法。

（7）必要的施工说明。

图 9.12（a）为某墙下钢筋混凝土条形基础详图（断面图 A—A），图中除表示了该条形基础各部分的构造、详细尺寸外，还标出了标高及室内外高差，也标出了钢筋混凝土条基配筋情况。基础垫层一般为 100mm 厚素混凝土，每边扩出基础边缘 100mm。基础垫层在基础平面图中一般不画出。图 9.12（b）为某柱下钢筋混凝土独立基础详图。

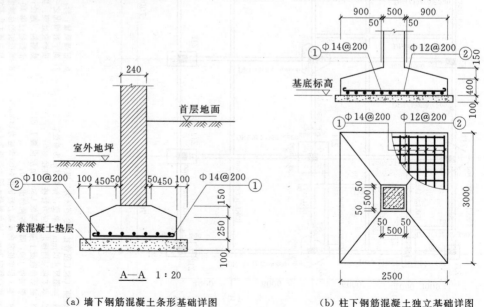

（a）墙下钢筋混凝土条形基础详图　　　　（b）柱下钢筋混凝土独立基础详图

图 9.12　基础详图

9.5 楼 梯 结 构 详 图

9.5.1 楼梯结构平面图的形成和表示方法

楼梯结构平面图主要反映各构件（如楼梯梁、梯段板、平台板及楼梯间的门窗过梁等）平面布置、代号、大小、定位尺寸以及它们的结构标高，见图9.13。

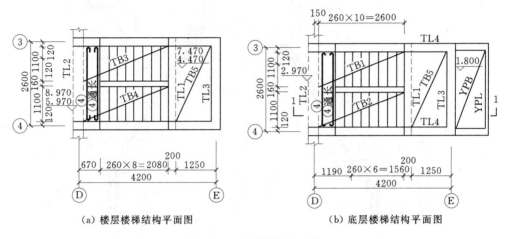

（a）楼层楼梯结构平面图   （b）底层楼梯结构平面图

图 9.13　楼梯结构平面图

（1）楼梯结构平面图中的轴线编号与建筑施工图一致，剖切符号仅在底层楼梯结构平面图中表示。

（2）楼梯结构平面图是设想沿上一楼层平台梁顶剖切后所做的水平投影。剖切到的墙用中实线表示；楼梯梁、板的轮廓线，可见的用细实线表示，不可见的则用细虚线表示；墙上的门窗洞口不表示。

图9.13是现浇板式楼梯的结构平面图。从图中可以看出平台梁 TL2 设置在①轴线上兼作楼层梁，底层楼梯平台通过平台梁 TL3、TL4 与室外雨篷 YPL、YPB 连成一体；楼梯平台是平台板 TB5 与 TL1、T13 整体浇筑而成的；楼梯段分别为 TB1、TB2、TB3、TB4，它们分别与上、下的平台梁 TL1，TL2 整体浇筑；TB2、TB3、TB4 均为折板式梯段，其水平部分的分布钢筋连通而形成楼梯的楼层平台，平面图上还表示了该处双层分布钢筋④的布置。

9.5.2 楼梯结构剖面图

楼梯结构剖面图表示楼梯承重构件的竖向布置、形状和连接构造等情况，见图9.14。

由 1—1 剖面图，并对照底层平面图9.13可以看出楼梯是"左上右下"的布置方法。第一个梯段是长跑，第二个梯段是短跑，剖切在第二梯段一侧，因此在1—1剖面图中，短跑及与短跑平行的梯段、平台均被剖切到，涂黑表示其断面。长跑侧，则只画其可见轮廓线，用细线表示。

楼梯结构剖面图上，标注了各构件代号，并说明各构件的竖向布置情况，还标注了梯段平台梁等构件的结构高度及平台板顶、平台梁底的结构标高。

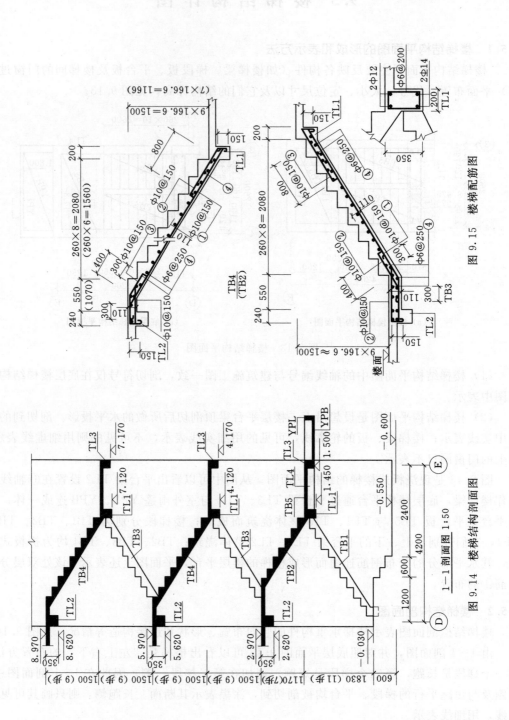

图 9.15 楼梯配筋图

图 9.14 楼梯结构剖面图

9.5.3 楼梯配筋图

在楼梯结构剖面图中，因比例较小，不能详细表示楼梯板和楼梯梁的配筋时，可以用较大的比例画出每个构件的配筋图，见图9.15。从图9.15中可看出，楼梯板下层的受力筋采用①Φ10@150，分布筋采用④Φ6@250；在楼梯段的两端、斜板截面的上部配置支座受力钢筋②和③Φ10@150，分布筋④Φ6@250；在楼板与楼梯段交接处，按构造配置支座受力筋③Φ10@150。当钢筋布置不能表示清楚时，可以画钢筋详图表示。

外形简单的梁，可只画断面表示。如图9.15中TL1为矩形梁，梁底配置2Φ14主筋，梁顶配置2Φ12架立筋，箍筋用Φ6@200。

本 章 小 结

（1）结构施工图主要表示房屋结构系统的结构类型，结构布置，构件种类、数量、内部构造、外部形状大小以及构件间的连接构造等。它包括结构设计说明、结构布置平面图和构件详图。结构施工图是结构设计的最终成果图，也是结构施工的指导性文件，是进行构件制作和安装，编制预算和安排施工进度的依据。

（2）楼层结构平面图主要表示每个楼层及屋面的梁、板、柱的平面布置，现浇钢筋混凝土楼（屋面）板的构造与配筋及相互之间的结构关系等。

（3）基础图是建筑物地下部分承重结构的施工图。它包括基础平面图和基础详图两部分。基础平面图主要表示基础的平面布置，基础与墙、柱的定位轴线的关系，基础底部宽度等。基础详图主要表示基础的形状、构造、材料、基础埋置深度和截面尺寸、室内外地面、防潮层等。

（4）钢筋混凝土楼梯结构图包括楼梯结构平面图、楼梯结构剖面图和楼梯配筋图。楼梯结构平面图主要表示各构件的平面布置及其代号、大小、定位尺寸及它们的结构标高等。楼梯结构剖面图表示楼梯承重构件的竖向布置、形状和连接构造等。楼梯配筋图主要反映楼梯板和楼梯梁内钢筋的规格、型号布置。

复 习 思 考 题

1. 填空题

（1）结构施工图通常包括下列内容：（　　　　）、（　　　　）、（　　　　）。

（2）按钢筋在构件中的作用和受力情况可分为如下几种：（　　　　）、（　　　　）、（　　　　）、（　　　　）、（　　　　）。

（3）写出下列常用代号所表示的构件名称：B（　　　　）、KB（　　　　）、TB（　　　　）、QL（　　　　）、KL（　　　　）、KZ（　　　　）。

（4）柱平法施工图在柱平面布置图上采用（　　　　）、（　　　　）表达。

（5）梁平法施工图在梁平面布置图上可采用（　　　　）、（　　　　）表达。

（6）梁平法施工图的平面注写方式包括（　　　　）、（　　　　）。

（7）梁集中标注的内容有（　　　　）项必注值和（　　　　）选注值。

2. 选择题

(1) 梁平法施工图中 WKJ12（3A）表示屋面框架梁、12 号（　　　　）。

A. 3 跨（包括悬挑）、一端悬挑　　　　B. 3 跨（不包括悬挑）、一端悬挑

C. 3 跨（包括悬挑）、两端悬挑　　　　D. 3 跨（不包括悬挑）、两端悬挑

(2) Φ10@100(4)/200(2)，表示箍筋为Ⅰ级钢筋，直径为 10mm，（　　　　）。

A. 加密区箍筋间距为 100mm，4 支箍

B. 非加密区箍筋间距为 200mm，4 支箍

C. 加密区箍筋间距为 100mm，2 支箍

D. 加密区 4 个箍筋，非加密区 2 个箍筋，间隔布置

(3) 当梁腹板高度 hw 不小于 450mm 时，须配置纵向构造钢筋，例如，G4Φ12 表示（　　　　）。

A. 梁的两个侧面共配置 4 根Φ12 的纵向构造钢筋

B. 梁的每侧配置 4 根Φ12 的纵向构造钢筋

C. 梁的两个侧面共配置 4 根Φ12 的纵向受扭钢筋

D. 梁的每侧配置 4 根Φ12 的纵向受扭钢筋

(4) 当梁支座上部纵筋注写为 2Φ22+2Φ20，以下说法正确的是（　　　　）。

A. 梁支座上部有 4 根纵筋，2Φ22 放在角部，2Φ20 放在中部

B. 梁支座上部有 4 根纵筋，2Φ22 放在上排，2Φ20 放在下排

C. 梁支座上部有 4 根纵筋，2Φ22 放在中部，2Φ20 放在角部

D. 梁支座上部有 4 根纵筋，2Φ22 放在下排，2Φ20 放在上排

(5) 梁下部纵筋注写为 6Φ22 2/4，以下说法正确的是（　　　　）。

A. 表示上一排纵筋为 2Φ22，下一排纵筋为 4Φ22，全部伸入支座

B. 表示上一排纵筋为 2Φ22，下一排纵筋为 4Φ22，上排纵筋不伸入支座

C. 表示下一排纵筋为 2Φ22，上一排纵筋为 4Φ22，全部伸入支座

D. 表示下一排纵筋为 2Φ22，上一排纵筋为 4Φ22，上排纵筋不伸入支座

3. 问答题

(1) 钢筋按强度和品种分为哪些等级？

(2) 什么是钢筋保护层？

(3) 钢筋的标注有哪两种形式？

(4) 平法的表达形式有什么特点？

(5) 梁原位标注的内容有哪些规定？

(6) 什么是楼板结构平面图？

(7) 什么是基础结构平面图？

(8) 什么是标准图？

第10章 设备施工图

学习提纲

通过对本章的学习，应对建筑设备施工图的组成、特点及识图方法有所了解，并掌握设备施工图中一些常用的图例和符号，能够读懂系统平面图和轴测图，为识读复杂设备施工图奠定基础。

10.1 室内给排水施工图

10.1.1 概述

1. 室内给水系统的分类

按照供水对象及对水质、水量、水压的不同要求，室内给水系统可以分为生活给水、生产给水和消防给水三类。

一般居住建筑及公共建筑，通常只需供应生活饮用水、盥洗用水、烹饪用水，可以只设生活给水系统。当有消防要求时，则可采用生活——消防联合给水系统。对消防要求严格的高层建筑或大型建筑，为了保证消防的安全可靠，则应独立设置消防给水系统，消防与生活用水不能联合。工业企业中的生产用水情况比较复杂，其对水质的要求可能高于或低于生活、消防用水的水质要求，究竟采用什么样的供水方式，应根据实际情况确定。仅就生活用水的供应而言，随着城乡人民生活水平的不断提高，对供水质量要求也不断提高，目前也有将生活供水部分分为饮用水和盥洗用水两项，采取分质供应的方法给建筑供水。

2. 室内给水系统的组成

室内给水系统由房屋引入管、水表节点、给水管网（由干管、立管、横支管组成）、给水附件（水龙头、阀门）、用水设备（卫生设备等）、升压和储水设备等附属设备组成。

（1）引入管。建筑小区给水管网与建筑内部各管网之间的联络网段，也称进户管。

（2）水表节点。引水管上装设的水表及其前后设置阀门、泄水装置的总称。阀门用于关闭管网、以便修理和拆换水表；泄水装置作为检修时放空管网、检测水表精度之用。

（3）给水管网。指建筑内部给水水平干管或者垂直干管、立管、支管等组成系统。

（4）给水附件。管路上的截止阀、闸阀、止回阀及各式配水龙头等。

（5）用水设备。指卫生器具、消防设备和生产用水设备等。

（6）升压和储水设备。当建筑小区管网压力不足或者建筑物内部对安全供水、水压稳定有要求时，需设置各种附属设备，如水箱、水泵气压装置、水池等增压和储水设备。

3. 室内排水系统的分类

室内排水的主要任务就是排除生产、生活污水和雨水。根据排水制度，可以把室内排水分为分流制和合流制两类。

（1）分流制就是将室内的生活污水、雨水及生成污水（废水）用分别设置的管道单独排放的排水方式。分流制排水的主要优点是将不同污染的水单独排放，有利于对污水的处理。但是分流制排水要耗用较多管材，造价也高些。

（2）合流制是将生活污水、生产污水（废水）、雨水等两种或三种污水合起来，在同一根管道中排放。合流制的主要优点是排水简单、耗用的管材少，但对污水处理难度加大。

至于什么情况下采用分流制排水，什么情况下采用合流制排水，则要根据污水的性质、室外排水管网的体制、污水处理及综合利用能力等因素来确定。其一般原则是：生活粪便不与雨水合流；冷却系统的污水可与雨水合流；被有机杂质污染的生产污水可与生活粪便合流；含有大量固体杂质的污水、浓度大的酸性或碱性污水、含有有毒物质和油脂的污水，应单独排放，并进行污水处理。

4. 室内排水系统的组成

室内排水系统由污废水收集器、排水系统、通气系统、清通设备、抽升设备和污水局部处理构筑物等组成。

（1）污废水收集器。卫生器具或生产设备收水器。

（2）排水系统。它由器具排水管（连接卫生器具和横支管之间的一段管，除坐式大便器外，其间包括存水弯）、有一定坡度的横支管、立管、埋设在室内地下的总横干管和排出到室外的排出管等组成。

（3）通气系统。当建筑物层数不多，卫生器具不多时，在排水立管上端延伸出屋顶的一段管道（自最高层立管检查口算起）称通气管。当建筑物层数较多时，卫生器具甚多时，在排水管系统中应设辅助通气管及专用通气管。

（4）清通设备。一般指作为疏通排水管道之间的检查口、清扫口、检查井以及带有清通门的 90°弯头或三通接头设备。

（5）抽升设备。某些建筑的地下室、半地下室、人防工程、地下铁道等地下建筑物中污水不能自流排至室外，必须设置水泵和集水池等局部抽水设备，将污水抽送到室外水管网中去。

（6）污水局部处理构筑物。室内污水（废水）不符合排放要求时，必须进行局部处理。

10.1.2　室内给水排水施工图的主要内容

室内给水排水施工图一般由设计说明、给水排水平面图、给水排水系统图和详图组成。

1. 设计说明

设计图纸上用图线或符号表达不清楚的问题，均须用文字加以说明，如管材及其连接形式、管道的防腐和保温、卫生器具的类型、所采用的标准图集、施工验收要求等。

2. 给水排水平面图

室内给水排水管道平面图一般画在一起，如果是楼房，至少应绘制底层和标准层平面图。平面图常用的比例为 1∶100。如果图形比较复杂，也可采用 1∶50。

室内给水排水平面图主要表示卫生器具和管道布置情况。建筑物的轮廓线和卫生器具用细实线表示；给水管道用粗实线表示；排水管道用粗虚线；平面图中的立管用小圆圈表示；阀门、水表、清扫口等均用图例表示。

3. 给水排水系统图

给水排水系统图一般是按正面斜等测的方式绘制的。给水和排水应分别绘制，常用 1：100 或 1：50 的比例绘制。它主要表明了管道系统的空间走向。

4. 详图

当某些设备的构造或管道之间的连接情况在平面图或系统图上表示不清楚又无法用文字说明时，应将这些部位进行放大，做成详图。常用的比例为 1：50～1：10。有的节点可直接采用标准图集的详图。

10.1.3 室内给水排水工程施工图识读

1. 给水排水平面图的识读

某住宅给水排水平面图，如图 10.1 所示。

一梯两户，各户厨房和卫生间的布置均相同；各层管道的布置，除底层设有一条给水引入管和两条排水出户管外，其余各层的管道布置也都相同。

（1）卫生器具的布置。该住宅各层厨房内设有洗涤池一个，卫生间内设有浴盆、洗脸盆、低水箱坐式大便器各一个。

（2）管道的布置。每户给水由引入管 J-1（右户为 J-2）进入厨房后，由给水立管 JL-1（JL-2）升至楼层，每户给水横管径截止阀及水表后至洗涤盆水龙头，然后向前进入卫生间，供洗脸盆、浴盆和大便器用水。卫生间内三个卫生器具的污水经排水横支管排至排水立管 PL-1（右户为 PL-4），然后经排水出户管 P-1（右户为 P-4）排出室外；厨房内洗涤盆污水经排水支管排至排水立管 PL-2（右户为 PL-3），经排水出户管 P-2（右户为 P-3）排出室外。

看室内给水排水平面图时应注意以下两点：

1）引入管、横管、干管、支管的平面位置、走向、定位尺寸、与室外管网的连接形式，管径，立管的编号，管道与用水设备的连接方式、尺寸。

2）在给水管道上设置水表时，要查明水表的型号、规格、安装位置以及水表前后阀门的设置情况。

2. 给水系统图的识读

如图 10.2 所示，J-1（右户为 J-2）管由室外地下标高为 -1.00m 用 DN40 引入管穿外墙进入室内，经立管穿厨房的地面后，上接截止阀，向上至一层标高 1.00m 处经横管分流后，立管的管径变为 DN32，向上至二层标高 4.00m 处，立管管径变为 DN25，至四层标高 10.00m 处主管管径变为 DN20，最后登高至五层 13.00m 处。每户在距该层地面 1.00m 处接 DN20 横管，经截止阀和水表后至厨房洗涤盆水龙头，然后继续向前，在厨房墙角出向上登高至 2.50m（以上各层分别为 5.50m、8.50m、11.50m、14.50m），跨过门口后进入卫生间，向下至标高 0.35m（以上各层分别为 3.35m、6.35m、9.35m、12.35m）处左右分开，管径变为 DN15，分别送至浴盆、坐便器和洗脸盆。

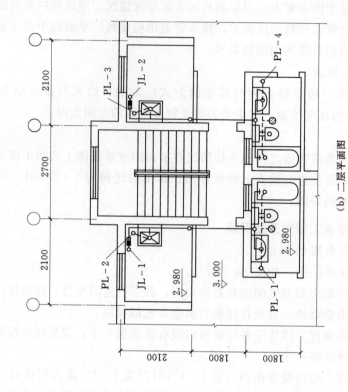

(b) 二层平面图

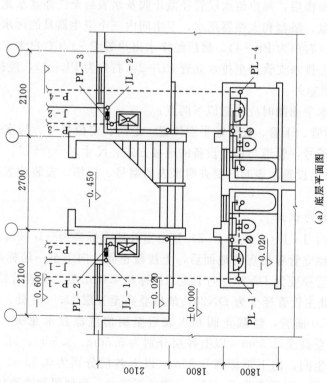

(a) 底层平面图

图 10.1 某住宅给水排水工程图

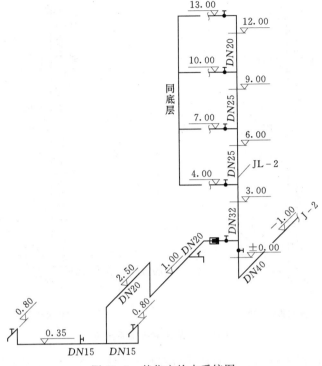

图 10.2　某住宅给水系统图

3. 排水系统图的识读

如图 10.3 所示，该住宅每户分厨房排水系统 P-2（右户为 P-3）和卫生间排水系统 P-1（右户为 P-4）两部分。

卫生间排水系统（以 P-4 为例）：由图 10.3 可知，每户设排水横支管，依次收集浴盆、坐便器、地漏和洗脸盆的污水，管径为 DN100，以 0.020 的坡度坡向排水立管 PL-4，排水立管管径为 DN100，下至 -1.20m 处接出户管将污水排至室外，出户管管径为 DN100，坡度为 0.020，坡向室外。每层排水横支管安装位置均比本层楼地面低 0.40m，其中一层埋地敷设，二至五层吊在天花板下面。排水立管在一层、三层、五层距地面 1.00m 处设检查口各一个，五层以上为通气管，管径为 DN100，伸出屋顶 900mm，顶端设通气帽。

厨房排水系统（以 P-2 为例）：由图 10.3 可知，每户洗涤盆污水经存水弯流至排水支管，管径为 DN50，坡度为 0.035，然后流向排水立管 PL-2，PL-2 的管径为 DN50，下至 -1.20m 处接出户管将污水排至室外，出户管管径为 DN50，坡度为 0.035，坡向室外。每层排水横支管安装位置均比本层楼地面低 0.40m，其中一层埋地敷设，二至五层吊在天花板下面。排水立管在一层、三层、五层距地面 1.00m 处设检查口一个，五层以上为通气管，直径为 DN50，伸出屋顶 900mm，顶端设通气帽。

看室内给水排水系统图时应注意以下几点：

（1）给水管道的具体走向，干管的敷设形式，管径尺寸及其变化情况，阀门的位置、引入管、干管以及各支管的标高等。

（2）各配水龙头、阀门、水表以及卫生器具的数量和安装高度。

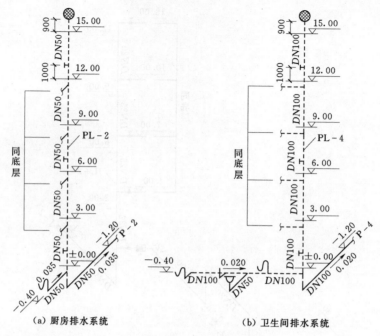

（a）厨房排水系统　　　　　　　（b）卫生间排水系统

图 10.3　某住宅排水系统图

（3）识图时要特别注意两点：一是要沿着水流方向看图；二是平面图和系统图要相互对照。

10.2　暖通空调施工图

10.2.1　暖通施工图

1.概述

（1）采暖工程和采暖施工图的组成。采暖工程是指冬天创造适宜人们生活和工作的温度环境，保持各类生成设备正常运转，保证产品质量以保持室温要求的工程设施。采暖工程由三部分组成：产热部分——热源，如锅炉房、热电站等；输热部分——由热源到用户输送热能的热力管网；散热部分——各种类型的散热器。采暖工程因热媒的不同一般可分为热水采暖和蒸汽采暖。

通俗来讲，一个采暖过程就是由锅炉将水加热成热水（或蒸汽），然后由室外供热管送至各个建筑物，由各干管、立管、支管送至各散热器，经散热降温后由支管、立管、干管、室外管道送回锅炉重新加热继续循环。

采暖施工图一般分为室外和室内两部分。

1）室外部分表示一个区域的采暖管网，包括总平面图、管道横纵剖面图、详图及设计施工说明。

2）室内部分表示一幢建筑物的采暖工程，包括采暖平面图、系统图、详图及设计、施工说明。

（2）室内热水采暖系统的敷设形式。热水采暖系统按供水温度不同可分为：一般热水采暖（供水温度 95℃，回水温度 70℃）和高温热水采暖（供水温度为 96～130℃，回水温度为 70℃）两种；按水在系统内循环的动力可分为自然循环系统（靠水的重度差进行循环）和机械循环系统（靠水泵进行循环）两种。

室内热水采暖系统的敷设形式较多，通常有如下几种形式。

1）自然循环上供下回式热水采暖系统。这种系统的供热水干管敷设在顶层散热器之上，回热水干管敷设在底层散热器下面。供、回热水立管和连接散热器的供、回热水支管分开设置，如图 10.4 所示。

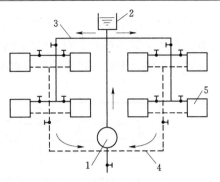

图 10.4 自然循环上供下回式
热水采暖系统
1—锅炉；2—膨胀水箱；3—供热水干管；
4—回热水干管；5—散热器组

2）机械循环热水采暖系统。这种系统按其供热水干管的位置不同，可分为上供下回式、中供下回式和下供下回式三种，如回热水支管均分开设置。其中，上供下回式在供热水干管高点设集气罐一个；中供下回式在顶层每组散热器的高点设自动跑风门或手动跑风门一个；下供下回式在顶层每组散热器的高点设自动跑风门或手动跑风门一个（或设一个连通管，自动排气阀一个），如图 10.5 所示。

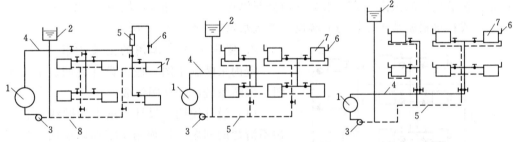

(a) 上供下回式热水采暖系统
1—锅炉；2—膨胀水箱；3—水泵；
4—供热水干管；5—集气罐；
6—放空气罐；7—散热器组；
8—回热水平管

(b) 中供下回式双管热水采暖系统
1—锅炉；2—膨胀水箱；3—水泵；
4—供热水干管；5—回热水干管；
6—自动跑风门或手动跑风门；
7—散热器组

(c) 下供下回式热水采暖系统
1—锅炉；2—膨胀水箱；3—水泵；
4—供热水干管；5—回热水干管；
6—自动跑风门或手动跑风门；
7—散热器组

图 10.5 机械循环热水采暖系统

3）高层建筑热水采暖系统。高层建筑热水采暖系统的敷设形式较多，通常采用竖向分区和不分区两种采暖系统。

(3) 室内蒸汽采暖系统的敷设形式。蒸汽采暖系统按压力不同可分为低压蒸汽采暖（蒸汽工作压力≤0.07MPa）和高压蒸汽采暖（蒸汽工作压力＞0.07MPa）两种。

室内蒸汽采暖系统的敷设形式通常有如下几种形式。

1）上供下回式双管蒸汽采暖系统。上供下回式双管蒸汽采暖系统的供汽干管敷设在顶层散热器之上；凝结水干管敷设在底层散热器下面。供汽、凝结水立管和连接散热器的供汽、凝结水支管均分开设置。在每根凝结水立管的下端和供汽主立管的低点各设疏水器一个，如图 10.6 所示。

2）下供下回式双管蒸汽采暖系统。下供下回式双管蒸汽采暖系统的供汽和凝结水干管均敷设在底层散热器的下面。供汽立管、凝结水立管和连接散热器的供汽、凝结水支管均分开设置。在供汽干管的抬头处和每根凝结水立管的下端各设疏水器一个，如图 10.7 所示。

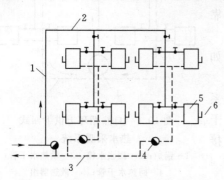

图 10.6　上供下回式双管蒸汽采暖系统
1—供汽主立管；2—供汽干管；3—凝结水干管；
4—疏水器；5—散热器组；6—自动跑风门
或自动跑风门

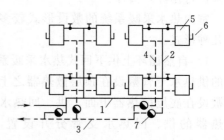

图 10.7　下供下回式双管蒸汽采暖系统
1—供汽干管；2—供汽立管；3—凝结水干管；
4—凝结水立管；5—散热器组；6—自动跑风门
或手动跑风门；7—疏水器

3）中供下回式双管蒸汽采暖系统。中供下回式双管蒸汽采暖系统的供汽干管敷设在建筑物中间某一层的地板上或顶棚下。凝结水干管敷设在底层散热器下面。供汽、凝结水立管和连接散热器的供汽、凝结水支管均分开设置。在每组散热器的凝结水支管上设一个疏水器（或在每根凝结水立管的下端设一个疏水器），如图 10.8 所示。

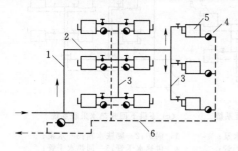

图 10.8　中供下回式双管蒸汽采暖系统
1—供汽主立管；2—供汽干管；3—供汽立管；
4—疏水器；5—散热器组；6—凝结水干管

2. 室内采暖施工图的主要内容

室内采暖施工图一般由设计说明、采暖平面图、采暖系统图和详图组成。

（1）设计说明。设计图纸上用图线或符号表达不清楚的问题，均须用文字加以说明。如管材及其连接形式、管道的防腐和保温、散热器的类型、主要设备材料表、所采用的标准图集、施工验收要求等。

（2）采暖平面图。室内采暖平面图一般应包括底层平面图、标准层平面图和顶层平面图，平面图常用的比例为 1∶100，如果图形比较复杂，也可采用 1∶50。

室内采暖平面图主要表示建筑物各层的采暖设备和管道的平面布置情况。建筑物的轮廓线和散热器等设备用细实线表示；供水管道用粗实线表示；回水管道用粗虚线表示；平面图中的立管涌小圆圈表示；散热器、阀门、集气罐等均用图例表示。

（3）采暖系统图。采暖系统图一般是按正面斜等测的方式绘制的，所使用的比例常与采暖平面图相同。它主要表明了管道系统的空间走向。

（4）详图。当某些设备的构造或管道之间的连接情况在平面图或系统图上表示不清楚又无法用文字说明时，应将这些部位进行放大，做成详图。详图常用的比例为 1∶50～

1：10。有的节点可直接采用标准图集的详图。

3．室内采暖施工图识读

（1）采暖平面图的识读。某办公楼采暖平面图如图 10.9 所示，该图为上供下回式热

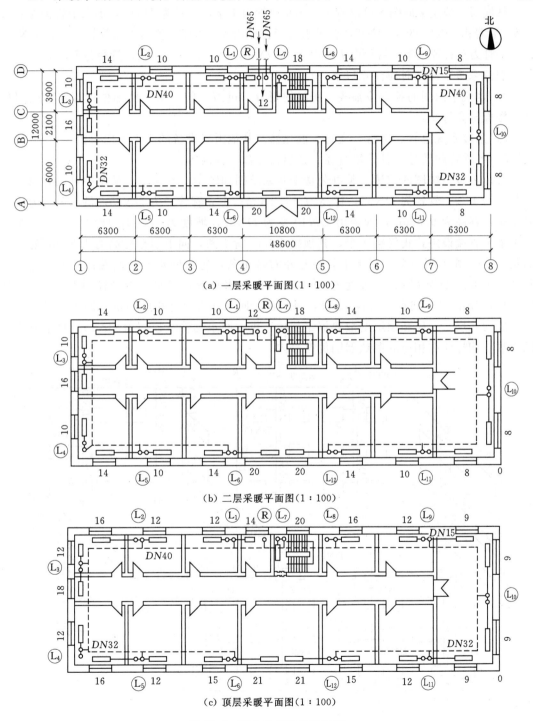

（a）一层采暖平面图（1：100）

（b）二层采暖平面图（1：100）

（c）顶层采暖平面图（1：100）

图 10.9　某办公楼采暖平面图

水采暖系统，选用四柱型散热器，每组散热器的片数均标注在靠近图例符号的外窗外侧。从图中可以看出，该办公楼共有三层，各层散热器组的布置和组数均相同，各层供、回水立管的设置位置和根数也相同。

从底层、顶层平面图上可以看出，供水总管为 1 条，管径为 DN65，供水干管为左右各 1 条，管径由 DN40 变为 DN32，各供水支管管径均为 DN15。各回水支管管径均为 DN15，回水干管为左右各 1 条，管径由 DN32 变为 DN40，回水总管为 1 条，管径为 DN65。

识读采暖平面图时应注意以下三点：

1）建筑平面图的各定位轴线，房间的划分、过道、门、窗、楼梯位置等，轴线间尺寸及楼面标高等。

2）采暖系统总管、干管、支管、散热器及其他附属设备的水平方向布置。

3）各立管的编号、各管段直径、散热器片数、标高等。

（2）采暖系统图的识读。某办公楼采暖系统图如图 10.10 所示。从图中可以看出，供水总管为 1 条，管径为 DN65，标高为 −1.200m；主立管管径为 DN65；供水干管为左右各 1 条，标高为 9.500m，管径由 DN40 变为 DN32，坡度为 0.003，坡向主立管，在每条供水干管端设卧式集气罐 1 个，其顶接 DN15 管 1 条，向下引至标高为 1.600m 处，然后装 DN15 截止阀 1 个；回水干管也是左右各 1 条，每条回水干管始端标高为 −0.400，管径由 DN32 变为 DN40，坡度为 0.003，坡向回水总管；回水总管管径为 DN65，标高为 −1.200m；供、回水立管各 12 根，每根供、回水立管通过相应的供、回水支管，分别与相应的底层、二层和顶层的散热器组相接；供、回水支管管径均为 DN15；每组散热器的片数，均标注在相应的散热器图例符号内。

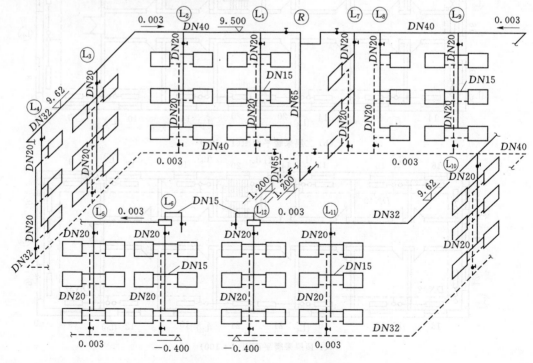

图 10.10　某办公楼采暖系统图

识读采暖系统图时应注意以下四点。

1）采暖工程管道的上、下楼层间的关系，管道中干管、支管、散热器及阀门等的位置关系。

2）各管段的直径、标高、散热器片数及立管编号。

3）各楼层的地面标高、层高及有关零件的高度尺寸等。

4）识图时要特别注意两点：一是要沿着水（汽）流方向看图，即：供水（汽）总管→供水（汽）主立管→供水（汽）干管→供水（汽）立管→各组散热器的供水（汽）支管→各组散热器的回（凝）水支管→各回（凝）水立管→回（凝）水干管→回（凝）水总管；二是平面图和系统图要相互对照。

10.2.2 通风空调施工图

1．通风与空调工程施工图的组成

通风空调工程施工图一般由设计说明、平面布置图、剖面图、系统图、详图及主要设备材料表等组成。

（1）设计说明。设计图纸上用图线或符号表达不清楚的问题，均须用文字加以说明。如风管采用的材质、规格、防腐和保温要求；通风机等设备采用的类型、规格；风管上阀件的类型、数量、要求；风管安装要求；通风机等设备基础的要求等。

（2）平面布置图。平面布置图主要标明通风管道平面位置、规格、尺寸；管道上风口位置、数量；风口类型；回风道和送风道位置；空调机、通风机等设备布置的位置、类型；消声器、温度计等安装位置等。

（3）剖面图。剖面图主要标明通风管道安装位置、规格、安装标高；风口安装位置、标高、类型、数量、规格；空调机、通风机等设备的安装位置、标高及与通风管道的连接；送风道、回风道位置等。

（4）系统图。系统图表示整个通风系统在空间的布置，主要反映通风支管的安装标高、走向、管道规格、支管数量；通风立管的规格、出屋面高度；风机规格、型号、安装方式等。

（5）详图。通风与空调工程详图包括风口大样图，通风机减振台座平面图、剖面图等，一般采用标准图，其中风口大样图主要标明风口尺寸、安装尺寸、边框材质、固定方式、固定材料、调节板位置、调节间距等；通风机减振台座平面图表明台座材料类型、规格、布置尺寸，通风机减振台座剖面图标明台座材料、规格（或尺寸）、施工安装要求方式等。

（6）主要设备材料表。主要设备材料表标明主要设备的类型、规格、数量、生产厂家，部件的类型、规格、数量等。

2．通风与空调工程施工图识读

（1）通风平面图的识读。从图 10.11（a）中可以看出，该通风系统有双层百叶风口 10 个，分别设在沿 B、C 轴各通风房间的墙上。送风干管为一条 600mm×400mm 的矩形风管，布置在 B、C 之间。送风支（短）管为 10 条 300mm×250mm 的矩形风管，每条送风支（短）管的一端接送风干管；另一端接双层百叶风口的进口。带导风叶片的矩形弯头两个，位于送风干管的末端。从图 10.11（b）中可以看出，在 1、2 轴之间设有离心式风机、电动机各一台；在 A、B 轴之间的山墙洞口，设有泡沫塑料过滤器。

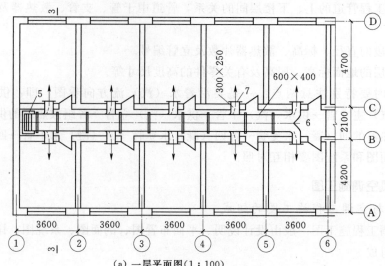

（a）一层平面图（1∶100）

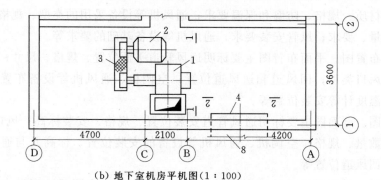

（b）地下室机房平机图（1∶100）

图 10.11　某办公楼通风平面图

1—离心式风机；2—电动机；3—防护罩；4—泡沫塑料过滤器；5—消声弯头；

6—带导风叶片弯头；7—双层百叶送风口；8—山洞

识读通风平面布置图时应注意以下三点。

1）先查明有哪些通风系统，再分系统识读其各层平面图和通风机房平面图。

2）识读各层平面图，其主要内容为：风口的种类、形式、位置、附件、管件的种类、位置以及风管的形状等。

3）识读通风机房平面图，其主要内容为：风机的种类、型号、位置、启动阀的种类、型式，过滤器的种类、型式、位置等。

（2）通风剖面图的识读。如图 10.12 所示，即 1—1、2—2、3—3。从剖面 1—1 可以看出，在离心式风机的底座下安装有减振器；在离心式风机的出口处设有方形百叶启动阀和帆布短管；其上是 600mm×400mm 的矩形送风主立管。从剖面 2—2 可以看出，在山洞口，标高为 −2.600m 处安装泡沫塑料过滤器。从剖面 3—3 可以看出，600mm×400mm 的矩形送风主立管，从地下室通风机房垂直向上至一层，与标高为 3.000m 的送风干管相接，在送风干管的两侧，分别接出送风支管至双层百叶风口。

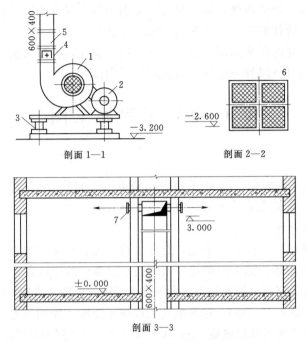

图 10.12　某办公楼通风剖面图

1—离心式风机；2—电动机；3—减振器；4—平行式方形百叶启动阀；

5—帆布弯管；6—泡沫塑料过滤器；7—双层百叶送风口

识读通风剖面图时应注意以下两点。

1）先查明在通风平面图上的剖切位置。

2）对照相应的通风平面图进行识读，其主要内容为：风机、设备、风口和通风管道中垂直方向上的布置及其标高等。

（3）通风系统图的识读。某办公楼通风系统图如图 10.13 所示，在离心式风机的出口

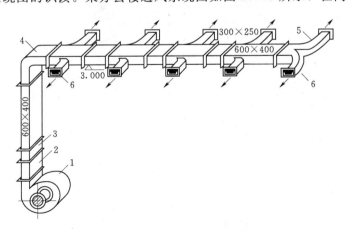

图 10.13　某办公楼通风系统图

1—离心式风机；2—平行式方形百叶启动阀；3—帆布风机；4—消声弯头；

5—带导风叶片弯头；6—双层百叶送风口

处是方形百叶启动阀和帆布短管，其上是送风主立管，在标高 3.000m 处以 90°弯头与送风干管相接，在送风干管的两侧，以送风支管分别与各双层百叶风口相接。风管与风管的连接，风管与附件、管件的连接，均为角钢法兰连接。

识图时应注意：要对照平面图、结合剖面图进行识读，按照风机→附件→风管→风口的顺序识读或按照风口→风管→附件→风机的顺序识读。

10.3　电气工程施工图

10.3.1　概述

《电气技术用文件的编制》（GB/T 6988）将电气图划分为 15 类。而电气安装施工图的内容则包括很多，这里主要讲述电气照明施工图。

1. 常见的图形符号

图形符号是构成电气图的基本单元，是电工技术文件中的"象形文字"。如果说电气工程图纸是一篇文章的话，那么图形符号就相当于文章中的字或词。

为了使图纸具有通用性，国家规定了电气技术领域文件所主要选用的图形符号，即《电气图用图形符号》（GB 4728—85）。建筑电气工程施工图除了使用《电气图用图形符号》中的图形符号之外，还要参考其他图集，表 10.1 只列出了电气照明工程图中常用的图形符号。

表 10.1　　　　　　　　　　　　电气照明工程图中常用的图形符号

图形符号	文字说明	图形符号	文字说明
⊗	灯的一般符号	⊢──────⊣	日光灯
⊢──────┤	双管日光灯	⊢⁵────	五管日光灯
●	球形灯	◖	天棚灯
○	隔爆灯	⊗	防水防尘灯
◒	壁灯	⊗	花灯
⟋○	开关	⟋○	单极开关
⟋○	双极开关	⟋○	单极双控开关
○	风扇调速开关	⟋○↗	拉线开关
⟜	插座	⟝	带接地插孔的三相插座
⟁	三相插座	⊐	电信插座
▭	风扇	▭	配电箱

2. 常见的文字标注

文字标注是用一些文字和数字按照一定的格式书写来表达电气设备及线路的规格型号、编号、容量、安装方式、标高及位置等信息的符号。文字标注通常用来表示图形符号应该表示却又不容易表示出的内容，它在电气图中起到解释说明的作用。下面列出一些常用文字标注。

（1）用电设备的文字标注。

格式：$\dfrac{a}{b}$

解释：a——设备编号；

　　　b——额定功率。

（2）电力和照明设备的文字标注。

格式 1：$a\dfrac{b}{c}$

解释：a——设备编号；

　　　b——设备型号；

　　　c——设备功率，kW。

格式 2：$a\dfrac{b-c}{d(e\times f)-g}$

解释：a——设备编号；

　　　b——设备型号；

　　　c——设备功率，kW；

　　　d——导线型号；

　　　e——导线根数；

　　　f——导线截面积，mm^2；

　　　g——导线敷设方式及部位，参考表 10.2 和表 10.3。

表 10.2　　　　　　　　　　　　　　**线路敷设方式的标注**

序号	名　　称	标注文字符号		序号	名　　称	标注文字符号	
		新标准	旧标准			新标准	旧标准
1	穿焊接钢管敷设	SC	S 或 G	8	用钢索敷设	M	M
2	穿电线管敷设	MT	T	9	直接埋设	DB	无
3	穿硬塑料管敷设	PC	P	10	穿金属软管敷设	CP	P
4	穿阻燃半硬聚氯乙烯管敷设	FPC	无	11	穿塑料波纹电线管敷设	KPC	无
5	电缆桥架敷设	CT	CT	12	电缆沟敷设	TC	无
6	金属线槽敷设	MR	MR	13	混凝土排管敷设	CE	无
7	塑料线槽敷设	PR	PR	14	用瓷瓶或磁柱敷设	K	K

表 10.3　　　　　　　　　　　　　　导线敷设部位的标注

序号	名　称	标注文字符号		序号	名　称	标注文字符号	
		新标准	旧标准			新标准	旧标准
1	沿或跨梁敷设	AB	B	6	暗敷设以墙内	WC	WC
2	暗敷设在梁内	BC	B	7	沿天棚或顶板面敷设	CE	CE
3	沿或跨柱敷设	AC	C	8	暗敷设在屋面或顶板内	CC	无
4	暗敷设在柱内	CLC	C	9	吊顶内敷设	SCE	SC
5	沿墙面敷设	WS	WS	10	地板或地面下敷设	F	FC

（3）导线的文字标注。

格式：$ab-c(d×e+f×g)i-jh$

解释：a——电缆编号；

　　　b——型号；

　　　c——电缆根数；

　　　d——电缆线芯数；

　　　e——线芯截面积；

　　　f——保护线和零线的根数；

　　　g——线芯截面积；

　　　i——线缆的敷设方式，参考表 10.2；

　　　j——线缆的敷设部位，参考表 10.3；

　　　h——线缆敷设安装高度。

（4）灯具的标注。

格式：$a-b\dfrac{c×d×L}{e}f$

解释：a——在一定范围内有多少相同类型的灯；

　　　b——灯具的型号和编号；

　　　c——每一盏灯具内灯泡的数量；

　　　d——每一个灯泡的功率；

　　　L——光源的类型（IN：白炽灯，FL：荧光灯，Hg：汞灯，Na：钠灯，I：碘
　　　　　灯，Xe：氙灯，Ne：氖灯）；

　　　e——安装高度；

　　　f——安装方式，参考表 10.4。

表 10.4　　　　　　　　　　　　　　灯具安装方式的标注

序号	名　称	标注文字符号		序号	名　称	标注文字符号	
		新标准	旧标准			新标准	旧标准
1	线吊式	SW	WP	7	顶棚内安装	CR	无
2	链吊式	CS	C	8	墙壁内安装	WR	无
3	管吊式	DS	P	9	支架上安装	S	无
4	壁装式	W	W	10	柱上安装	CL	无
5	吸顶式	C	无	11	座装	HM	无
6	嵌入式	R	H	12	台上安装	T	无

10.3.2 室内电气施工图的主要内容

室内电气施工图的内容包括首页、电气系统图、平面布置图、安装接线图以及大样图和标准图等。

1. 首页

内容包括目录、设计说明、设备明细表、图例等。

2. 电气系统图

主要表示整个工程或其中某一项的供电方案和供电方式的图纸，它用单线把整个工程的供电线路示意性地连接起来，可以集中地反映整个工程的规模，还可以表示某一装置各主要组成部分的关系。主要包括：

（1）整个变配电系统的连接方式，从主干线到分支回路分几级控制，有多少分支回路。

（2）主要变配电设备的名称、型号、规格及数量。

（3）主干线路的敷设方式。

3. 平面布置图

（1）建筑物的平面布置、轴线、尺寸及比例。

（2）各种变配电、用电设备的编号、名称及它们在平面上的位置。

（3）各种变配电线路的起点、终点、敷设方式及在建筑物中的走向。

4. 安装接线图

安装接线图是表现某一设备内部各种电气元件之间位置及连接的图纸，用来指导电气安装接线、查找。

5. 大样图和标准图

大样图是表示电气工程中某一部分或某一部件的安装要求和做法的图纸，一般不绘制，只在没有标准图可用而又有特殊情况时绘出。

10.3.3 室内电气施工图的识读

拿到一套图纸，不能翻到哪页就读哪页，要按照一定的顺序进行阅读，否则很容易出现漏读和错读的现象。通常情况下，按照以下顺序进行阅读：标题栏和图纸目录→图纸总说明→系统图→平面布置图→电路图→安装接线图→安装大样图→设备材料表。在这些图纸中最复杂的图纸就是平面布置图，在阅读平面布置图时，也有一个较好的顺序：阅读平面布置图相关的图纸说明→了解建筑基本概况→熟悉电气设备、灯具等在建筑物内的分布及安装位置→分析各个支路。

1. 阅读系统图

如图 10.14 所示，一条主干线路分出了 8 条分支。主干线路由三条相线（即火线，分别用 L1、L2 和 L3 表示）、一条中线（即零线 N）和一条保护线（用 PE 表示）组成。主干线路上有一个标有 kW·h 的电度表，用来测量用电量，还有一个断路器和一个电压表。图形下面有一个表格，表格示出了 8 条分支线路的回路编号、导线数量与规格以及配线方向。通过表格我们可以知道 W1 回路是给一层三相插座配线的，这条支路由 4 根线路组成，分别是 L1、L2、L3 和 PE 线路，每条导线的横截面积是 4mm^2，其他线路依此类推。

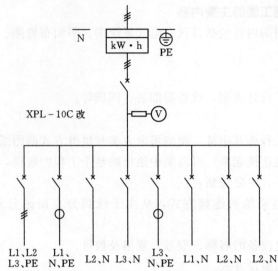

回路编号	W1	W2	W3	W4	W5	W6	W7	W8
导线数量与规格（mm²）	4×4	3×2.5	3×2.5	3×2.5	3×4	3×2.5	3×2.5	3×2.5
配线方向	一层三相插座	一层③轴西部	一层③轴东部	走廊照明	二层单相插座	二层④轴西部	二层④轴东部	备用

图 10.14 办公科研楼系统图

2. 阅读平面图

以图 10.15 为例说明阅读平面图的步骤。

首先阅读图纸说明。图纸说明指出了图纸应该表示却又无法以图形的方式表达的内容，阅读时应该仔细思考并结合图纸进行阅读。例如某工程电气施工图的图纸说明中指出电源为三相四线 380/220V，接户线为 BLV－500V－4×16mm²，自室外架空线路引入，进户时在室外埋设接地极进行重复接地。通过图纸可以看到，在 C 轴和 3 轴交点处也有相同的标注 BLV－500V－4×16mm²，通过前面提到的导线的文字标注，可以了解导线的型号为 BLV，这条线路中有 4 条导线，每条导线的横截面积为 16mm²。系统图中主干线路中是 5 条导线，其主干线路就是这个地方的接地线，这是因为图纸说明中指出自室外架空线路引入，进户时在室外埋设接地极进行重复接地。而保护线就是在重复接地上引出的，所以还是 5 条线路。

其次了解建筑概况。这是一个二层楼，正门进去之后是一个大厅，大厅对面是通向二层的楼梯，左右两侧为走廊，房间分布在走廊的两侧。

再次熟悉电气设备。这一步主要是了解在建筑内主要有哪些电气设备以及他们所在的位置。

最后分析各个支路。应先大致分析灯与开关的关系，然后再对线路进行分析。线路分析大同小异，在此只分析如图 10.15（a）所示的③轴左侧的线路，如图 10.15（c）所示。

为了方便讲解，用字母标识图中的线路。根据系统图可知，W2 给一层③轴西部配线，W4 给走廊照明，可见图中所示的线路应该由 W2 和 W4 组成。由系统图可知 W2 由

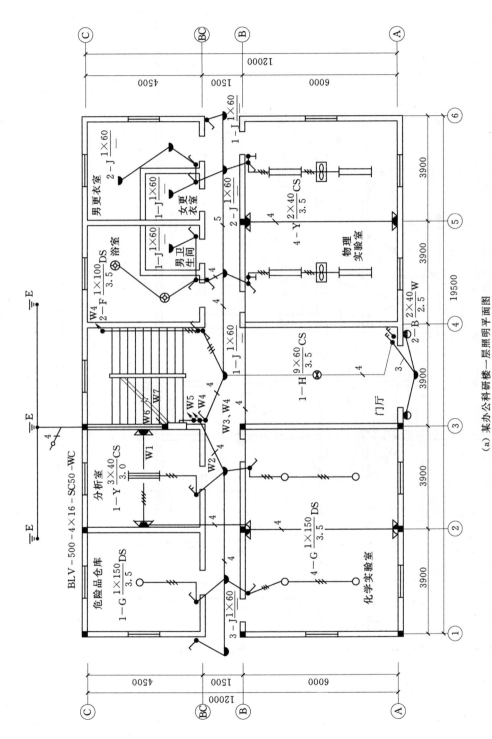

（a）某办公科研楼一层照明平面图

图 10.15（一） 室内电气平面布置图

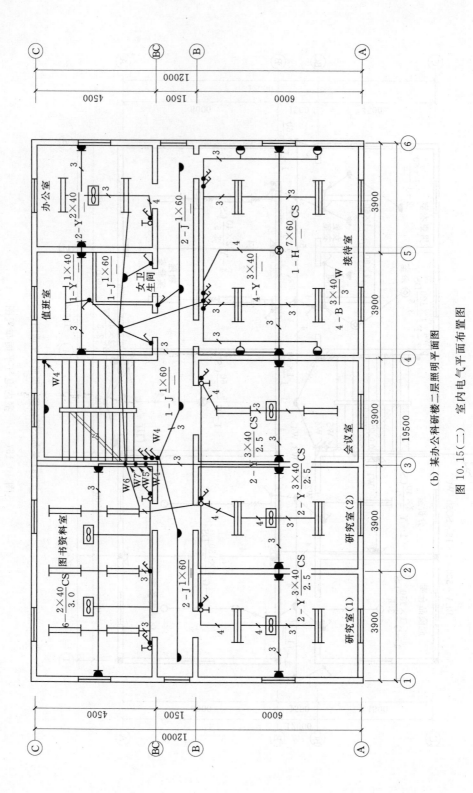

(b) 某办公科研楼二层照明平面图

图 10.15（二） 室内电气平面布置图

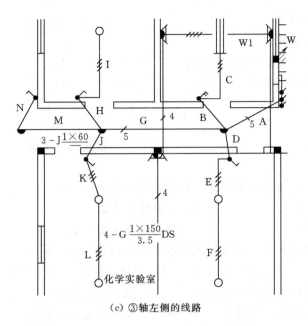

（c）③轴左侧的线路

图 10.15（三）　室内电气平面布置图

L1、N 和 PE 三条线路组成，W4 由 L3 和 N 两条线路组成，在 A 段有 5 条线路。

A 段的 5 条线路并不都与第 1 个走廊等连接，只有 W4 回路中的 L3 和 N 与走廊灯连接。在这个走廊灯处有三条分支，一条向上（B 段），一条向下（D 段），还有一条向左（G 段）。

如图 10.15（b）所示为办公科研楼二层照明平面图，大家可以试着自己分析识读。

本 章 小 结

（1）室内给排水系统施工图包括设备系统平面图、轴测图、详图和施工说明。平面图用于表明给排水系统的平面布置；轴测图表明给排水系统的空间布置情况，识读给水轴测图时应按照树状由干到枝的顺序，识读排水轴测图则按照由枝到干的顺序；识读详图时应着重掌握详图上的各种尺寸及其要求。

（2）供暖系统施工图室内部分包括供暖系统平面图、轴测图、详图和施工说明。平面图主要体现供暖系统的平面布置；轴测图用正面斜轴投影绘制，识读时与平面图对照即可看出供暖系统的空间相互关系；详图体现各供暖部件的尺寸、构造及安装要求，主要方便施工安装时使用。

（3）通风施工图包括平面图、剖面图、轴测图和详图。平面图表明通风管道、设备的平面布置，轴测图表明各管道的空间变化情况，详图主要体现零部件的加工、安装要求及尺寸等。

复 习 思 考 题

1. 填空题

（1）室内给水系统可以分为（　　）、（　　）、（　　）三类。

（2）室内给水系统由（   ）、（   ）、（   ）、（   ）、（   ）、（   ）等附属设备组成。

（3）室内排水的主要任务就是排除（   ）、（   ）、（   ）。

（4）室内给水排水施工图主要包括（   ）、（   ）、（   ）及（   ）。

（5）室内排水系统由（   ）、（   ）、（   ）、（   ）、（   ）、（   ）等组成。

（6）采暖工程由（   ）、（   ）、（   ）三部分组成。

2. 选择题

（1）热水采暖系统按水在系统内循环的动力可分为（   ）。

A. 自然循环系统　　　　　　　　B. 一般热水采暖

C. 机械循环系统　　　　　　　　D. 高温热水采暖

（2）机械循环热水采暖系统按其供热水干管的位置不同，可分（   ）。

A. 上供下回式　　　B. 中供下回式　　　C. 下供下回式　　　D. 下供上回式

（3）室内蒸汽采暖系统的压力为（   ）低压蒸汽采暖。

A. 蒸汽工作压力≤0.05MPa　　　　B. 蒸汽工作压力≤0.07MPa

C. 蒸汽工作压力≤0.09MPa　　　　D. 蒸汽工作压力≤0.10MPa

3. 问答题

（1）建筑设备一般包括哪些内容？

（2）建筑设备施工图的组成与特点有哪些？

（3）试述室内给排水图所包含的内容。

（4）供吸管网有哪几种排布形式？通风系统又分为哪几种？

（5）简述电气系统图的组成与识读步骤。

第11章 建筑工程施工图实例

本章选取某五层住宅楼的建筑工程施工图实例，进行识图能力训练。由于一套完整的施工图数量较多，而教材篇幅有限，本实例在尽量保证整套图纸整体框架不变的前提下，某些楼层的形式和结构虽有不同，但对具有相同识读方法的图纸作了部分删减，并在每张图纸中加了说明，便于取得更好的识读效果。对整套图纸的处理情况说明如下。

11.1 建筑专业施工图

建筑专业施工图如图11.1～图11.13所示。
（1）建筑装饰构造表省略，涉及的建筑装饰构造已在相对应的图中表达清楚。
（2）平面图中给出了一、四、五层和屋面排水平面图，省略了二、三层平面图。
（3）楼梯部分给出了楼梯一、三大样图，省略了楼梯二、四大样图。
（4）门、窗的展开图和表省略。
（5）节点详图给出了建筑专业施工图09图中详图索引的节点详图，其他的省略。

11.2 结构专业施工图

结构专业施工图如图11.14～图11.29所示。
（1）钢筋混凝土柱下独立基础给出了1和2的结构图，3、4、5的省略。
（2）梁平法施工图中给出了3.250m处梁平法施工图，省略了6.550m处的梁平法施工图。
（3）板配筋图中给出了二层和顶层板配筋图，省略了三、四、五层板配筋图。
（4）楼梯配筋图中给出了楼梯1配筋图，省略了楼梯2、3、4配筋图。

11.3 设备专业施工图

（1）给排水施工图省略了二层给排水平面施工图，如图11.30～图11.34所示。
（2）采暖施工图省略了二、三层采暖平面施工图，如图11.35～图11.38所示。

11.4 电气专业施工图

电气专业施工图如图11.39～图11.45所示。
由于电气专业施工图较少，只省略了二层电气平面图施工图。
通过本章的学习，会大大提高学生的综合能力。

建筑施工图设计总说明

一、设计依据：

《建筑抗震设计规范》(GB 50011—2001)
《住宅设计规范》(GB 50096—1999)2003 年版
《建筑设计防火规范》(GB 50016—2006)
《居住建筑节能设计标准》(DB 2101J01—2006)
《公共建筑节能设计标准》(GB 50189—2005)
《建筑地面设计规范实施细则》(DB 2010J02—2006)
《建筑工程抗震设防分类标准》(DB 5037—96)
《建筑工程建筑光学标准》(GB/T 50033—2001)
《塑料门窗安装及验收规程》(JGJ 103—96)

二、工程名称：某住宅楼。

三、工程设计概况：

1. 本工程具体位置见地形图。
2. 本工程耐火等级为二级，要求全部采用非燃烧体材料，耐火极限满足规范要求。
3. 本建筑为住宅。
4. 建筑物使用年限：50 年。
5. 设计层数为一层网点设一设，二层以上三层为住宅。
6. 设计标高一设±0.000，相当于绝对标高 57.75m。

四、各构造：

1. 基础为钢筋混凝土独立柱基础。
2. 沿建筑物四周做一 800mm 宽散水，按剖面图索引详图施工。
3. 沿建筑物砖砌体墙水平防潮层，其顶标高为-0.060m。
4. 外门台阶及一层楼地面做加深至地面以下 1.30m，加深部分为填塘砂。
5. 楼梯间隔墙外墙做次 120mm 厚承重空心砖墙。
6. 楼梯踏步的阳角做在预埋 114 圆钢，每 150mm Φ16 拉结筋，拉结 L=200mm。

五、砌体工程：

1. 内墙：网点及内墙均为 180mm 厚非承重空心砖墙，240mm 厚承重空心砖墙。
2. 厨房、卫生间隔墙为 90mm 厚非承重墙。
3. 外墙：网点以外又次 120mm 厚承重空心砖墙。

六、防火工程：

1. 屋面防水：依据《屋面工程技术规范》(GB 50207—94)

屋面防水等级为二级。防水材料选用合成高分子防水卷材≥1.2 厚，屋面防水要求如下：

(1) 屋面工程防水必须由防水专业队伍施工。
(2) 屋面工程施工中，应按施工工序，逐道进行检验，合格方可进行下道工序的作业。
(3) 屋面工程所采用的防水、保温隔热材料应有材料出厂认证，确保其质量符合技术要求及质量检验报告。
(4) 本工程屋面防水材料详见"构造节点"，具体构造及施工详见及重点部位防水部位由生产厂家负责增设卷材加铺附加卷材一道。
(5) 屋面檐口、凸出屋面部分及其他连接阴阳转角等重点部位防水详见《屋面防水施工技术规范》。
(6) 其他技术要求详见《屋面工程施工技术规范》。

3. 厨房、卫生间地面采用聚氨酯防水涂膜，厚度不小于 1.2mm。
   厨房、卫生间及出地挑板部分须做滴水。

七、保温工程：

1. 屋面保温：坡屋面采用挤塑聚苯乙烯保温板(XPS 保温板，容重<32kg/m³)100 厚，平屋面采用阻燃聚苯乙烯保温板，容重为≥20kg/m³)100 厚，导热系数≤0.042W/(m.K)。
2. 屋面保温：依据《居住建筑节能设计标准》(DB 2101 J01—2006)对外墙采用内夹 80mm 厚挤塑聚苯乙烯板(XPS 板)保温，要求导热系数≤0.030W/(m.K)，容重≥35kg/m³。
   楼梯间隔墙采用内贴岩棉板 60 厚，容重≥80kg/m³，底层阳台采用保温聚苯保温，导热系数≤0.030W/(m.K)，施工详见 03J122 页 50～56。
3. 一、二层楼梯间同外墙，采用聚苯乙烯(XPS，28～35kg/m³)，导热系数≤0.030W/(m.K)，采用外挂防塑聚苯板 60 厚(XPS，28～35kg/m³)，导热系数≤0.030W/(m.K)，施工见址 2006SJ121 页 1 页～12。

八、工程配合：

1. 凡有砖墙留洞、预埋件应对照有关专业图纸配合施工，预留孔洞应在在管线安装完毕后应用。
2. 给排水、电气、通气、暖通专业并及其他管线，在管线安装完毕后应用混凝土塞抹实。
3. 凡消防栓箱、配电箱等穿透墙体时，要求在其背面加钢丝网抹灰 20 厚，钢丝网尺寸每边边长应大于箱洞其周围的空缺墙实，密封。
4. 所有管道穿过墙体时应在每层楼板底采用岩棉等不燃火板或采用不燃火板耐火极限的不燃体或防火封堵材料封堵。
5. 建筑内管道井应采用岩棉处采用岩棉等不燃体或防火封堵。

九、门窗：

1. 二次装修房间的门由装修设计确定。本设计仅提供洞口尺寸及要求。
2. 门窗框的截面尺寸及型由厂家负责。

十、主要经济技术指标：

一层总地面面积:612.53m²

网点建筑面积:1225.05m²(包括外侧楼梯间面积)
住宅建筑面积:1617.3m²(包括三层外侧楼梯间面积:52.02m²)
(其中三层楼梯间面积:…)
总建筑面积:2842.36m²
其中阳台面积:153.36m²

图纸目录

某建筑设计院
建筑施工图设计总说明
建施 01

某住宅楼

图 11.1

识图说明：1. 表明了建筑物的平面形状及房间的内部布局，如网点等。
2. 表明了建筑物的结构形式为框架形式建筑物的朝向。指北针表明建筑物的朝向。
3. 表明了建筑物的三道尺寸、门窗编号，剖面图的位置和室内外标高。如本层室外标高−0.450，室内标高−0.300等。

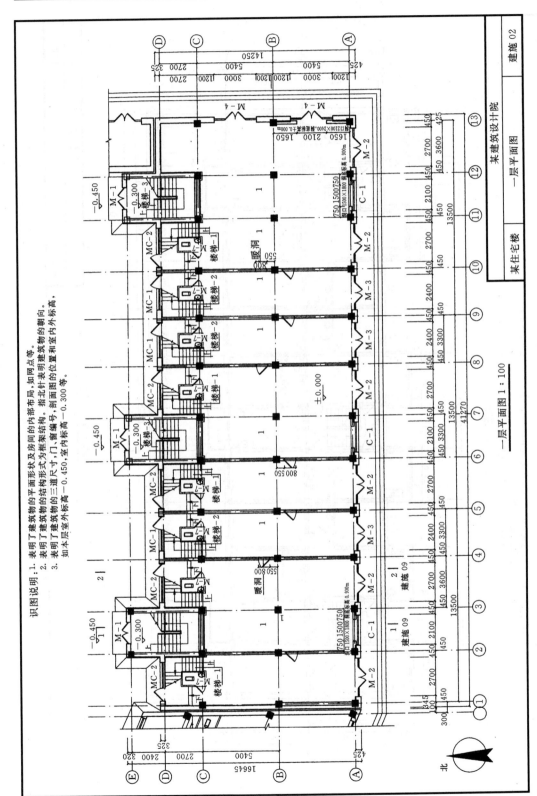

一层平面图 1：100

图 11.2

识图说明：1. 表明了建筑内房间的内部布局，其中有厨房、卧室、卫生间设有坐便器等。
2. 表明了楼梯的平面图。
3. 表明了建筑物的三道尺寸、门窗编号、本层地南标高为 9.400 等。

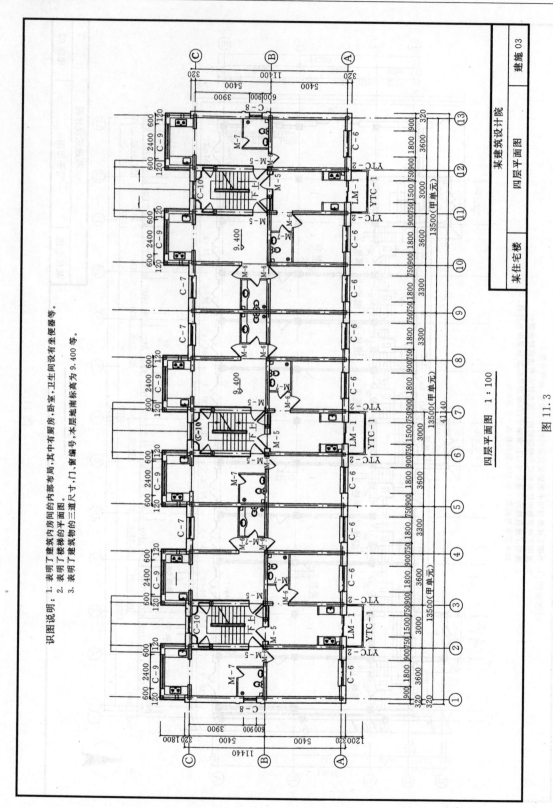

四层平面图 1∶100

某建筑设计院	建施 03
某建筑平面图	
某住宅楼	四层平面图

图 11.3

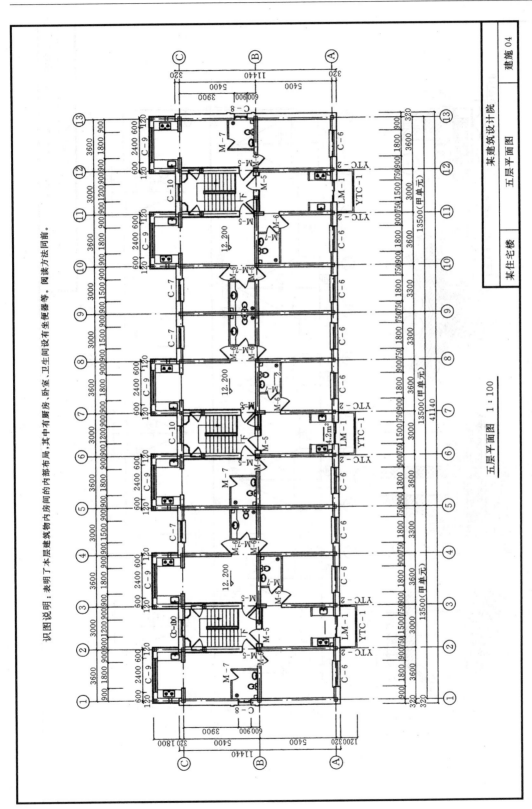

识图说明：表明了本层建筑物内房间的内部布局，其中有厨房、卧室、卫生间设有坐便器等。阅读方法同前。

五层平面图 1：100

图 11.4

某建筑设计院　建施 04

某建筑平面图

五层平面图

某住宅楼

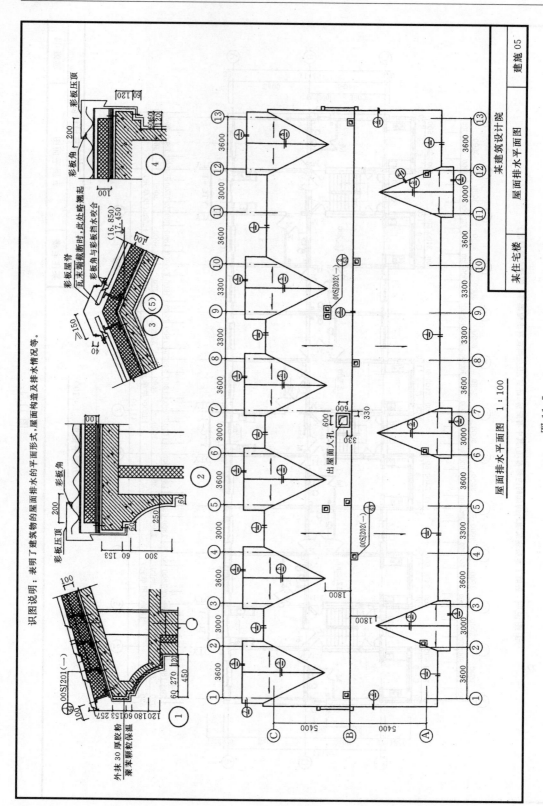

识图说明：表明了建筑物的屋面排水的平面形式，屋面构造及排水情况等。

屋面排水平面图 1：100

图 11.5

某建筑设计院

屋面排水平面图

某住宅楼

建施 05

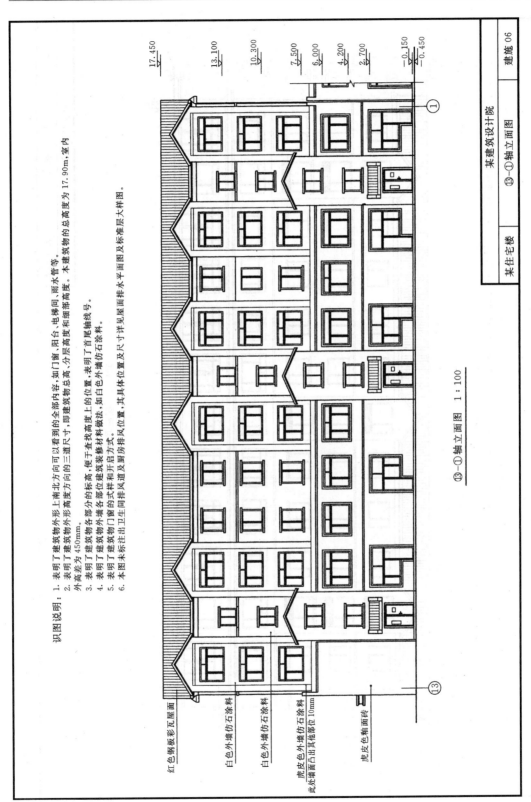

识图说明：1. 表明了建筑物外形上南北方向可以看到的全部内容，如门窗、阳台、电梯间、雨水管等。

2. 表明了建筑物外形高度方向的三道尺寸，即建筑物总高、分层高度和细部高度。本建筑物的总高度为 17.90m，室内外高差为 450mm。

3. 表明了建筑物各部分的标高，便于查找高度。

4. 表明了建筑物外墙各部位建筑装修材料做法。如白色外墙仿石涂料。

5. 表明了建筑物门窗的形式样和开启方式。

6. 本图未标注出卫生间排风道及厨房排风位置，其具体位置及尺寸详见屋面排水平面图及标准层大样图。

红色钢板彩瓦屋面

白色外墙仿石涂料

白色外墙仿石涂料

虎皮色外墙仿石涂料
此处墙面凸出其他部位10mm

虎皮色墙面砖

⑬—①轴立面图 1：100

某建筑设计院

⑬—①轴立面图

某住宅楼

建施 06

图 11.6

247

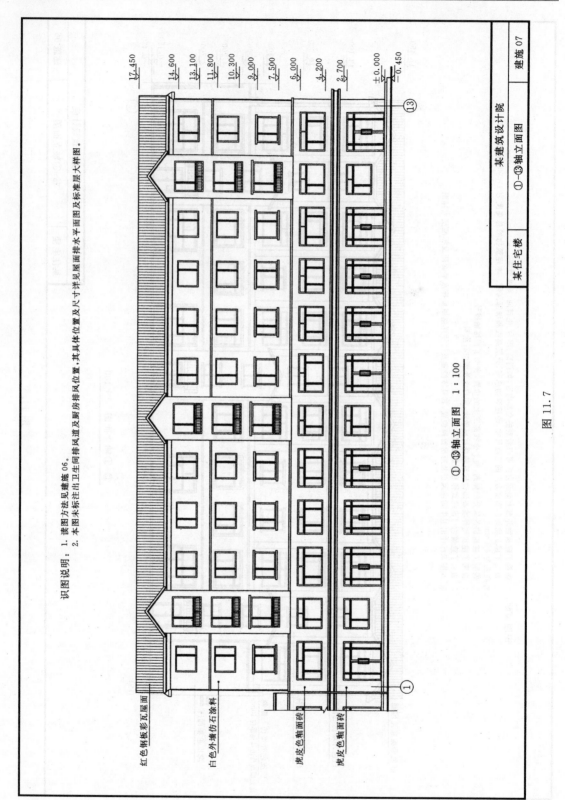

识图说明：1. 读图方法见建施 06。
2. 本图未标注出卫生间排风道及厨房排风位置，其具体位置及尺寸详见屋面图及标准层大样图。

①—⑬轴立面图　1：100

红色钢板彩瓦屋面

白色外墙仿石涂料

虎皮色釉面砖

虎皮色釉面砖

某住宅楼	某建筑设计院	
	①—⑬轴立面图	建施 07

图 11.7

248

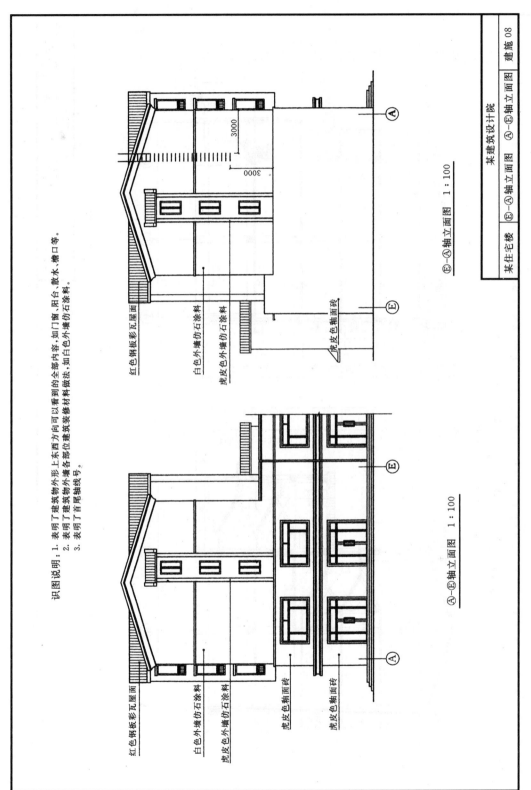

识图说明：1. 表明了建筑物外形上东西方向可以看到的全部内容，如门窗、阳台、散水、檐口等。
2. 表明了建筑物外墙各部位建筑装修材料做法，如白色外墙仿石涂料。
3. 表明了首尾轴线号。

红色钢板彩瓦屋面
白色外墙仿石涂料
虎皮色外墙仿石涂料

Ⓔ–Ⓐ轴立面图 1：100

红色钢板彩瓦屋面
白色外墙仿石涂料
虎皮色外墙仿石涂料
虎皮色釉面砖
虎皮色釉面砖

Ⓐ–Ⓔ轴立面图 1：100

虎皮色釉面砖

3000
3000

某住宅楼	Ⓔ–Ⓐ轴立面图	Ⓐ–Ⓔ轴立面图	某建筑设计院
			建施 08

图 11.8

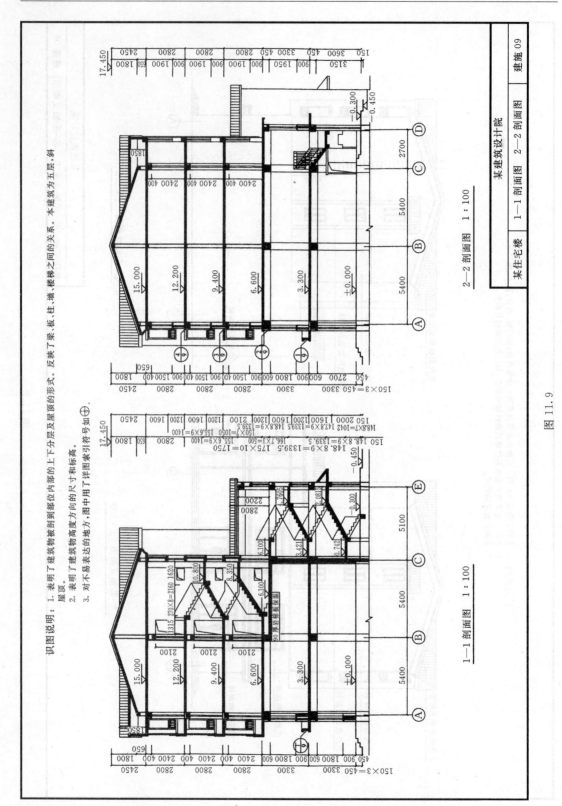

识图说明：1. 表明了建筑物被剖到部位内部的上下分层及屋顶的形式。反映了梁、板、柱、墙、楼梯之间的关系。本建筑为五层，斜屋顶。

2. 表明了建筑物高度方向的尺寸和标高。

3. 对不易表达的地方，图中用了详图索引符号如⊕。

图 11.9

某住宅楼	1—1 剖面图　2—2 剖面图	建施 09
	某建筑设计院	

2—2 剖面图　1 : 100

1—1 剖面图　1 : 100

识图说明：1. 表明了建筑物内楼梯—1 的平面形式、剖面形式、楼梯间的尺寸及平台标高、梯段长和楼梯踏步的数量。
2. 楼梯防滑条见辽 2005J402 页 22 节点 27，楼梯预埋件见辽 2005J402 页 26 节点 5、6。

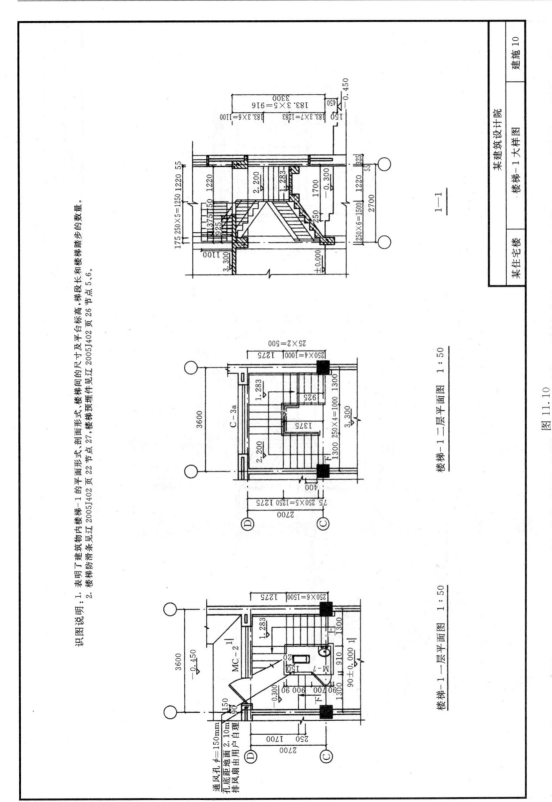

楼梯—1 一层平面图 1：50

楼梯—1 二层平面图 1：50

1—1

某住宅楼	楼梯—1 大样图	某建筑设计院	建施 10

图 11.10

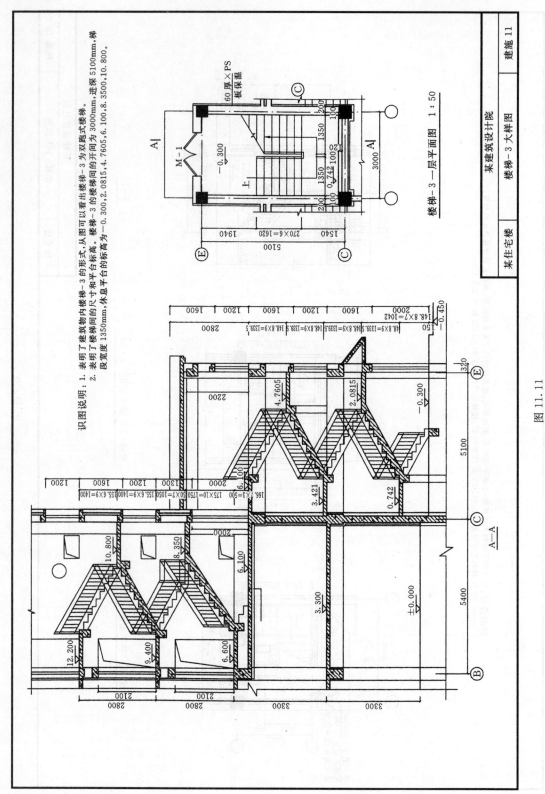

图 11.11

识图说明：1. 表明了建筑物内楼梯-3 的形式，从图可以看出楼梯-3 为双跑式楼梯。

2. 表明了楼梯间的开间为 3000mm，进深 5100mm，梯段宽度 1350mm，休息平台的尺寸和平台标高。楼梯-3 的楼梯间的开间为 3000mm，梯段宽度 1350mm，休息平台的标高为-0.300，2.0815，4.7605，6.100，8.3500，10.800。

楼梯-3—层平面图 1：50

| 某住宅楼 | 楼梯-3 大样图 | 建施 11 |
| 某建筑设计院 | | |

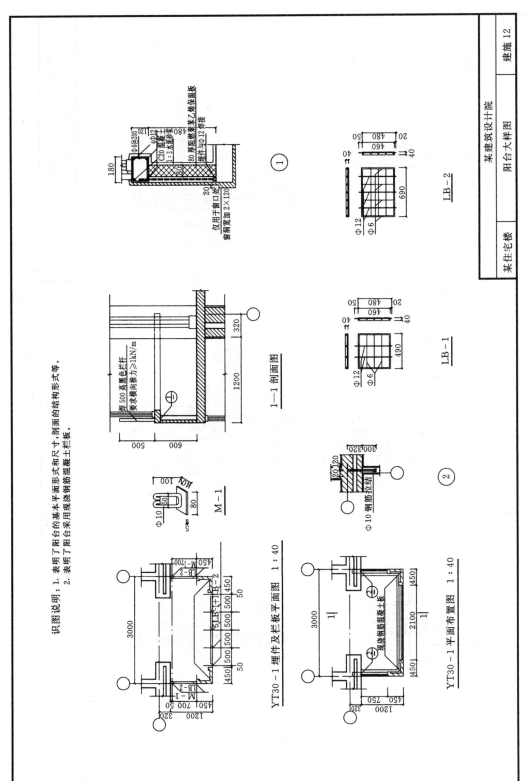

图 11.12

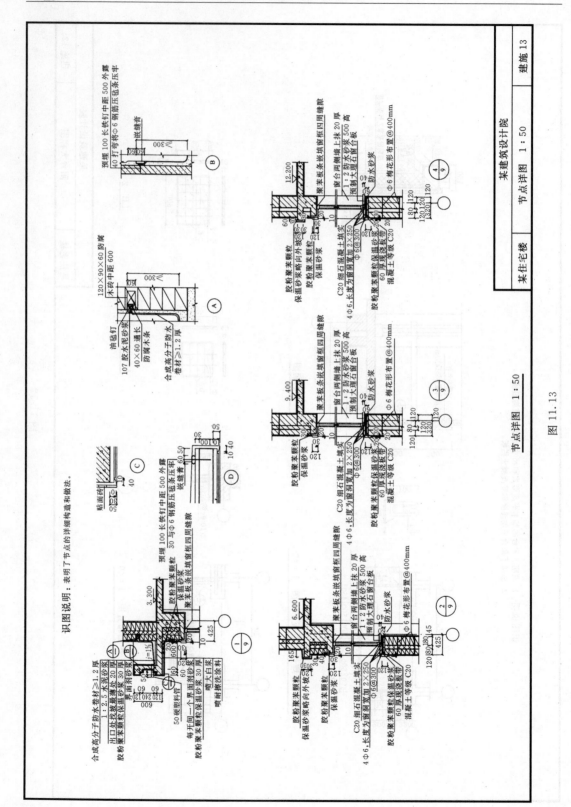

识图说明：表明了节点的详细构造和做法。

图 11.13

结构施工图设计总说明

一、设计依据：

1. 设计任务书：详见建施总说明。
2. 现行国家和地方建筑结构设计规范及规程：
   (1)《建筑结构荷载规范》(GB 50009—2001)。
   (2)《砌体结构设计规范》(GB 50003—2001)。
   (3)《混凝土结构设计规范》(GB 50010—2002)。
   (4)《建筑地基基础设计规范》(GB 50007—2002)。
   (5)《建筑抗震设计规范》(GB 50011—2001)。

二、自然条件：

1. 基本风压 0.55kN/m²，地面粗糙度为 C 类。
2. 基本雪压 0.50kN/m²。

三、工程地质概况按工程地质勘察报告所揭示的地层情况自上而下为：

1. 杂填土：主要由炉灰渣、黏性土组成，层厚 1.0~2.1m。
2. 粉质黏土 1.3~2.3m，地基土承载力标准值 $f_{ak}=165kPa$。
3. 粉质黏土 2.1~2.9m，地基土承载力标准值 $f_{ak}=120kPa$。

四、本工程室内外高差 0.450m，±0.000 相当于绝对标高 57.750m。

五、使用荷载： 屋面活载取 0.5kN/m²，居室、楼室活载取 2.0kN/m²，楼梯活载取 2.0kN/m²，二层楼面活载取 3.5kN/m²。

六、使用材料：

1. 混凝土强度等级：
   - 基础垫层：C10
   - 独立基础：C25
   - 框架梁、板、柱：C30
   - 砖混现浇梁、板以上：C20
2. 钢筋：HPB235 级钢筋强度设计值 $f_y=210N/mm²$，HRB335 级钢筋强度设计值 $f_y=300N/mm²$，HRB400 级钢筋强度设计值 $f_y=360N/mm²$。
3. 框混框架填充墙墙体采用 MU10 承重空心砖，±0.000 以下：承重空心砖砌体材料，±0.000 以上：承重空心砖砌体采用非承重大孔空心砖。
4. 砖混部分砌体材料：

墙体部位	承重空心砖等级	水泥砂浆混合砂浆等级
三层	MU10	M10
四层	MU10	M7.5
五层以上	MU10	M5

七、 本设计混凝土结构施工图表示方法按 03G101—1 及表示方法按 03G101—1 执行，其平面整体表示法制图规则和构造详图按 03G101—1 及辽 2002G801 执行；现将本设计条件表示如下：

1. 抗震设防烈度为 7(0.10g)度，设计特征周期分类为第一组，地震分组为第一组、场地类别为 III 类，地基基础设计等级为丙级，本设计抗震等级为二级。
2. 框架梁钢筋接长时采用焊接对接料。
3. 混凝土结构的环境类别：室内正常环境为一类，露天及室内潮湿环境为 2b 类，土中为 2b 类，露天环境中的混凝土构件为 2b 类。

八、注意事项：

1. 本工程现浇混凝土构件中纵向受力钢筋的保护层最小厚度(mm)按下表要求：

环境类别		板、墙、壳			梁			柱	
		≤C20	C25~C45	≤C45	≤C20	C25~C45	≤C45	≤C20	C25~C45
一		20	15		30	20		30	30
二	a	—	20		—	25		—	30
	b	—	25		—	35		—	35
			30						40

2. 梁、柱中下部为混凝土钢筋的钢筋的保护层支座中注明者外均应伸至梁中至梁中心处，板内分布钢筋均按Φ6@150设置。
3. 线，且不小于5d（d为钢筋直径），板内分布钢筋均按Φ6@150设置。
4. 砖墙内构造柱必须先砌墙后浇混凝土，等边形式浇后浇注混凝土墙，柱与墙连接处和砌成马牙槎，并连治墙。
5. 砖砌体墙500mm设2Φ6拉结钢筋。当砌体墙高大于5m时，墙顶需设伸入结梁，当边柱墙高大于4m时，应在中间设置通长为墙体的1/5及700mm的厚的钢筋混凝土，参节点详图一。 当墙内设置宽度大于120mm，当墙顶通长钢筋宽度120mm宽度于墙120mm宽度等墙内应相应处填墙口标高处设置高于标高150Φ6@150≈高120×厚6@200，主筋应与相应梁高处伸入过梁120×高配筋长度于及面放过梁。
6. 墙当砌墙高处伸入大于120mm时，除据中配筋墙宽要约配置于洞口过通不，洞口标配与墙约配置过直径小于300mm时，按洞边层至底层设置加强筋。
7. 各种设备管道穿梁墙板需要孔洞应预留，不得切断板、板上的钢筋或垂直大于300mm时，应从顶至过洞设置加强筋。不得切断板或悬挑板支于顶墙，悬挑墙绕过顶墙墙约拱至为L/200。
8. 现浇地梁、雨篷等外露梁结构的伸缩缝间距不大于12m。
9. 现浇地梁、雨篷等外露结构的伸缩缝间距不大于12m。

某建筑设计院	结构施工图设计总说明	结施 01
	某住宅楼	

图 11.14

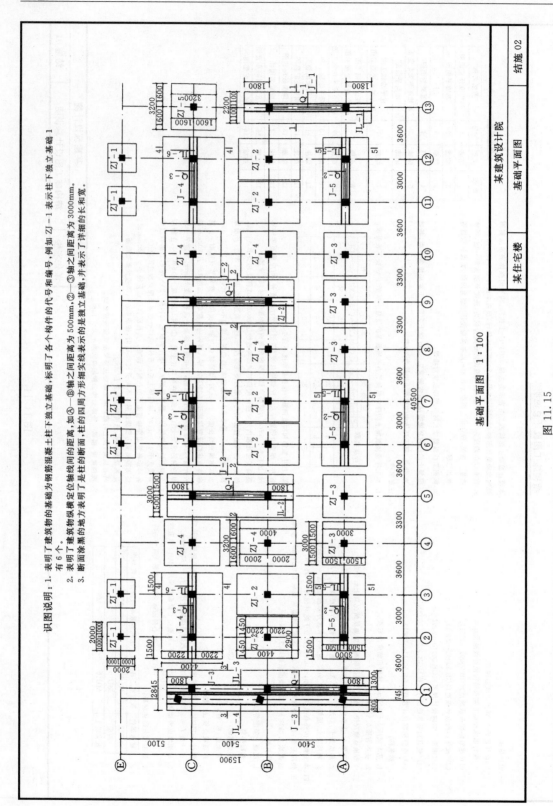

基础平面图　1∶100

图 11.15

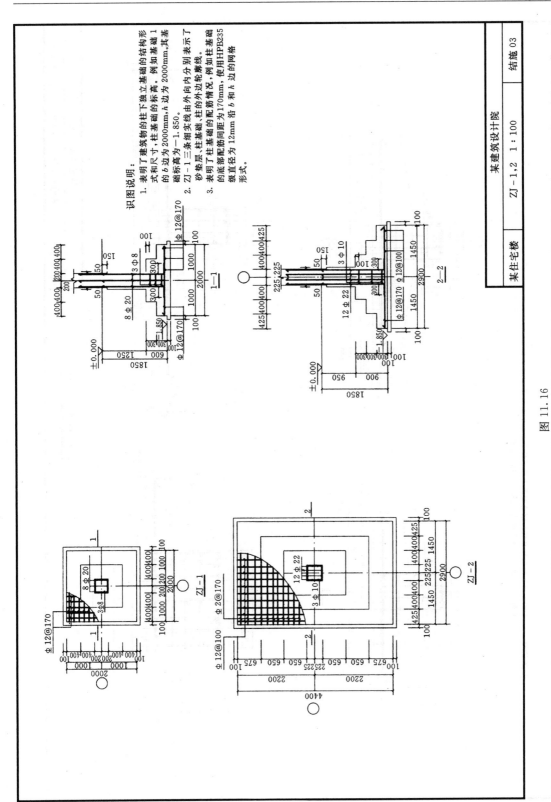

图 11.16

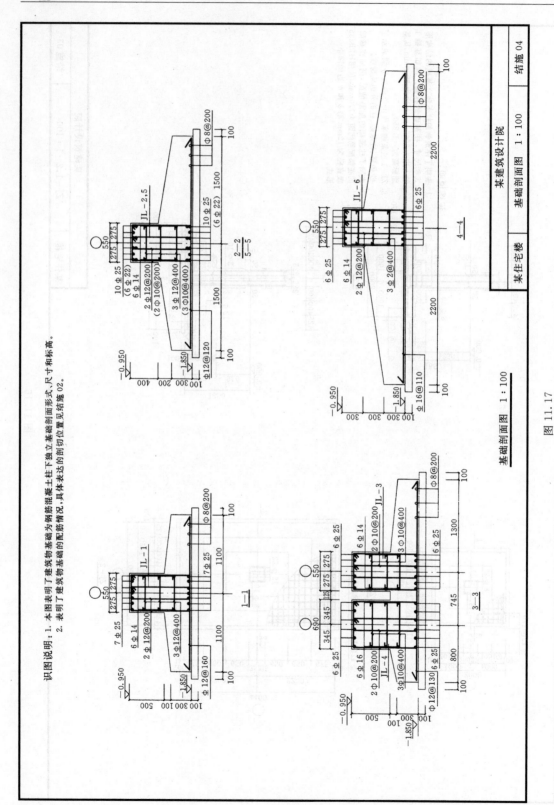

识图说明：1. 本图表明了建筑物基础为钢筋混凝土柱下独立基础剖面形式、尺寸和标高。
2. 表明了建筑物基础的配筋情况，具体表达的剖切位置见结施 02。

基础剖面图　1：100

某住宅楼　某建筑设计院　基础剖面图　1：100　结施 04

图 11.17

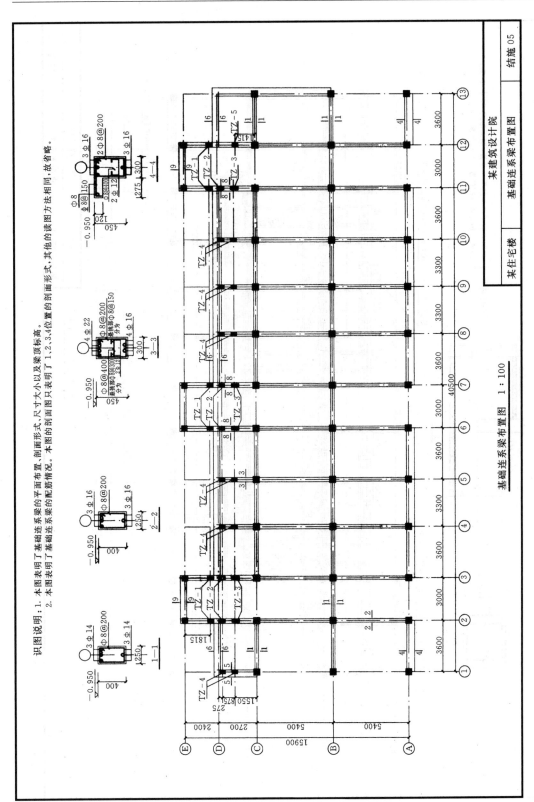

识图说明：1. 本图表明了基础连系梁的平面布置，剖面形式，尺寸大小以及梁顶标高。
2. 本图表明了基础连系梁的配筋情况。本图的剖面图只表明了1、2、3、4位置的剖面形式，其他的读图方法相同，故省略。

基础连系梁布置图 1∶100

图 11.18

某住宅楼	某建筑设计院
	基础连系梁布置图
	结施 05

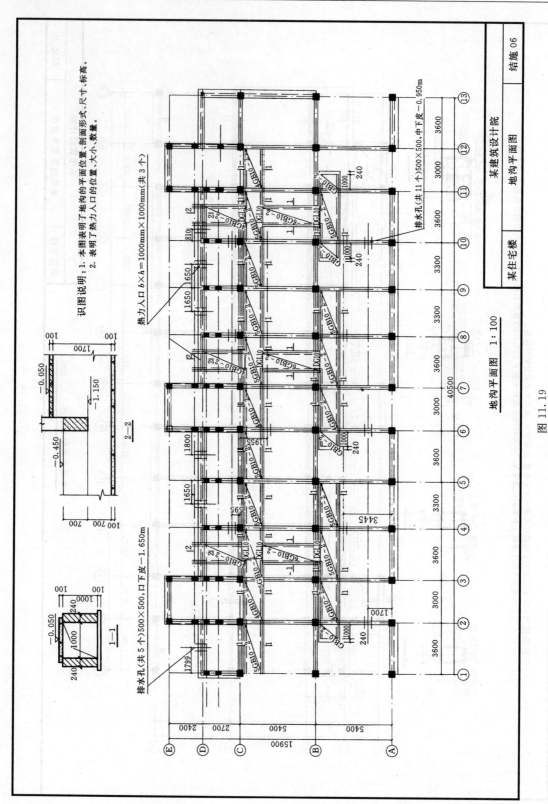

地沟平面图　1∶100

图 11.19

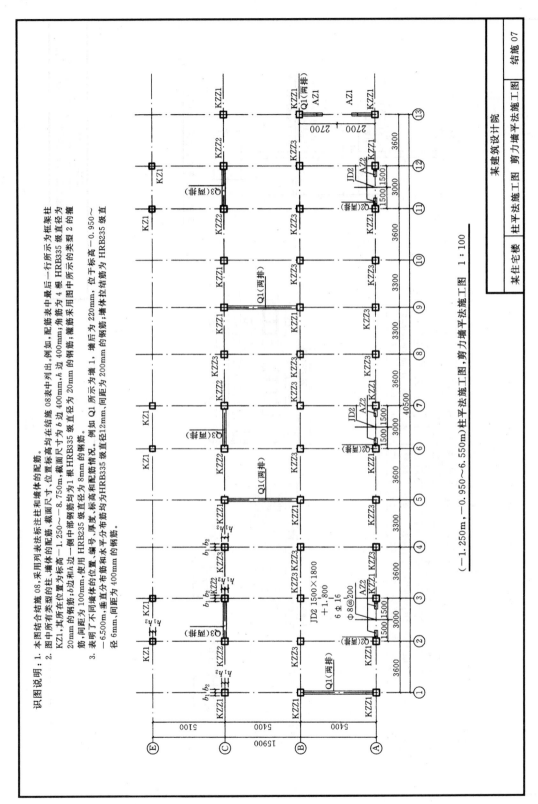

图 11.20

柱表

识图说明：全部结合结施 07 识读。

柱号	标高	b×h（圆柱直径 D）	b₁	b₂	h₁	h₂	全部纵筋	角筋	b 边一侧中部筋	h 边一侧中部筋	箍筋类型号	箍筋
KZZ1	-0.950～-6.550	450×450	225	225	225	225	12 ⊈ 22	4 ⊈ 22	2 ⊈ 22	2 ⊈ 22	1(4×4)	Φ10@100
KZZ2	-0.950～-8.750	450×450	225	225	225	225	12 ⊈ 22	4 ⊈ 22	2 ⊈ 22	2 ⊈ 22	1(4×4)	Φ10@100
KZZ3	-0.950～-6.550	450×450	225	225	225	225	12 ⊈ 22	4 ⊈ 22	2 ⊈ 22	2 ⊈ 22	1(4×4)	Φ10@100/200
KZ1	-1.250～-8.750	400×400	200	200	200	200	8 ⊈ 20	4 ⊈ 20	1 ⊈ 20	1 ⊈ 20	2(3×3)	Φ8@100

剪力墙身表

编号	标高	墙厚	水平分布筋	垂直分布筋	拉筋
Q1（两排）	-0.950～-6.550	220	⊈ 12@200	⊈ 2@200	Φ6@400
Q2（两排）	-0.950～-6.550	220	⊈ 12@200	⊈ 12@200	Φ6@400
Q3（两排）	-0.950～-6.050	220	⊈ 12@200	⊈ 12@200	Φ6@400

箍筋类型
1（m×n）　　2（m×n）

剪力墙柱表

截面		
编号	AZ1	AZ2
标高	-0.950～-6.550	-0.950～-6.550
纵筋	6 ⊈ 18	6 ⊈ 18
箍筋	Φ8@200(2)	Φ8@200(2)

柱平法施工图　剪力墙平法施工图　1:100

A 轴剪力墙暗梁示意图　1:100

AL b×h=160×400
3 ⊈ 16，3 ⊈ 16
Φ8@150
纵筋两端伸入 KZZ 内

某建筑设计院

某住宅楼	柱平法施工图　剪力墙平法施工图	结施 08

图 11.21

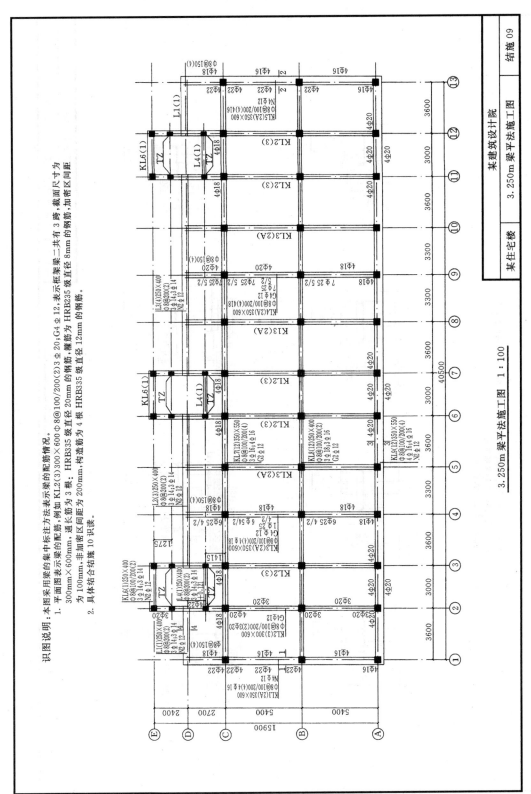

图 11.22

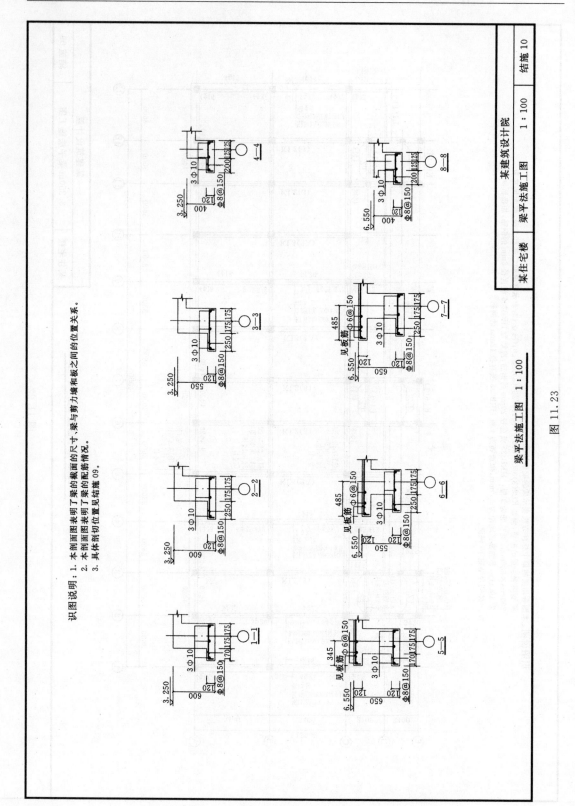

识图说明：1. 本剖面图表明了梁的截面的尺寸，梁与剪力墙和板之间的位置关系。
　　　　　2. 本剖面图表明了梁的配筋情况。
　　　　　3. 具体剖切位置见结施 09。

梁平法施工图　1：100

图 11.23

某住宅楼　　梁平法施工图　　1：100　　某建筑设计院　　结施 10

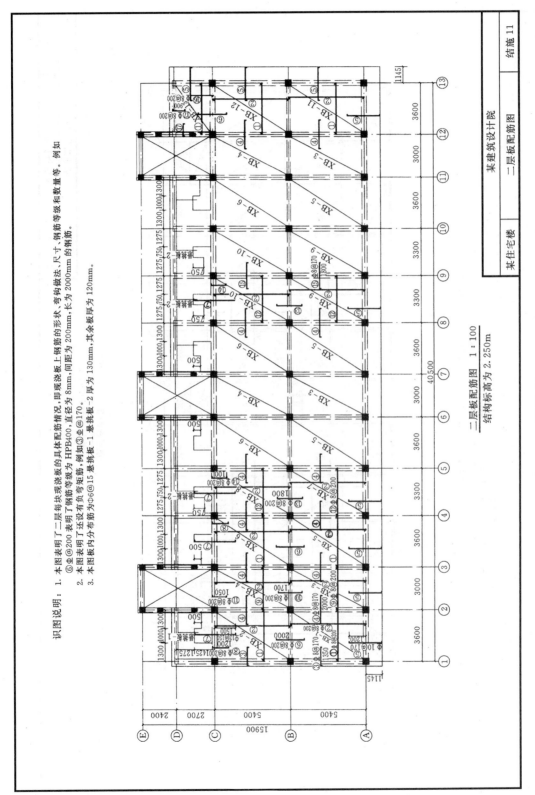

识图说明：

1. 本图表明了二层每块现浇楼板的具体配筋情况，即现浇板上钢筋的形状、尺寸、钢筋等级和数量等。例如 ④Φ@200 表明了钢筋等级为 HPB400，直径为 8mm，间距为 200mm，长为 2000mm 的钢筋。

2. 本图表明了正还设有负弯矩筋，例如③Φ@170。

3. 本图板内分布筋为Φ6@150，悬挑板-1 悬挑板-2 厚为 130mm，其余板厚为 120mm。

二层板配筋图 1：100

结构标高为 2.250m

某住宅楼　某建筑设计院

二层板配筋图　结施 11

图 11.24

265

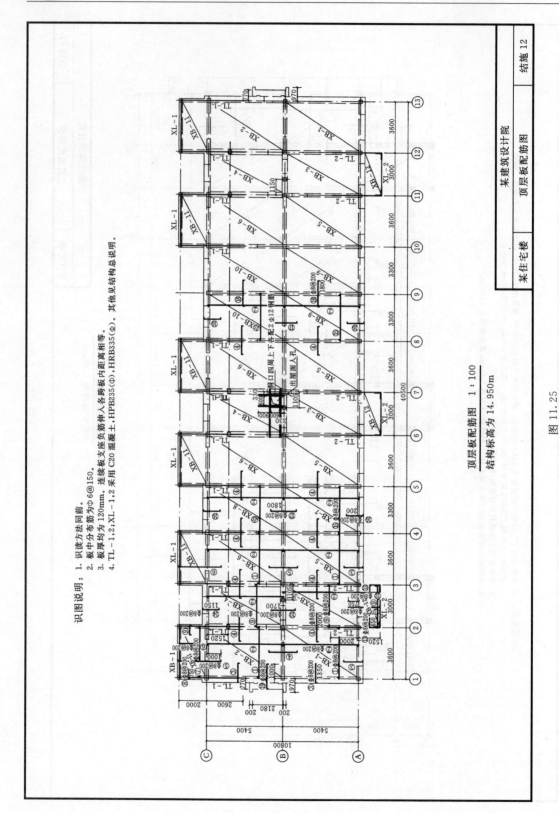

图 11.25

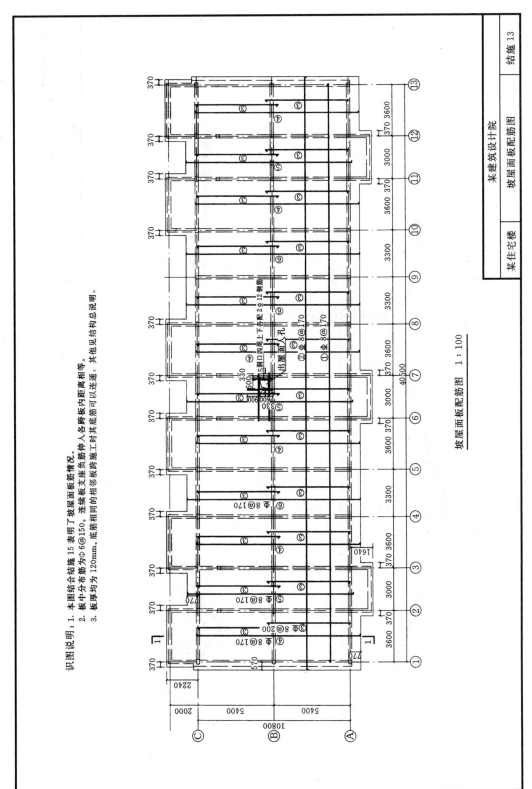

识图说明：1. 本图结合结施 15 表明了坡屋面板配筋情况。
　　　　　 2. 板中分布筋为Φ6@150。连续板支座负筋伸入各跨板内距离相等。
　　　　　 3. 板厚均为120mm。底筋相同的相邻板跨板施工时其底筋可以连通。其他见结构总说明。

坡屋面板配筋图　1 : 100

某住宅楼	某建筑设计院	
	坡屋面板配筋图	结施 13

图 11.26

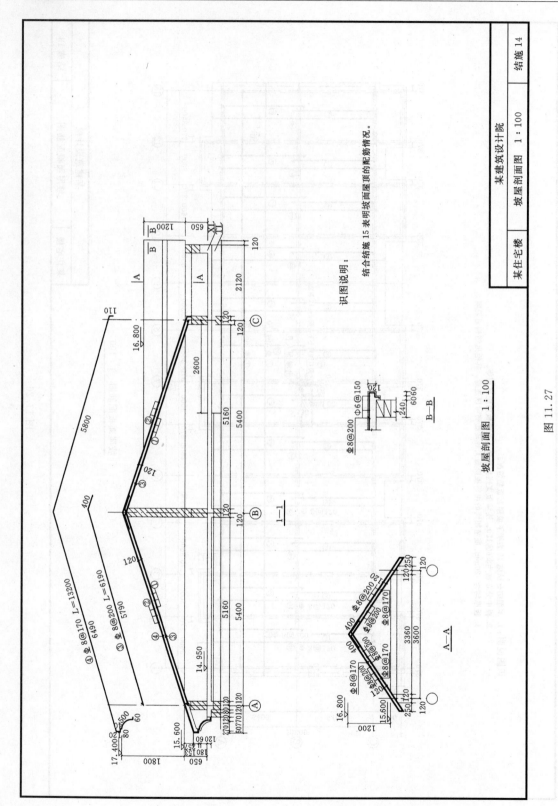

图 11.27

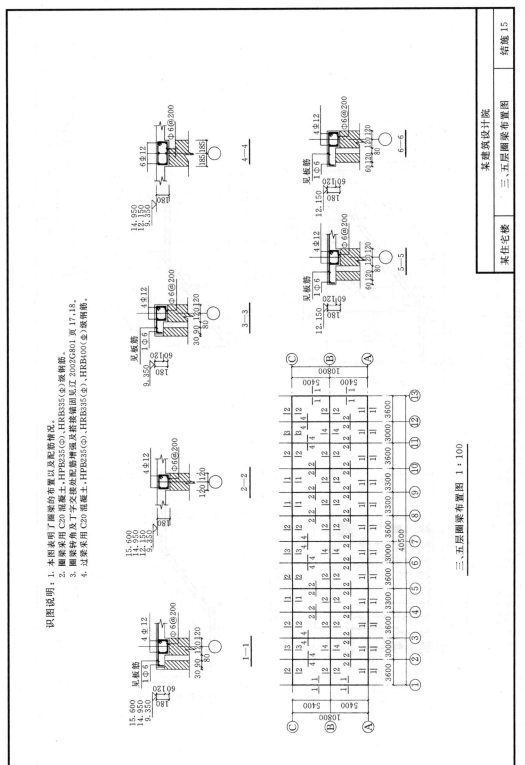

图 11.28

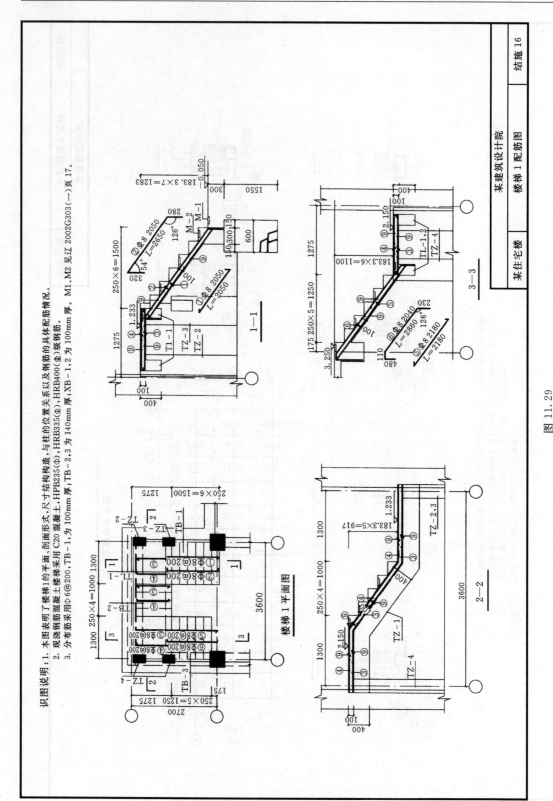

楼梯1平面图

识图说明：1. 本图表明了楼梯1的平面、剖面形式，尺寸结构构造，与柱的位置关系以及钢筋的具体配筋情况。
2. 现浇钢筋混凝土楼梯采用C20混凝土，HPB235(Φ)，HRB335(Φ)，HRB400(Φ)级钢筋。
3. 分布筋采用Φ6@200，TB-1,为100mm厚，TB-2,3为140mm厚，XB-1,2为100mm厚。M1,M2见江2002G303(一)页17.

某建筑设计院

楼梯1配筋图

某住宅楼

结施 16

图 11.29

某建筑设计院			
某住宅楼	给排水施工图设计说明		水施 01

标准图纸目录

序号	图号	名称
1	辽2002S302	建筑给水塑料管、铝塑料管管道安装
2	辽2002S303	建筑排水塑料管管道安装
3	辽94S101	给水工程安装（一）
4	辽94S101	给水工程安装（二）
5	辽94S101	给水工程安装（三）
6	辽94S201	排水工程安装
7	辽94S301	卫生设备安装

图例

图例	名称	图例	名称
——	给水管		坐式大便器
——	排水管		蹲式大便器
⊙ 下	清扫口		地漏
上	检查口		水龙头
⊳⊲ ⊢	阀门		水表
	洗手盆		通气帽

设计图纸目录

序号	图别	图号	名称
1	水施	01	给排水施工图设计说明
2		02	一层给排水平面图
3		03	三至五层给排水平面图
4		04	给水系统图
5		05	排水系统图

给排水施工图设计说明

一、工程概况：

本工程为某住宅楼，使用性质为多层住宅建筑，总层数为五层。其中一、二层为网点，三至五层为住宅建筑。

二、设计依据：

1.《建筑给水排水设计规范》(GB 50015—2003)。

2.《建筑灭火器配置设计规范》(GB 50140—2005)。

3.《建筑设计防火规范》(GB 50016—2006)。

4.《建筑给水硬聚氯乙烯管道工程技术规程》(GJ/T 29—98)。

5.《建筑给水硬聚氯乙烯管道设计与施工验收规程》(CECS 41.92)。

三、设计范围：

本单体建筑室内生活给水、排水系统。

四、设计内容：

（一）生活给水系统：

1. 水源：由小区自建给水泵站集中加压供给。

2. 生活给水的配管方式为下行上给枝状管网。每户实行一户一表、水表出户。本设计中水表设在各楼梯间管道井内。管道井内的给水管进行保温处理。保温处理：管道外包40mm离心玻璃棉、管壳外缠玻璃丝布、刷调和漆两道。

3. 给水管采用压力为1.25MPa的生活给水型PP—R管、热熔连接。

4. 给水阀门的选择，DN≤50采用铜质截阀，DN>50采用铜芯闸阀，配件、给水阀门及水龙头均采用数字水表来采用数字水表远传传到物业管理处。

5. 本工程所有给水管质优质阀门及水龙头。一楼给水型卫生器具、配件、新型优质阀门及水龙头。

6. 生活给水管道在交付使用前必须冲洗和消毒，并经有关部门取样检验，符合国家《生活饮用水标准》及有关规范方可投入使用。

7. 给水管路应按规定坡度、坡向泄水方向。本设计坡度为i=0.003的坡向泄水方向。

（二）灭火器配置：

本单体室内配置有磷酸盐干粉灭火器，按A类火次，轻危险级设计，单瓶为MF/ABC1，具体位置设置见图纸，共计32具。

（三）保温、防腐：

明设镀锌钢管刷银粉漆两道、明设焊接钢管刷樟丹两道后外刷银粉漆两道。

管道井内给水管需进行保温处理。保温处理：管道外包40mm离心玻璃棉、管壳外缠玻璃丝布、刷调和漆两道。

（四）排水系统：

1. 本工程室内排水出户，经化粪池处理后排入市政管网。

2. 排水管材采用UPVC优质硬质排水塑料管。每层中设伸缩节一个。

3. 排水管道的横管与横管、横管与立管的连接应采用45°三通或45°四通和90°斜三通或90°斜四通，立管与排出管连接应采用两个45°弯头或90°斜三通，且采用90°斜四通、立管与排出管的连接应采用两个45°弯头或90°斜曲半径不小于4倍管径的90°弯头。

4. 本工程所选地漏为水封深度应≥50mm，地漏宜设于顶面低于地面10mm，且室内地面向地漏设0.01的坡度，以防积水。地漏及清扫口宜选用铜制。

5. 排水管顶通气管在顶部设伞型通气帽，注水管出屋面700mm，且管径比立管大一号。

6. 暗敷及埋置排水管路，在隐蔽前必须做灌水试验，注水高度不低于底层地面高度，排水立管及水平干管应做通球试验。

（五）试压试验：

1. 给水系统试压以0.6MPa，在试验压力下稳压1h，压力降不得超过0.05MPa，然后在0.35MPa压力状态下稳压2h，压力降不得超过0.03MPa，同时检查各处接头处不得渗漏，见GB 50242—2002中有关规定进行。

（六）其他：

1. 图中给水管道标高指管中心，排水标高指管底，单位为m，其他尺寸为mm。

2. 本专业人员应充分切配合土建专业做好工作。

3. 各类产品必须为符合国家标准并有合格证的产品。

4. 未尽事宜，按国标GB 50242—2002《建筑给水排水及采暖工程施工质量验收规范》及有关规范执行。

塑料管外径De与公称直径对照表

塑料管外径 De(mm)	20	25	32	40	50	63	75	90	110
公称直径 DN(mm)	15	20	25	32	40	50	70	80	100

图11.30

271

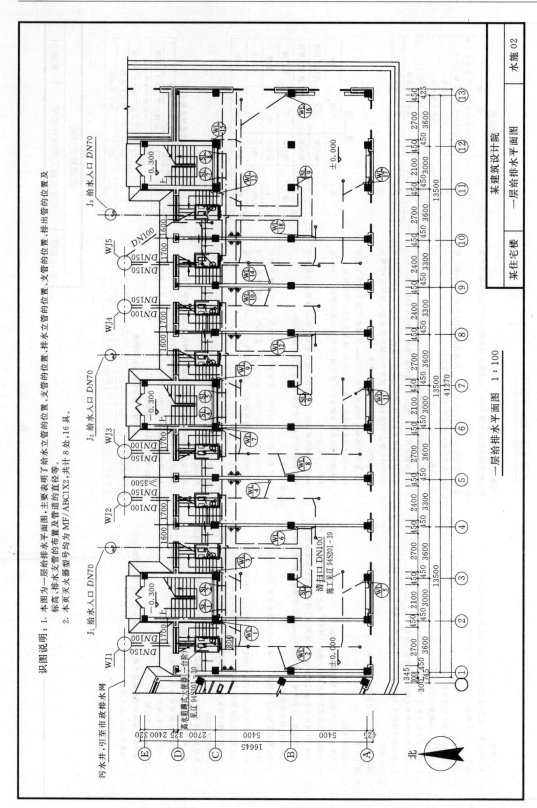

一层给排水平面图 1:100

图 11.31

识图说明：1. 本图为一层给排水平面图，主要表明了给水立管的位置、排水立管的位置、支管的位置、排水支管的布置及管道的直径等。

2. 本页灭火器型号均为 MF/ABC1X2，共计 8 处，16 具。

某建筑设计院

某住宅楼 一层给排水平面图

水施 02

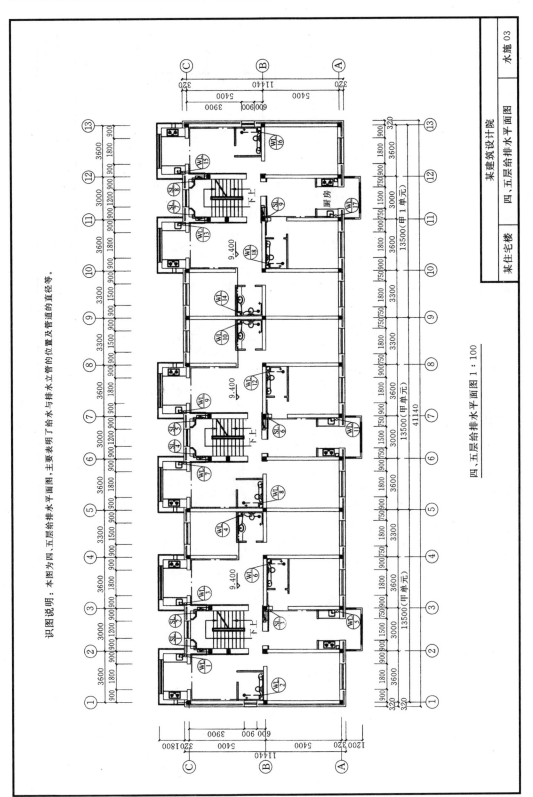

识图说明：本图为四、五层给排水平面图，主要表明了给水与排水立管的位置及管道的直径等。

四、五层给排水平面图 1∶100

图 11.32

某建筑设计院	四、五层给排水平面图	水施 03
某住宅楼		

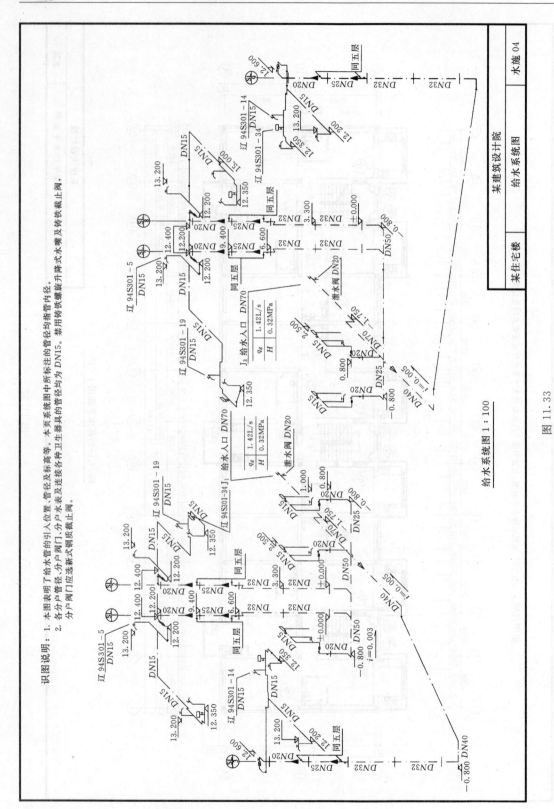

给水系统图 1：100

图 11.33

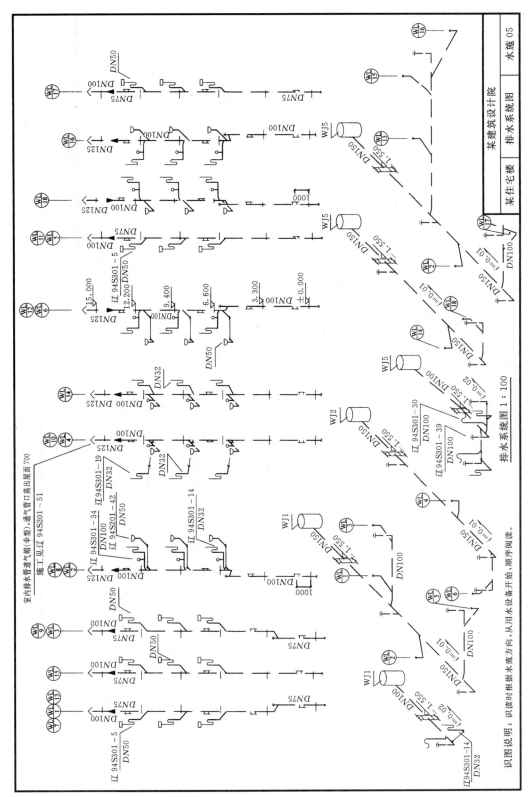

图 11.34

采暖施工图设计说明

一、工程概况：

本工程为某住宅楼，使用性质为多层住宅建筑，总层数为五层。其中一、二层为网点，三至五层为住宅建筑。

二、设计依据：

1.《民用建筑供暖通风与空气调节设计规范》(GB 50019—2003)。
2.《民用建筑节能设计标准》(JGJ 26—95)。
3.《居住建筑节能设计标准》(DB 2101J01—2006)。
4.《住宅建筑规范》(GB 50096—1999)(2003 年版)。
5.《住宅设计规范》(GB 50368—2005)。

三、设计范围：

本单体建筑室内采暖系统。

四、设计内容：

1. 冬季室外采暖温度－19℃，冬季室外平均风速 V=3.1m/s，最大冻土深度－1.48m，室内采暖计算温度：卧室、客厅 18℃，卫生间(带浴室)为 25℃，厨房为 16℃。

2. 本采暖设计为机械循环热水采暖系统，采暖热水采用 95～70℃热水，集中供热来自小区的锅炉房集中供热。热媒来自热力入口处的应设水平热力平衡装置，热力入口见图乙辽 2002T901-14。

3. 采暖系统(每单元)采用下供下回双管异程式。在楼梯间设置的供回水干管无程式，别设在楼梯间内的采暖跨越管处设三通调整阀，根据各房间的不同使用情况分别调整各房间的供热量和温度。

4. 管材采暖干管及立管采用焊接钢管，DN≤32mm 丝扣连接，DN>32mm 焊接。户内采暖干管采用耐高温交联聚乙烯塑料管材(PP-R)或采根据阀表箱配制。每户内采用分户控制表箱整制，表箱内设热表、锁闭调节阀、平衡阀、过滤器等。

5. 散热器选用 T22-5-5(8)(无柱铁二柱，内胀无砂型)，散热量为 q=130W/片，长 80mm，宽 132mm，同侧进出口中心距 500mm，具体施工见乙辽 2004T902-29。

6. 采暖系统中的阀门 DN<50mm 为球阀，DN≥50mm 时为对夹式蝶阀，所有阀门的安装应设置在便于操作与检修的部位。

7. 管道穿墙或楼板应设钢制套管，安装在楼板的套管，其顶部应高出装饰地面 20mm，底部与楼板板底相平。安装在墙壁的套管，其两端应与墙壁内的套管的套管相平；在卫生间的套管，其顶部应高出地面 50mm。套管填料采用石棉绳或油麻，详见乙辽 2002T901。采暖管引入人室等地下室外墙或基础时，应采取防水套管，具体施工见乙辽 2002T901-62。

8. 散热器、明埋管道及支架等安装完毕应刷防锈漆两遍，散热器表面应面刷明防锈漆表面两遍。地沟内及不采暖房间、楼梯间内明管子的管道刷防锈漆两遍，外壁塑料布，玻璃丝布厚岩棉(或离心玻璃棉，波璃制品)进行保温，外加塑料布，玻璃丝布布为一层。

9. 试压：

(1)散热器组装试压，应先将组装完毕后，压力值降且日不漆不该水压为合格。
0.6MPa，试压时间为 3min，压力降不漆日不渗水漆为合格。

(2)系统水压试验，水压力稍大于 0.05MPa 高水压试验，应做水压试验，试验压力为 0.23MPa，稳压 2h，压力降不大于 0.03MPa，同时各接口处无漆，不渗漏。

10. 系统试压合格后，应对系统进行反复冲洗直至排出的水中不含泥沙、铁屑等杂质，且水色不挥浊方为合格。系统冲洗完毕后，然后充水加热，进行试运行和初调试，以各房间的温度满足设计要求为合格。

11. 系统冲洗完毕后，然后充水加热，进行试运行和初调试，以各房间的温度满足设计要求为合格。

12. 一层网点的卫生间均设 YSF-5014 排气扇，Q=100m³/h，带止回阀，风道直径，150×150 单层百叶风口，中心标高 2000mm，N=25W，中心标离 2000mm，其余同。

13. 图纸中所标注尺寸单位为 mm，管道标高单位为 m。

14. 施工中本专业如与有关人员必须与建筑给水排水与采暖工程施工质量，按国标 GB 50242—2002《建筑给水排水与采暖工程施工质量验收规范》及有关规定执行。

15. 未尽事项，按国标 GB 50242—2002《建筑给水排水与采暖工程施工质量验收规范》及有关规定执行。

图　例

图例	名称	图例	名称
	采暖送水管		固定支架
	采暖回水管		阀门
	散热器		手动放风阀
	调节锁闭阀		自动排风阀

某住宅楼	采暖施工图设计说明	某建筑设计院
		暖施 01

图 11.35

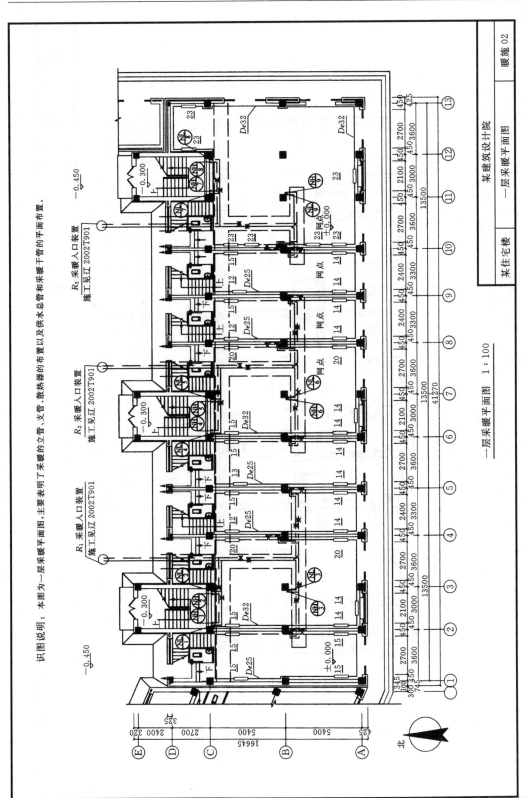

识图说明：本图为一层采暖平面图，主要表明了采暖的立管、支管、散热器的布置以及供水总管和采暖干管的平面布置。

一层采暖平面图 1：100

某住宅楼	某建筑设计院
	一层采暖平面图

暖施 02

图 11.36

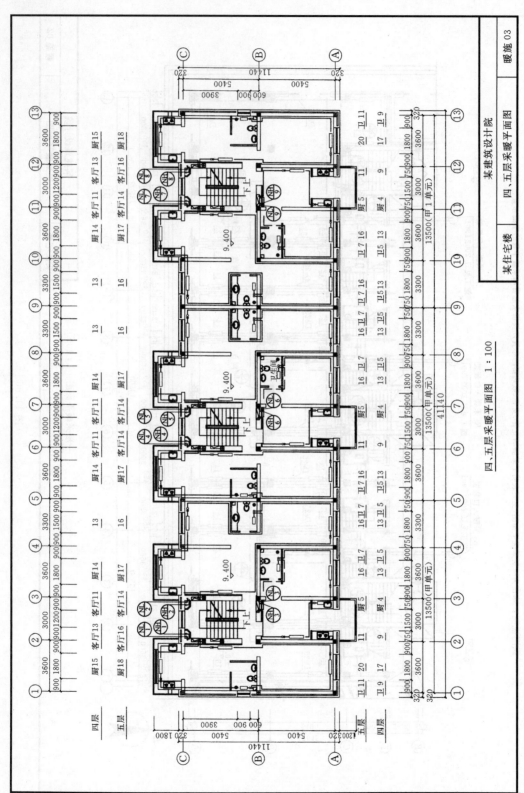

图 11.37

278

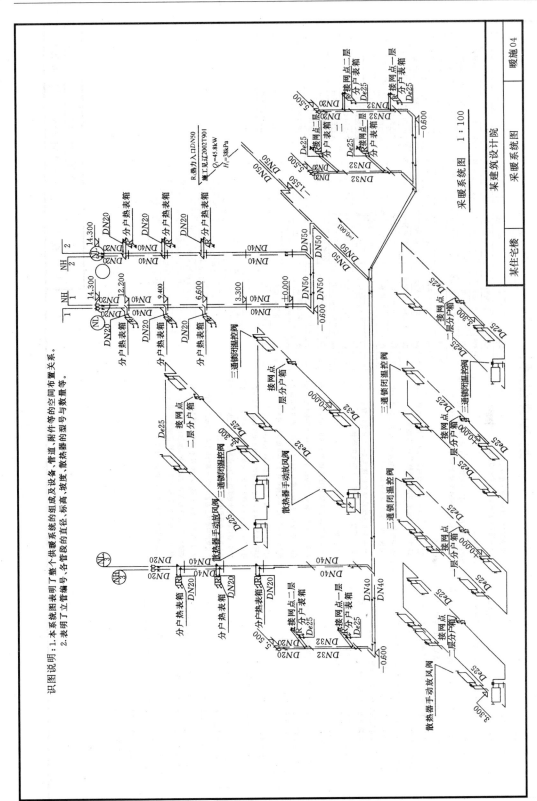

采暖系统图 1:100

识图说明:1.本系统图表明了整个供暖系统的组成设备、管道、附件等的空间布置关系。
2.表明了立管编号、各管段的直径、标高、坡度、散热器的型号与数量等。

图 11.38

某住宅楼	采暖系统图	某建筑设计院
		暖施 04

电气施工图设计说明

设计说明（弱电部分）

一、电话、宽带系统：
1. 每户设一至二部电话宽带出线盒,设于墙上暗设,底边距地0.5m。
2. 进户主干线采带暗设,其他由分线箱引出。
3. 分线路用PVC阻燃料管。
4. 所用导线除干线采用HYA电话电缆外,其余分支系统标注外,穿PVC20管。

注：其余分支线均为RVC-2X0.3导线,安装见施工工队安装。

二、有线电视系统：
1. 本工程全部采用有线电视系统,每户设一至二个接收终端,墙上暗设,底边距地0.5m。
2. 进户线采用镀锌钢管暗敷设,其他采用阻燃塑料管暗敷设。
3. 电缆全部采用SYKV-75系列同轴电缆,进户线缆为SYKV-75-12,干线为SYKV-75-9,分支线为SYKV-75-5-1。

三、对讲门对讲系统：
1. 各单元门口处分别设置安对讲门控制系统,与每户内设门话筒可连接。
2. 本设计对讲门箱管系统,设备安装由厂家负责。

四、其他：
1. 参见图集苏J 2000D703。
2. 其他未尽事宜诸按有关规范执行。

设计说明

一、工程概况及设计依据：
1. 本工程为三类建筑物。
2. 设计依据为《民用建筑电气设计规范》(JGJ/16—92)及其他专业提供的资料和要求。

二、设计范围：
本设计仅为照明设计、电信、有线电视、防雷接地。

三、负荷等级及供电电源：
1. 本工程照明用电为三级负荷。
2. 由建筑物外埋地引进电源为电压380/220V,埋深—0.8m,系统采用TN-C-S系统,进户电缆金属外皮与接地外皮可靠连接。

四、配电设备：
配电箱除设计原称分户箱均为钢制明装于墙上,配电箱明装于封闭的配电间内,管线采用阻燃塑料管沿墙、屋面暗敷设。

五、线路敷设：
1. 进户线及至集中表箱的线路均采用镀锌钢管暗敷设,其余采用阻燃PVC管暗敷设。
2. 选用导线及保护管径参见系统图,未注明线径导线均为BV-500-2.5导线。
3. 凡图中未注明线穿管穿管标准为2～3根穿线管φ20刚性阻燃管,4～6根穿φ25刚性阻燃管。

六、防雷接地：
1. 本建筑物为三类防雷建筑物,防直击雷接闪电设为0.5m。
2. 利用金属屋面金属面面(板厚≥0.5mm)或40×40×4镀锌扁钢等作为引下与防雷与引下等接地,并利用构造柱主筋φ10在建筑物四角作为引下线,并连接成接地网屋面,利用柱内构造主筋墙内钢筋焊接,基础及地梁内的钢筋,接地电图不得大于10,在接地电阻不达要求另外加设地桩,接地电阻大于1m,供打人工接地体外,在室外地坪上1.8m处需要出接地电阻测试点,用于测试接地电,出入口处人行进位置水接体上面敷设80mm厚青灰砂进位置过渡绝缘体2m。
3. 本工程做总电位箱及分等电位箱可靠连接,所有不带电金属物及金属管道均与总等电位箱可靠连接,并形成完好的电气通路;接地电图不引等所有带金属物面面等做连接,并形成完好的电气连接;接地电位箱用25×4镀锌扁钢与附近构造柱主筋,分等电位箱用25×4镀锌扁钢可靠焊接。

材料见右表：

序号	图例	名称	规格	备注
1	GDZ	配电柜	GDZ	宽×高×厚 700×1300×300 底边距地 0.5m
2	■	集中电表箱	MJJG2	宽×高×厚 850×1310×180 底边距地 1.6m
3	▣	分户表箱	FHX-3-105 106	宽×高×厚 400×200×120 底边距地 0.5m
4	▣	有线电视前端箱	广播局提供	宽×高×厚 400×400×140 底边距地 0.5m
5	◇	宽带网接线箱		宽×高×厚 740×550×110 底边距地 0.5m
6	▣	有线电视交接箱	电信局提供	宽×高×厚 400×500×180 底边距地 0.5m
7	▣	弱电分支箱	电信局提供	宽×高×厚 250×350×150 底边距地 1.6m
8	⊚	对讲门管理箱	厂家提供	底边距地 1.3m
9	⊕	对讲门铃	厂家提供	底边距地 0.5m
10	⊕	电视终端	广播局提供	底边距地 1.3m
11	⊕	电话网络终端	电信局提供	底边距地 0.5m
12	✦	单联跷板开关	250V 10A	底边距地 1.3m
13	⊠	双联跷板开关	250V 10A	底边距地 0.5m
14	⊡	安全型单相三孔插座	250V 15A	底边距地 2.0m
15		插座	防溅型 250V 15A	
16	⊕	全自动红外线感应灯	22W	底边距地 0.3m
17	●	防水吸顶灯	32W	吸顶安装
18	▬	节能型荧光灯	2×36W	吸顶安装
19		总电位箱		底边距地 0.3m
20	▣	分等电位箱		底边距地 2.8m

序号	图号	图纸名称	图号
1		设计说明	电施01
2		配电系统图	电施02
3		一层强弱电干线图	电施03
4		三至五层弱电平面图	电施04
5		一层电气平面图	电施05
6		三至五层电气平面图	电施06
7		防雷平面图	电施07

某住宅楼	电气施工图设计说明	电施01
		某建筑设计院

图11.39

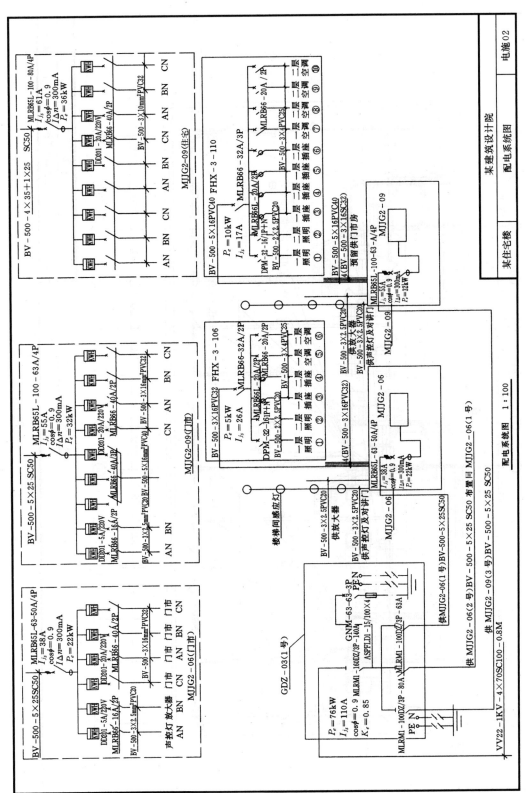

某建筑设计院　配电系统图

某住宅楼

配电系统图　1：100

图 11.40

281

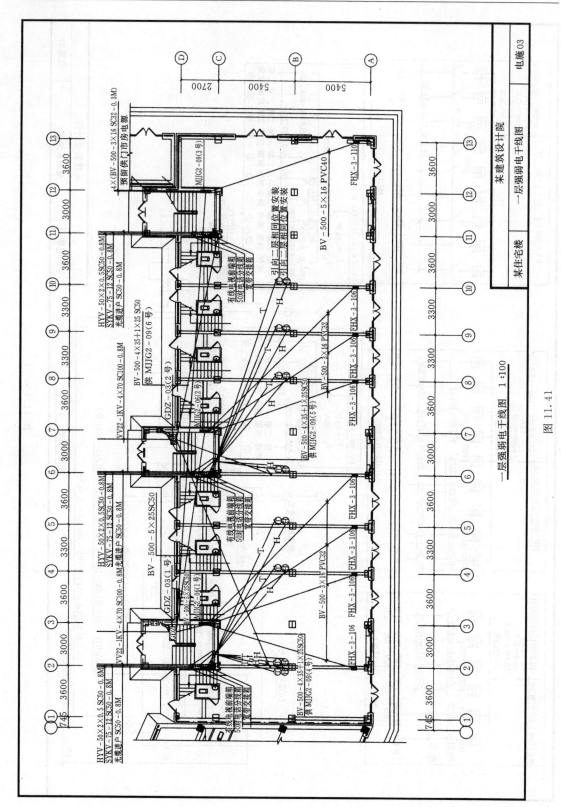

一层强弱电干线图　1:100

图 11.41

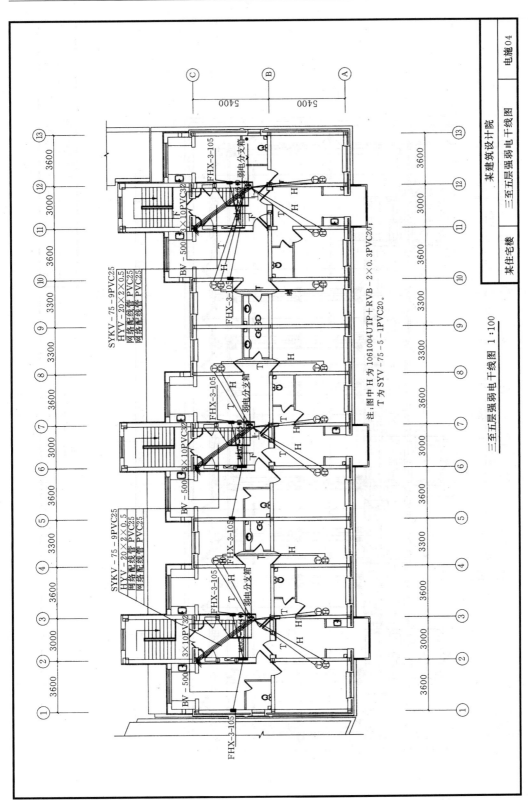

三至五层强弱电子线图 1:100

注：图中 H 为 106 1004UTP+RVB-2×0.3PVC20；
T 为 SYV-75-5-1PVC20。

某建筑设计院	三至五层强弱电子线图	电施04
某住宅楼	三至五层强弱电子线图	

图 11.42

283

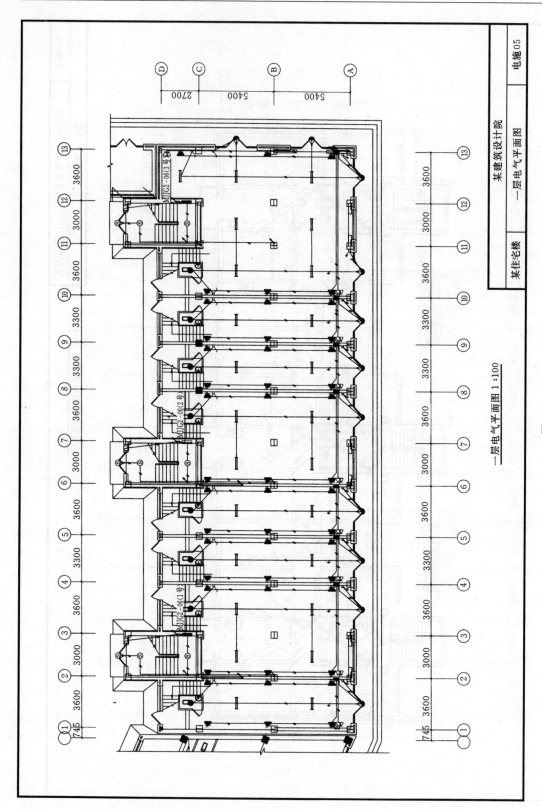

一层电气平面图 1:100

图 11.43

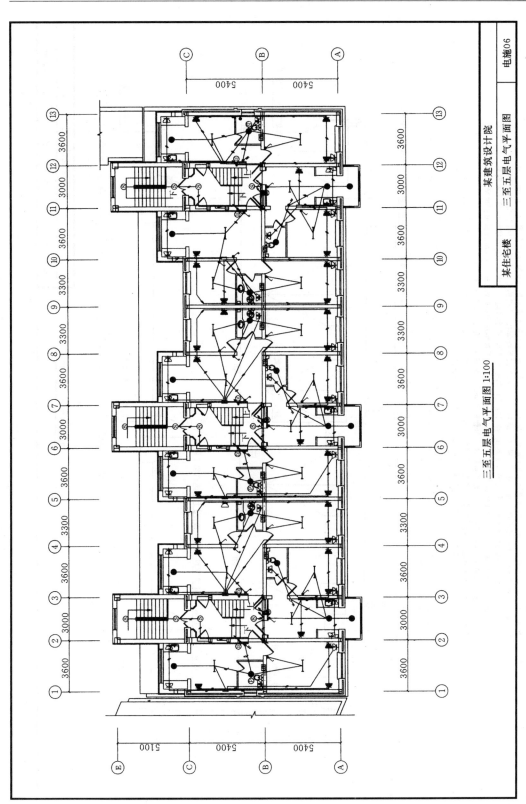

三至五层电气平面图 1:100

某建筑设计院		
某住宅楼	三至五层电气平面图	电施06

图 11.44

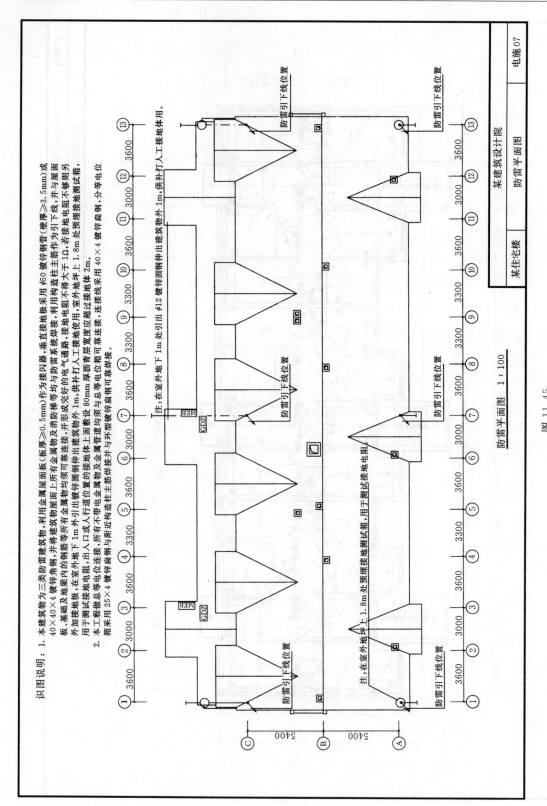

识图说明：1. 本建筑物为三类防雷建筑物，利用金属屋面板（板厚≥0.5mm）作为接闪器，垂直接地极采用 ϕ50 镀锌钢管（壁厚≥3.5mm）或 40×40×4 镀锌角钢，并将建筑物屋面上所有金属物及消防梯等均与防雷系统焊接，利用构造柱主筋作为引下线，若接地电阻大于 1Ω，在接地坪 1.8m 处另埋预埋接地测试箱，基础及地梁内的钢筋作为接地装置，并形成完好的电气通路，接地电阻不得大于 1Ω，供打人工接地坪，室外地坪 1.8m 处预埋接地测试箱，外加接地极，在室外地下 1m 外引出出镀锌圆钢伸出建筑物外 1m，供补打人工接地坪上面敷设 80mm 厚沥青两层宽度应路过接地体 2m。所有金属物及金属管道均须与总等电位箱可靠连接，连接采用 40×4 镀锌扁钢，分等电位箱采用 25×4 镀锌扁钢与附近构造柱主筋焊接并与环型接地装置可靠焊接。

2. 本工程做接地总等电位连接，出入口或人行道上面均须引至总等电位箱。

防雷平面图　1：100

注：在室外地下 1m 处引出 ϕ12 镀锌圆钢伸出建筑物外 1m，供打人工接地体用。

注：在室外地坪 1.8m 处预埋接地测试箱，用于测试接地电阻。

防雷引下线位置（多处）

图 11.45

某建筑设计院

某住宅楼　防雷平面图

电施 07

参 考 文 献

［1］ 吴伟民 . 建筑识图与构造 . 北京：中国水利水电出版社，2007.

［2］ 谷云香，徐蔚 . 建筑识图与构造 . 北京：中国水利水电出版社，2009.

［3］ 丁春静 . 建筑识图与房屋构造 . 重庆：重庆大学出版社，2003.

［4］ 赵研 . 建筑识图与构造 . 北京：中国建筑工业出版社，2011.

［5］ 刘冬梅 . 房屋概论 . 北京：化学工业出版社，2010.

［6］ 王付全 . 建筑概论 . 北京：中国水利水电出版社，2007.

［7］ 李小静 . 房屋构造与维护管理 . 广东：广东高等教育出版社，2004.

［8］ 中国建筑标准设计研究院 . 混凝土结构施工图平面整体表示方法制图规则和构造详图（03G101 - 1）. 北京：中国计划出版社，2001.

［9］ GB/T 50001—2001 房屋建筑制图统一标准 . 北京：中国计划出版社，2002.

［10］ GB/T 50103—2001 总图制图标准 . 北京：中国计划出版社，2002.

［11］ GB/T 50104—2001 建筑制图标准 . 北京：中国计划出版社，2002.

［12］ GB/T 50106—2001 给水排水制图标准 . 北京：中国计划出版社，2002.